烤烟挂灰烟形成机理与消减策略研究

晋　艳　邹聪明　胡彬彬　主编

科学出版社

北京

内 容 简 介

烤烟挂灰烟形成机理的研究与消减策略的推广应用是烟草行业践行国家可持续发展理念、提高原料生产效能、降低烘烤损失率、保障国家财产和烟农收入的重要手段。本书共分为 5 章，第一章阐述了烤烟挂灰烟的定义及其形成的理论假设、影响因素和研究意义；第二章为云南省烤烟挂灰烟现状分析与汇总；第三章分析了烤烟挂灰烟形成原因；第四章介绍了烤烟挂灰烟生物化学、细胞学机理研究；第五章总结了烤烟挂灰烟缓解技术及其生产实践验证和推广。

本书深入浅出地介绍了烤烟挂灰烟的复杂现状、形成机理、缓解措施及国内外先进的研究技术等，可作为从事烟草科研、生产、管理、推广和教育等人员的参考用书。

图书在版编目(CIP)数据

烤烟挂灰烟形成机理与消减策略研究/晋艳，邹聪明，胡彬彬主编. —北京：科学出版社，2022.4
ISBN 978-7-03-072122-8

Ⅰ. ①烤… Ⅱ. ①晋… ②邹… ③胡… Ⅲ. ①烤烟叶–病虫害防治–研究 Ⅳ. ①S435.72

中国版本图书馆 CIP 数据核字(2022)第 063492 号

责任编辑：马 俊 尚 册 / 责任校对：郑金红
责任印制：肖 兴 / 封面设计：无极书装

科 学 出 版 社 出版
北京东黄城根北街 16 号
邮政编码：100717
http://www.sciencep.com

北京九天鸿程印刷有限责任公司 印刷
科学出版社发行 各地新华书店经销

*

2022 年 4 月第 一 版 开本：787×1092 1/16
2022 年 4 月第一次印刷 印张：18 3/4
字数：445 000
定价：**280.00 元**
(如有印装质量问题，我社负责调换)

《烤烟挂灰烟形成机理与消减策略研究》
编辑委员会

前　言

　　烤坏烟是烤烟生产过程中烘烤损失的主要部分，而烤烟挂灰烟是烤坏烟中占比较高的类型。对于烤烟挂灰烟形成机理和消减策略的研究，不仅是落实烟草行业可持续发展理念的关键举措之一，而且能够高效且科学地指导烤烟生产，降低烤坏烟发生比例，减少国家和烟农的经济损失，具有理论与实际应用相结合的重要意义。

　　本书编者针对近年来田间灰色烟及烘烤后挂灰烟比例不断增加的现状，对云南省挂灰烟的现状、形成机理、缓解措施等方面进行了科学系统的研究工作，并将所得科研成果梳理、整合，旨在降低由挂灰烟导致的烤烟生产的经济损失，为优质烟叶原料需求提供理论参考和技术支撑。本书共5章，第一章由晋艳、邹聪明、任可、普恩平、刘芮、徐安传、王亚辉、崔国民、郑志云、逄涛、杨雪彪、袁坤编写，主要阐述了烤烟挂灰烟的定义及其形成的理论假设、影响因素和研究意义；第二章由邹聪明、蔺忠龙、苏家恩、高福宏、陈妍洁、何鲜、李宝乐、沈燕金、项岩所保、张军刚、李焱、孙浩巍、张轲编写，主要概括了云南省烤烟挂灰烟现状和挂灰烟对烤烟烟叶工业可用性的影响；第三章由邹聪明、朱艳梅、张晓伟、陈丹、谢小玉、侯爽、陈锦芬编写，主要叙述了烤烟挂灰烟形成原因，包括营养元素失调、烘烤技术不当、低温胁迫和其他类型影响（田间病害、活性花粉侵染）；第四章由邹聪明、胡彬彬、陈颐、姜永雷、隋学艺、何军、柴建国、刘婉玉、黄建耿、刘俊军、姚广民、普国瑞、孙建锋、邵丽、张芳源、白戈、王镇、胡梦阳、顾开元编写，主要介绍了烤烟挂灰烟生物化学、细胞学机理研究，包括多酚氧化酶活性口袋配体结构、多酚氧化酶的动力学规律、多酚氧化酶抑制剂筛选、云南烤烟挂灰物质基础鉴定与分析、烟草多酚氧化酶生物学研究、烟草多酚氧化酶和酶促棕色化反应的结合机理及相关的理论验证；第五章由邹聪明、冀新威、胡小东、赵高坤、杨学书、任可、王涛、喻曦、李勇、杨睿、李鑫楷、顾开元、普国瑞、张军刚、谢小玉、侯爽、陈锦芬编写，主要总结了烤烟挂灰烟缓解技术研究与验证，包括大田生产调控技术、烘烤工艺调控技术、外源物质调控技术和生产实践验证示范。最后，本书由晋艳、邹聪明、胡彬彬、任可统筹定稿。由于本书介绍内容广泛、翔实，体系层次丰富、紧凑，且补充、修正环节历时弥久，因此对本书出版做出贡献的人员未能在此一一列出，谨对各位书稿贡献人员的辛苦付出表示深深的谢意。

　　编者通过总结国内外研究成果和长期的试验探索，系统化地进行了烤烟挂灰烟形成机理的理论假设：酶促棕色化反应发生的必要条件为烟叶细胞质膜透性破坏、烟叶失水不充分与烘烤温度控制不当。在此基础上对云南省9个植烟区实际生产过程中烤烟挂灰烟发生状况和危害性开展了长期调研，总结了烤烟挂灰烟的主要形成因素（产地、品种）、挂灰差异和危害性等。在前期调研的基础上进一步丰富并从表观到分子层面探究了因营养元素失调、烘烤技术不当、低温胁迫和其他类型因素（田间病害、活性花粉侵染）所造成的挂灰烟形成。此外，在之前的研究基础上继续深入，从生物化学和细胞学层面研究烤烟挂灰烟形成的酶学机理，确定了多酚氧化酶活性口袋配体结构，明晰了烤烟多酚氧化酶的动力学规律，筛选了烤烟多酚氧化酶抑制剂，鉴定了云南烤烟挂灰物质，开展了烟草多酚氧化酶克隆、表达及活性分析，验证了细胞质膜透性破坏和失水不充分是导致烤烟挂灰烟形成的主要原因。经过系统的机理研究，最终着眼于解决实际生产中的烤烟挂灰烟问题，通过大田生产调控（高起垄、喷施叶面镁肥、上部叶一次性采收、多施用氮肥）、烘烤工艺调控（稳温降湿烘烤工艺、烘烤过程监控技术、高温变黄与低温低湿定色烘烤工艺、低温低湿定色烘烤工艺、高温高湿变黄烘烤工艺）、外源物质调控技术（喷施水杨酸、甜菜碱、磷酸二氢钾、蔗糖等）缓解由不同原因所导致的烤后烤烟挂灰烟现象，并在云南省大理州、楚雄州、文山州、红河州和曲靖市开展了生产实践验证示范工作，成效斐然。

本书利用国内外先进研究方法探索缓解烤烟挂灰烟的有效措施，最终致力于解决云南烟叶生产中的挂灰烟问题，力图践行科研服务于生产的宗旨，贯彻生产立足于可持续发展的理念。在撰写书稿过程中，受到了云南省烟草专卖局（公司）科技计划重点项目"烤烟挂灰烟形成机理与消减策略研究""烤烟养分调控与烘烤特性相关性研究"，以及云南省科技厅基础研究计划面上项目"烤烟烘烤过程中酶促棕色化反应的机理研究及应用"的支持，汇总了该项成果的主要研究结论，得到了中国烟草总公司云南省公司科技处、烟叶管理处、烟叶基础设施建设办公室等部门的大力指导，得到了云南省烟草专卖局（公司）及云南省 13 个州（市）公司的鼎力支持，得到了华中科技大学和西南大学相关团队的悉心帮助，在此一并致以诚挚的谢意。随着对烟草认识的不断深入、科研技术水平的持续发展，同时由于编者水平有限，不足之处在所难免，希望使用本书的读者给予批评指正，以便本书进一步修订完善。

编　者

2021 年 9 月于昆明

目　　录

第一章　绪　　论

第一节　烤烟挂灰烟的简述与理论假设

一、烤烟挂灰烟的简述

挂灰烟是烤烟烘烤过程中极易发生的一类烤坏烟叶，因棕色化反应过度进行导致烟叶表面产生成片灰色或黑褐色的细微小斑点，如同蒙上一层"灰"，故称之为挂灰烟（图 1-1、图 1-2）。挂灰烟作为烟叶烘烤损失类型（主要包括挂灰烟、烤青烟、烤烂烟和黑暴烟等）中损失最大的一类，占烤坏烟叶类型比例的 30% 以上。在烟叶收购上，烤后的挂灰烟颜色发暗、发深，外观等级较差，交售难度大；在烟叶评吸上，香气质差，香气量少，有异味，刺激性强，综合品质下降。

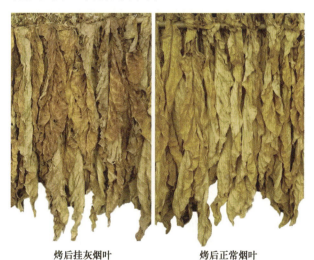

烤后挂灰烟叶　　　　　　烤后正常烟叶

图 1-1　密集烘烤后的挂灰烟叶与正常烟叶挂竿对比

挂灰烟叶　　正常烟叶

图 1-2　密集烘烤后挂灰烟叶与正常烟叶单叶对比

此外，挂灰烟在烟叶烘烤过程中难以避免，原因主要归结于其形成因素的复杂性，包括栽培条件的复杂性和烘烤过程温湿度调控的复杂性，具体表现为：①地域环境条件和微环境的变换；②异常气候的变化；③烤烟品种和叶片着生部位的不同；④栽培条件和烟农种植习惯的改变；⑤烟叶成熟状态和编装烟的差异；⑥烘烤工作人员对烘烤工艺和烘烤设施设备的熟悉掌握程度等。这些复杂因素掺杂在一起，导致我们对挂灰烟认识不足，其发生机理不明，试验重复困难，进而难以提出系统的挂灰烟消减技术与对策，指导生产困难，使之成为烟叶生产中难以避免的烤坏烟叶类型。

二、烤烟挂灰烟的理论假设

大量研究表明，烤烟挂灰烟的形成与酶促棕色化反应紧密相关。烟草中的酶促棕色化反应是指烟叶在调制、醇化和加工过程中由于酶的促进与物质转化，烟叶颜色由黄色逐渐变棕、变褐的过程。通过对前人研究的总结和本研究长期试验的探索，总结出烤烟挂灰烟形成过程中酶促棕色化反应发生的必要条件为：①细胞质膜透性破坏；②烟叶失水不充分；③烘烤温度控制不当。

1）细胞质膜透性破坏是指烘烤过程中，烟叶液泡内的多酚类物质和细胞质内的多酚氧化酶（polyphenol oxidase，PPO）等相关反应酶在细胞质膜受损时大量结合和反应。

2）烟叶失水不充分是指烘烤进行到变黄后期时，若烟叶脱水未能超过一定程度，就会增加下一烘烤阶段发生酶促棕色化反应的可能性，即为酶促棕色化反应的底物和酶提供了反应溶剂，从而导致酶促棕色化反应的发生。

3）烘烤温度控制不当是指烘烤过程中不稳定的温度变化（烤房干球温度骤升或骤降）增加了细胞质膜的受损程度，同时增加了反应底物与多酚氧化酶等产生分子碰撞的机会。

在 20 世纪 40 年代，Roberts（1941）首次提出了茶叶晾制过程的"酶促棕色化反应"。但在烤烟挂灰烟研究中只是借助该理论进行现象解释，没有进行深入的系统研究（图 1-3）。即烟叶中的多酚类物质在多酚氧化酶的作用下，经氧化产生淡红色至黑褐色的 *O*-醌类物质，使烟叶颜色由黄转变为不同程度的深色。该理论验证了反应底物（多酚类物质与多酚氧化酶）、反应条件（气体浓度和温度条件）、细胞质膜透性对整个反应的影响。

$$多酚类物质 \xrightleftharpoons[\text{脱氢酶}+2H]{\text{氧化酶}-2H} O\text{-醌类物质} \longrightarrow 深色物质$$

图 1-3　Roberts 首次提出的茶叶酶促棕色化反应式[①]

随着研究的不断深入，人们发现酶促棕色化反应是一个较为复杂的过程，杨树勋（2019）和李玉娥等（2008）总结了烟叶发生酶促棕色化反应的根本原因是烟叶内部酚、醌变化的失衡。在田间生长过程中，无色的多酚类物质（绿原酸、芸香苷、莨菪亭、儿茶酚等）位于液泡内，多酚氧化酶位于细胞质内，在正常代谢的完整细胞中，两种物质处于不同的区隔内，不能大量接触，同时只有少量氧气能进入细胞内，氧化作用弱，酶促棕色化反应不易进行。在烟叶调制、醇化或加工过程中，烟叶的细胞结构遭到破坏，

---

① 公式引自 Roberts，1941

致使酚、酶物质大量接触，氧气大量进入，酶被激活，为酶促棕色化反应创造了条件（李玉娥等，2008）。酶促棕色化反应的实质是多酚类物质在 PPO 的作用下生成深色的醌类物质，进一步聚合形成复杂的棕色聚合物。

进一步的研究结果认为，酶促棕色化反应发生必须具备的物质为：多酚氧化酶、多酚类物质和活性氧。多酚氧化酶的活性、多酚类物质的含量和活性氧的浓度是影响酶促棕色化反应的重要因素。此外，随着研究的不断深入，人们发现温度、水分等也是影响各种生物化学反应的重要因素，其对烟草酶促棕色化反应的速度也有较大的影响。基于前人的报道，本研究进一步细化了酶促棕色化反应的过程（图 1-4）和参与该反应的细胞器及关键要素（图 1-5），可以发现这一过程中的电导率、失水率的协调起到至关重要的作用。

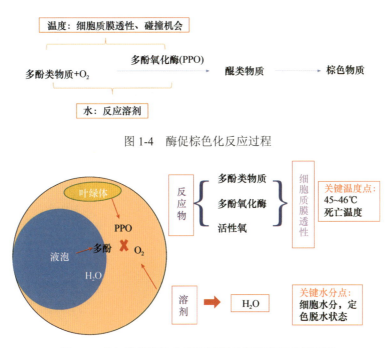

图 1-4　酶促棕色化反应过程

图 1-5　参与酶促棕色化反应过程的细胞器和关键要素

在酶促棕色化反应中，多酚氧化酶作为关键物质之一，关于其存在部位的研究一直是烟草科技的重点。研究表明，对于除烟草以外的其他作物如马铃薯、豆类、番茄等的多酚氧化酶的存在部位已有较多报道，黄明和彭世清（1998）报道，在细胞化学与细胞免疫化学分析中确认了 PPO 是一种质体酶，存在于正常细胞的光合组织（如叶绿体类囊体的囊泡）和非光合组织质体（如马铃薯块茎细胞的造粉体）中。王曼玲等（2005）在马铃薯、玉米和杂交杨等植物中的研究表明，PPO 前体是在细胞质中合成的，由 N 端第一段导肽导入叶绿体基质，然后基质中的金属型信号肽酶（signal peptide peptidase，SPP）切除导肽；如果有光，则由 N 端第二段导肽导入类囊体成为成熟的具有潜在酶活性的酶蛋白。

尹建雄和卢红（2005）等的研究表明，烟草多酚氧化酶是一种铜离子结合酶，在组织发育过程中形成并贮存于叶绿体中。但是基于生物信息学领域对烟草多酚氧化酶是否存在于质体内的定论尚缺乏有力证据，这对于我们能否顺利进行烟草酶促棕色化反应机理和挂灰烟形成机理的系统性研究具有决定性意义。由于对同为茄科的马铃薯和番茄的PPO 研究比较透彻，本研究通过同源比对发现烟草的两条 PPO 序列在 N 区（N-region）和疏水性类囊体转运区域（thylakoid transfer domain）高度相似（图 1-6）。另外通过信号肽预测发现在 NtPPO_853 的第 30 个氨基酸（丙氨酸）处具有叶绿体导肽切割位点（图 1-7），加之 NtPPO_853 相比其他三条序列在 N 端均长了 32 个氨基酸，推测 NtPPO_853 的切割机制更为复杂。由此，本研究证实了烟草多酚氧化酶是在质体里面。

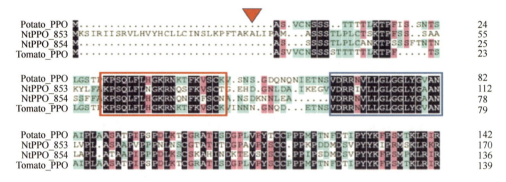

图 1-6　烟草、马铃薯和番茄 PPO 氨基酸序列的同源比对

红色框：N 区；蓝色框：疏水性类囊体转运区域；红色三角形：预测的 NtPPO_853 的叶绿体导肽切割位点；

Potato：马铃薯；Tomato：番茄

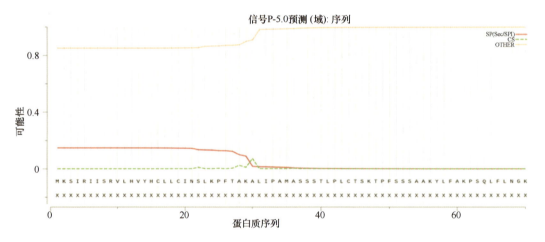

图 1-7　NtPPO_853 导肽的预测

SP（Sec/SPI）：由信号肽酶 I 裂解的分泌性信号肽；CS：叶绿体定位信号；OTHER：其他潜在信号肽

同时，大量研究发现生物酶活性都有各自适宜的温度条件区间，PPO 酶活性与温度变化存在显著性相关关系。戴亚等（2001）研究发现 PPO 在温度 20~50℃时保持着较高的活性，并且其活性在 40℃左右时最高，在 40℃以下时 PPO 是相当稳定的，但当温度超过 55℃时，易迅速钝化失去活性；雷东锋等（2003）研究烟草中 PPO 在 35℃、40℃、45℃、50℃、55℃、60℃、65℃、70℃和 75℃等烘烤温度下的热敏感性，发现 35℃时 PPO 的活性最高，随着温度的升高，PPO 活性逐渐降低。韩富根等（1993）发现在不同温度下烟草 PPO 的活性或早或迟地都要出现一个高峰，温度越高，活性上升

越快，活性越强，酶活性持续的时间越短，反之亦然，当温度在 55℃ 以上时，就会迅速钝化失去活性。本研究也证实了在变黄期转定色期阶段（42～45℃），降温或升温 4℃ 以上，持续 1h 及其以上，就会出现明显冷、热挂灰。研究还发现冷、热挂灰都与正常烘烤过程中烟叶的相对电导率、氧自由基含量、PPO 活性存在显著相关性。

此外，前人研究发现烘烤变黄期结束后，烟叶脱水未能超过 40% 也会导致挂灰烟的发生。雷东锋等（2003）通过对 PPO 活性与烟叶水分含量关系的分析，发现水势过高或过低，PPO 的活性均较低，但在 –872.78kPa 的水势条件下，PPO 的活性最高。本研究通过半叶法试验，证实了"硬变黄"烟叶、"缺镁"烟叶、"黑暴烟"在满足烘烤过程进入变黄期转定色期阶段（42～45℃）前失水超过 50% 的条件下，出现挂灰烟的现象会显著减少。

第二节　烤烟挂灰烟的主要影响因素

一、营养元素失调导致挂灰

（一）铁、锰离子中毒烟叶（铁离子中毒：图 1-8；锰离子中毒：图 1-9）

何伟等（2007）研究发现土壤中铁（Fe）、锰（Mn）等元素含量偏高，在土壤 pH 偏低和土壤透气性不良的条件下，含量较高的 Fe、Mn 离子有效性进一步增强，由不易被吸收的高价态还原成容易被植物吸收的低价态离子（$Fe^{3+} \rightarrow Fe^{2+}$，$Mn^{4+}$、$Mn^{3+} \rightarrow Mn^{2+}$），从而加剧了烟株对 Fe、Mn 等离子的吸收和其在体内积累的数量，烟草在体内积累过多 Fe、Mn 离子后，造成生理性中毒，引起体内的生理生化代谢失调，甚至在多酚氧化酶活性低的情况下，仍有大量挂灰烟产生。

图 1-8　铁离子中毒烟叶

（二）缺镁烟叶（图 1-10）

烟叶缺镁在田间的表现为首先出现老叶的叶尖、叶缘的脉间失绿，叶肉由淡绿转变为黄绿或白色，但叶脉仍保持绿色，进一步发展会致使叶片呈现清晰的网状脉纹。大量研究表明，缺镁烟叶难以烘烤且灰色物质含量增加，烤后呈暗灰色，无光泽或变成浅棕色，油分差，无弹性。王世济等（2010）研究表明随着烟叶缺镁程度的加重，烤后烟叶外观质量变差：颜色变淡、油分减少、身份变薄、叶尖挂灰程度加重、赤星病斑增加；感官质量方面会出现烟叶的余味舒适度变差、杂气变重、刺激性增加、燃烧性变差、综合评分降低、质量档次降低。

图1-9　锰离子中毒烟叶

图1-10　田间烟叶缺镁导致烤后挂灰

（三）老憨烟叶（图1-11）

1. 黑暴烟

黑暴烟主要是在土壤肥力高，栽培管理不当，在氮肥特别是铵态氮过多条件下产生的一种烟叶类型。刘华山等（2007）研究发现高水肥田块种植的烤烟容易形成"黑暴烟"，"黑暴烟"的类型可分为"嫩黑暴烟"和"老黑暴烟"。其中"嫩黑暴烟"常发生于中下部叶片，多表现为叶色深绿，叶片肥大，组织疏松，含水极多，干物质含量极少，且以含氮化合物为主，烤后叶片薄；"老黑暴烟"多发生于中上部叶片，其特征是叶片肥大厚实，粗筋暴脉，色绿而偏老，组织致密，含水量不高，保水能力强，干物质含量较多，特别是蛋白质等含氮化合物多，叶绿素含量比正常烟叶高得多。二者的共同特点均为烘烤过程中失水与变黄较为困难，既容易烤青又容易烤黑。"黑暴烟"形成的本质原因是其叶片肥大，叶绿素含量远高于正常烟叶，成熟时落黄极不均匀，含氮化合物如蛋白质积累较多，烟叶多酚氧化酶活性较高，同时在烘烤过程定色中后期失水率低，多酚氧化酶活性保持高水平而形成挂灰。这种偏施氮肥，烟株营养不平衡所致的老憨烟在云南较为常见。

图 1-11　过度施用氮肥形成的老憨烟叶

2. 牛皮烟

有研究表明，在高氮、磷田块下容易形成牛皮烟。这类烟叶的特点是：①叶片脆而硬，主脉粗老，侧脉明显，组织硬化，叶面光板，油光发亮，叶面少皱褶且淀粉斑较少；②成熟晚，落黄慢，一般比正常烟叶晚7～10d；③成熟时叶面颜色不均匀，叶心黄色而叶缘、叶尖仍有明显绿色；④出现部位为上二棚及其以上；⑤烟叶组织结构紧密，烘烤过程失水困难。

二、烘烤技术不当导致挂灰

1. 冷挂灰烟（正面：图 1-12；背面：图 1-13）

冷挂灰烟产生的主要原因是在烘烤过程中关键时期温度骤然降低。通过大量的试验研究和经验分析，发现冷挂灰烟叶多发生于密集烤房门口处，烟叶外观特点为整片烟叶较为清亮，灰色物质多为点状排列，烟叶背面不透过灰色物质。高荣武（2019）研究认为变黄期烤房内突然严重降温且持续时间长，会导致湿热空气凝成水珠，烫伤烟叶，造成烟叶部分变黄，另一部分变褐，并呈条状或带状分布。由于烘烤季节特别是在云南烟区多为雨季，因此当夜间下雨时如果加火不及时，烤房往往容易掉温，从而发生冷挂灰现象。杨杰等（2011）研究发现当烟叶全黄进行大量排湿时，即冷风进风门或天地窗开启较大，定色期通风排湿过急过快时，湿球温度下降到36℃以下，但是大排湿后至50℃前，湿球温度就很难再回升到38～39℃，大排湿时通风量大、进冷风太多，使烟叶的气孔受到胁迫后开张程度缩小，导致水分难以继续大量蒸发出来，即"排汗"排急了反而把"汗"憋回去了，从而形成严重冷挂灰。此外，烘烤关键期误打开烤房门也是造成冷挂灰的原因之一。

图 1-12　冷挂灰烟叶（正面）

图 1-13　冷挂灰烟叶（背面）

2. 热挂灰（正面：图 1-14；背面：图 1-15）

与冷挂灰不同，热挂灰是由烘烤过程中温度过快升高引起的。热挂灰烟叶多发生于密集烤房热风进风口，烟叶外观特点为整片烟叶浑浊，灰色物质多为片状，烟叶背面会透过灰色颗粒物质。杨胜华（2014）研究发现烟叶在变黄期及定色期，因人为原因或者供热设备不稳定，而引起温度升高过快，强行将叶内细胞的水分排出，导致细胞出现破裂，汁液流出并在叶面凝结，多酚类物质暴露于空气中，在氧气的作用下，氧化成黑色的醌类物质，形成挂灰。

图 1-14　热挂灰烟叶（正面）

图 1-15　热挂灰烟叶（背面）

3. 硬变黄（整竿：图 1-16；初烤烟叶正面：图 1-17；初烤烟叶背面：图 1-18）

　　硬变黄的产生主要是由烤房内排湿不畅引起的，且普遍发生于密集烤房的全炉烤房。烟叶外观特点呈现整片烟叶较为浑浊，灰色物质多为片点结合状，背面一般不透过灰色颗粒物质。主要原因是烟叶烘烤变黄阶段不排湿或排湿较少，使烟叶的变黄过程长时间处于厌氧条件下，导致变黄的烟叶含水量高而出现只变黄不变软的现象，最终导致较难定色而烤坏。硬变黄分为冷硬黄和热硬黄两种。发生冷硬黄的主要原因是变黄阶段干球温度低于 35℃，此种烟叶的含水量最高，而且易发生细菌感染；发生热硬黄的主要原因是变黄阶段干球温度适宜，烟叶受热虽然失去少量水分，但变黄的烟叶依然较硬，此类烟叶虽然含水量稍低，但也不易定色，且易发生霉菌感染。进入定色阶段，由于干球温度不断上升，PPO 活性逐步升高，同时硬变黄烟叶自身含有较多水分而促进了酶促棕色化反应，导致烟叶大面积挂灰。

图 1-16　硬变黄烟叶（整竿）

图 1-17　硬变黄初烤烟叶（正面）

图 1-18　硬变黄初烤烟叶（背面）

4. 变黄期过长

变黄期是增进和改善烟叶风格特点的重要阶段，此时期是烟叶大分子物质降解、小分子物质形成的重要时期，也是烟叶外观质量形成的关键时期（刘腾江等，2015）。史玉龙等（2010）研究发现部分烟农过于关注烤青问题，烘烤工艺掌握不当，往往采用延长变黄期的方式，但忽略了内部物质消耗过多，致使叶片内营养物质消耗过度，容易造成"饥饿挂灰"。

5. 关键期烟叶水分含量过高

烟叶烘烤是烟叶质量、风格特色形成的关键工艺阶段，不同的烘烤条件能够极大影响烤后烟叶的风格特点（刘要旭等，2018）。烟叶的烘烤过程基本分为变黄期、定色期和干筋期 3 个主要阶段（王涛等，2021）。马玉红等（2009）研究发现关键期的叶片含水量与烟叶挂灰问题紧密相关，指出烟叶进入定色中、后期时，叶片的脱水率一般不低于鲜烟叶含水率的 30%，如果没达到这一标准，干球温度超过 48℃的话，可以在短时间形成挂灰。这一方面也体现在装烟量上，如果上部烟装烟量过大，水分难排，挂灰烟叶时常出现。

6. 设备性能不稳定

设备性能不稳定包括烤房故障、偏温、通风排湿设备不稳定等方面。其中因供热设备不稳定所引起的偏温现象会导致冷挂灰、热挂灰的形成；因通风排湿设备故障所引起的排湿不畅会造成在定色中后期排水不及时，导致烟叶水分含量过高而挂灰。

三、田间冷害导致挂灰

冷害烟叶（图 1-19）：调查发现在云南高海拔植烟区的烤烟采烤期 7 月中旬至 8 月下旬（海拔>2400m）和 9 月中旬前后（海拔>1800m）容易出现大面积田间冷胁迫导致的烟叶挂灰现象。

徐兴阳等（2007）研究表明烤烟采烤后期，即 8 月 25 日后，常有北方冷空气南下，气温下降明显，往往造成上部 4～6 片烟叶发生冻害，在田间就形成冷挂灰。这是云南大多数烟区上部烟叶产生灰色烟的主要原因，特别是 9 月中旬以后采收的烟叶，极易产生田间"冷挂灰"。有时甚至在 8 月下旬就会受寒流袭击而产生田间"冷挂灰"。

图 1-19 田间冷害导致烟叶挂灰

四、其他因素

1. 花粉侵染（田间表现：图1-20；初烤烟叶外观：图1-21）

段水明（2018）研究表明在6月上旬至7月上旬玉米穗期（抽雄期）相邻玉米田块的烤烟上部叶容易出现非绿色粉尘、斑点、斑块等，叶面光泽稍暗，导致初烤烟叶的品质明显降低。进一步研究发现，玉米花粉受风力传播至烤烟烟叶气孔，堵塞其水分和空气交换通路，导致叶片呼吸作用受阻，烟叶无法正常成熟，最终在烘烤环节发生酶促棕色化反应。此外，因烟叶上散落的玉米花粉容易滋生霉菌从而诱发烟草玉米花粉病，导致叶片上，特别是叶脉附近出现密布的黑色细小的斑点。实际调研发现，滇西地区所种植的玉米主要是晚熟品种，授粉期恰逢烟叶成熟期前后，对烤烟危害极大。作者研究表明，玉米花粉对成熟烟叶的危害大于未熟烟叶。

图1-20　花粉侵染烟叶（田间表现）

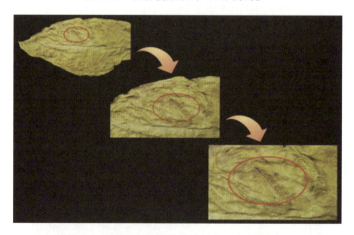

图1-21　花粉侵染烟叶导致挂灰（初烤烟叶）

2. 过熟烟叶（图1-22）

杨胜华（2014）研究发现一旦烟叶过熟，就过多地消耗叶片内部的物质，导致叶片的细胞间隙增大、组织疏松，如果变黄期稍长，容易造成"饥饿挂灰"。

图 1-22　过熟烟叶（右一）

3. 病害烟叶（烟草赤星病：图 1-23；烟草脉带花叶病毒病：图 1-24）

近年据云南部分烟区反映，对于染病烤烟，即使鲜烟叶时看不出症状，在烘烤过程中也会出现斑点状的挂灰现象，这与病害破坏烟叶细胞组织结构有关。

整体图　　　　　　　　　　局部图

图 1-23　烟草赤星病

图 1-24　烟草脉带花叶病毒病

4. 磨伤烟叶

在采收与运输过程中，因为叶片间的相互摩擦挤压会造成受伤部分的烟叶细胞组织发生破裂，多酚类物质外泄，烘烤过程中易造成挂灰。

5. 上部烟叶（图 1-25）

一般来说上部烟的叶片较厚，干物质积累多，束缚水含量高，叶绿素含量高，多酚类物质多，多酚氧化酶活性高，这些因素是上部烟难烤的物质基础。而且上部烟在大田中的生长期长，易受到气候与病害的影响，遇到冷气候，形成"冷害烟叶"；遇到降水，形成"返青烟叶"；遇到病害，形成"病害烟叶"；以上情况均是上部烟成为烘烤中"问题烟"的外部因素。同时，因品种差异而引起的上部烟难烤的问题，如典型的烤烟品种K326上部烟易挂灰，则是烘烤中"问题烟"的内部因素。

图 1-25　K326 上部烟叶

第三节　烤烟挂灰烟研究的重要意义

挂灰烟是一种较为常见的烤坏烟，挂灰烟的产生不仅影响烟叶原料供应，还制约着烟叶生产的可持续发展，对烟草行业发展造成了巨大影响。国内烟草调制科学家对烤烟挂灰成因进行了大量机理性的探索，主要集中在烟叶多酚氧化酶含量、活性在烘烤过程中的动态变化，以及研究不同烘烤工艺、烤烟品种、烟叶部位、多酚氧化酶活性抑制剂、烤房气体环境与烟叶水分状态变化对烤后烟叶挂灰程度的影响等方面。然而，目前尚无烤烟挂灰对不同品种、不同部位烟叶工业可用性影响的研究，同时灰色物质的成分及结构仍不清楚。因此，对于挂灰烟形成机理和消减策略的研究具有重要的应用价值，能够高效且科学地指导烤烟生产，降低烤坏烟发生比例，减少国家和烟农的经济损失。

中式卷烟的烤烟原料需经过烘烤调制，据烟叶生产调查，其烤烟在调制过程中挂灰烟发生率占烤坏烟的 40%～50%。挂灰烟在烟叶分级中属于下低等烟，价格低廉或不被收购，甚至丧失工业可用性，不仅降低了烟叶的产量和质量，而且对烟农造成很大的经济损失（闫克玉和赵献章，2003）。如果能用科学手段将挂灰烟比例降低一个百分点，仅在云南烟区年均可产生 3 亿元效益，同时也节约了 4000 hm² 的耕地资源（胡德伟等，2009）。研究发现，与正常烟叶相比，中度挂灰烟叶总糖和还原糖含量显著下降，烟碱、蛋白质和总氮含量明显提高，化学成分不协调，糖碱比较小（肖振杰等，2014）。烟叶中多酚类物质含量与烟叶品质和芳香吃味呈正相关，绿原酸和芸香苷是影响级别较大的多酚类物质，烘烤期间酶促棕色化反应是造成烟叶多酚类物质含量下降的原因之一（Bacon et al.，1952；Sheen and Calvert，1969；Gong et al.，2006）。一旦烟叶颜色完全变褐，多酚类物质就会减少 85%，烟叶芳香吃味将变差，烟叶杂气成分含量增加（Nagasawa，1958）。由此可见，烟叶挂灰后不仅影响外观质量，使烟叶商品价值降低，而且还会导致烟叶内在化学成分含量不适宜、不协调，降低工业可用性。

早在 20 世纪 40 年代，Roberts（1941）就提出烤烟烘烤过程中挂灰烟的产生原因是"酶促棕色化反应"。在烟叶烘烤过程中，随温度升高至 46℃ 左右（一般植物细胞死亡温度），细胞质膜失去选择通透性（Baines et al.，2005），若此时细胞脱水不足，细胞中多酚类物质与多酚氧化酶类物质就合成醌类物质，进而形成褐色物质，在表观上产生挂灰烟。避免挂灰烟的形成一直是科学烘烤与管理的研究重点，Hawks 和 Collins（1983）提出在干叶初期关键温度点（42～48℃）时注意色素降解与水分排除相协调来避免挂灰，特别是在叶内水分含量很高的情况下让叶片失水 40%～50% 再提升温度，勿贸然提高叶温形成"热挂灰"，也不可拖长变黄期形成"饥饿挂灰"。除烘烤工艺环节产生的挂灰外，鲜烟叶的素质差异也会造成挂灰烟，如土壤中 Fe、Mn 等元素含量偏高，烟草体内积累 Fe、Mn 离子过多后会造成生理性中毒，产生田间灰色烟（何伟等，2007）。偏施氮肥、烟株营养不平衡所致的懵烟，烟叶在成熟期因气温下降受冷害形成的冷害烟叶，过熟烟叶、病害烟叶和机械损伤烟叶，在烘烤过程中也都容易形成挂灰烟（Steponkus，1984；Orso et al.，2000）。虽然挂灰烟形成原理已被提出了很多年，但未对酶促棕色化反应产生的灰色物质的化学成分及结构进行鉴定，研究多集中在调控多酚类物质含量及抑制多酚氧化酶活性方面（李力，2008），烘烤中酶促棕色化反应的一些核心机理问题尚不明确。

为了更为精准地控制烤烟挂灰烟，需要全面开展烤烟各类型挂灰烟产生的内在机理及消减策略研究，其意义如下。

一、揭示挂灰烟形成的内在机理，技术措施才能有的放矢

虽然前人对挂灰烟形成原因与对应消减策略已经进行过分析、总结，但现有这些研究大部分是基于经验总结，尚未区分田间与烘烤环节造成的挂灰烟，以及其内在反应机理，不具备科学地、系统地、有效地减少挂灰烟的指导功能。同时，这种经验型的挂灰烟形成原因与消减策略总结对实际烟叶生产存在以下三方面的明显不足。①指导生产缺乏前瞻性：在挂灰烟生理生化机理不明确的情况下，无法依据气候、品种、栽培条件来预测各烟区挂灰烟暴发的类型与程度，生产指导与技术服务具有被动性。②指导生产缺乏精确性：在挂灰烟形成主因或者主因的关键调控因子不明确的情况下，相应的消减策略将无法做到科学、对症，生产指导与服务具有盲目性。③指导生产缺乏系统性：在尚

未明晰不同类型挂灰烟形成的主因及发生反应的阈值时，将无法提供全面的解决方案与集成创新相应消减技术，生产指导与服务缺乏稳定性和系统性。因此为了更好地、有针对性地指导烟叶烘烤，减少挂灰烟的产生，有必要对挂灰烟形成机理与消减策略进行全面、系统的深入研究。

二、提出消减策略，提高烤后烟叶外观质量与烟农收益

在烟叶等级质量划分中，烟叶外观贡献约占 75%。针对烟农利益来说，烟农交售等级越高，收益越高，但是挂灰烟是烤坏烟叶比例中最大的一类烟叶，也是影响交售等级的最大问题。通过对挂灰烟消减技术研究，将从烘烤环节减少挂灰烟的产生，在分级上能更加准确地定位级别，在交售上避免等级混乱，充分保障烟农利益。

三、降低挂灰烟比例，提高收购等级纯度，有利于满足卷烟配方需求

近几年，工业企业的原料需求反馈意见表明，烟叶等级纯度控制不好，极大地影响卷烟配方的协调性，难以达到所需的配方要求，而烟叶等级纯度主要体现在挂灰烟比例上，挂灰烟大部分是烟叶烘烤过程中产生的。所以降低挂灰烟比例，可以提高收购等级纯度，为卷烟企业保持原料配方稳定性奠定基础。

参 考 文 献

蔡宪杰, 王信民, 尹启生, 等. 2005. 采收成熟度对烤烟淀粉含量影响的初步研究. 烟草科技, (2): 38-40.

陈红丽, 代惠娟, 杜阅光, 等. 2011. 烟叶抗破碎指数与机械加工性能的关系. 烟草科技, (10): 17-19+23.

戴亚, 唐宏, 施春华, 等. 2001. 烟草多酚氧化酶的分离提纯及性质研究. 中国烟草学报, (4): 9-14.

邓小华, 周冀衡, 周清明, 等. 2009. 湖南烟区中部烤烟总糖含量状况及与评吸质量的关系. 中国烟草学报, 15(5): 43-47.

段水明. 2018. 玉米花粉对烤烟叶片质量的影响. 现代农业科技, (2): 3+5.

高荣武. 2019. 挂灰烟叶的产生原因及在分级中的识别. 南方农业, 13(11): 189-190.

宫长荣, 袁红涛, 陈江华. 2002. 烤烟烘烤过程中烟叶淀粉酶活性变化及色素降解规律的研究. 中国烟草学报, 8(2): 16-20.

国家烟草专卖局. 2002. YC/T 161—2002 烟草及烟草制品. 北京: 中国标准出版社.

韩定国, 易克, 王翔, 等. 2011. 昆明不同亚气候带烤烟感官评吸质量与糖类及其相关指标的关系. 湖南农业大学学报(自然科学版), 37(2): 131-134.

韩富根, 赵铭钦, 朱耀东, 等. 1993. 烟草中多酚氧化酶的酶学特性研究. 烟草科技, (6): 33-36.

何伟, 郭大仰, 李永智, 等. 2007. 形成灰色烤烟的原因及机理. 湖南农业大学学报(自然科学版), 33(2): 167-169.

胡德伟, 毛正中, 石坚, 等. 2009. 中国的烟草税收及其潜在的经济影响. 郑州: 履约 控烟 创建无烟环境——第 14 届全国控制吸烟学术研讨会暨中国控烟高级研讨班.

胡建军, 李广才, 周冀衡, 等. 2011. 湖南烤烟生物碱含量与其评吸质量的相互关系研究. 中国烟草学报, 17(4): 31-36+42.

黄明, 彭世清. 1998. 植物多酚氧化酶研究进展. 广西师范大学学报(自然科学版), (2): 67-72.

雷东锋, 蒋大宗, 王一理. 2003. 烟草中多酚氧化酶的生理生化特征及其活性控制的研究. 西安交通大学学报, (12): 1316-1320.

李力, 杨涓, 戴亚, 等. 2008. 烤烟中绿原酸、莨菪亭和芸香苷的分布研究. 中国烟草学报, (4): 13-17.

李玉娥, 尹启生, 宋纪真, 等. 2008. 烟草酶促棕色化反应及调控技术研究进展. 中国烟草科学, 29(6): 71-77.

梁贵林, 关国经, 胡德才, 等. 2000. 初烤烟叶达不到上等烟因素的调查分析. 贵州农业科学, (s1): 70-73.

林顺顺, 张晓鸣. 2016. 基于 PLSR 分析烟叶化学成分与感官质量的相关性. 中国烟草科学, 37(1): 78-82.

刘春奎, 贾琳, 王小东, 等. 2015. 基于河南烤烟常规化学成分的适宜性评价及其聚类分析. 吉林农业大学学报, 37(4): 440-446.

刘华山, 郭传滨, 韩锦峰, 等. 2007. 烤烟成熟期烟叶黑暴的研究进展. 安徽农业科学, (30): 9591-9592.

刘腾江, 张荣春, 杨乘, 等. 2015. 不同变黄期时间对上部烟叶可用性的影响. 西南农业学报, 28(1): 73-78.

刘要旭, 卢晓华, 蔡宪杰, 等. 2018. 烘烤湿球温度对皖南烟叶焦甜香风格的影响. 中国烟草科学, 39(2): 89-95.

马玉红, 马维广, 邢世东. 2009. 控制烘烤温湿度解决烟叶汗烫, 烤红, 挂灰问题的试验研究. 农业科技与装备, (2): 72-73+76.

钱晓刚, 杨俊, 朱瑞和. 1998. 烟草营养与施肥. 贵阳: 贵州科技出版社: 58-62.

邵惠芳, 许自成, 李东亮, 等. 2011. 烤烟还原糖含量与主要挥发性香气物质及感官质量关系的统计学分析. 中国烟草学报, 17(2): 8-12+17.

史玉龙, 崔光周, 程兰. 2010. 对烤烟分级中杂色烟的认定及有关问题探讨. 安徽农学通报(上半月刊), 16(19): 166-168.

孙志浩, 霍昭光, 张宝全, 等. 2017. 海拔高度、品种及其互作对烤烟多酚类物质的影响. 中国烟草科学, 38(6): 74-78.

王娟, 李文娟, 周丽娟, 等. 2013. 云南主要烟区初烤烟叶物理特性的稳定性及质量水平分析. 湖南农业科学, (17): 28-31.

王曼玲, 胡中立, 周明全, 等. 2005. 植物多酚氧化酶的研究进展. 植物学通报, (2): 215-222.

王瑞新. 1990. 烟草化学品质分析法. 河南: 河南科学技术出版社.

王世济, 赵第锟, 崔权仁, 等. 2010. 缺镁对烟叶内外观质量影响初探. 安徽农学通报(上半月刊), 16(7): 80-81.

王涛, 毛岚, 范宁波, 等. 2021. 密集烘烤变黄期和定色期关键温度点延长时间对上部烟叶质量的影响. 天津农业科学, 27(2): 6-10.

席元肖, 宋纪真, 杨军, 等. 2011. 不同烤烟品种的类胡萝卜素、多酚含量及感官品质的比较. 烟草科技, (2): 70-76.

夏冰冰, 梁永江, 张扬, 等. 2015. 遵义烟区上部烟叶化学成分与感官评吸的相关性. 中国烟草科学, 36(1): 30-34.

肖振杰, 周艳宾, 徐增汉, 等. 2014. 黔南烤坏烟与正常烟叶主要化学成分含量差异. 中国烟草科学, 35(3): 74-78.

徐兴阳, 罗华元, 欧阳进, 等. 2007. 红花大金元品种的烟叶质量特性及配套栽培技术探讨. 中国烟草科学, (5): 26-30.

杨东升, 王胱霖, 张劲松, 等. 2009. 最理想状态下烟叶上等烟比例极限. http://www.yntsti.com/Technology/Modulation/fenjishou gou/2009/16/23506.html[2009-1-6].

杨杰, 谭青涛, 宋先志, 等. 2011. 科学分析含水量大的上部烟叶产生挂灰的原因及对策. 中国科技纵横, 15(184): 1.

杨胜华. 2014. 上部挂灰烟形成原因及防止对策. 现代农业科技, (15): 68+70.

杨树勋. 2019. 烟草酶促棕色化反应机理及其调控研究进展. 作物研究, 33(3): 246-250.

杨晔. 2014. 烤后烟叶挂灰的原因与防止烟叶挂灰的途径. 安徽农业科学, 42(19): 6367-6369+6372.

尹建雄, 卢红. 2005. 烟草中多酚化合物及多酚氧化酶研究进展. 广西农业科学, (3): 284-286.

尹永强, 何明雄, 韦峥宇, 等. 2009. 烟草镁素营养研究进展. 广西农业科学, 40(1): 60-66.

曾志三, 艾复清, 钟蕾, 等. 2007. 不同变黄环境烤后烟叶均价及上等烟率变化规律. 中国农学通报, 23(11): 117-121.

章新, 李明, 杨硕媛, 等. 2010. 磷素水平对烟叶化学成分和感官评吸质量的影响. 安徽农业科学, 38(10): 5091-5093.

赵殿峰, 徐静, 罗璇, 等. 2014. 生物炭对土壤养分、烤烟生长以及烟叶化学成分的影响. 西北农业学报, 23(3): 85-92.

Bacon C W, Wenger R, Bullock J F. 1952. Chemical changes in tobacco during flue-curing. Industrial & Engineering Chemistry, 44(2): 292-296.

Baines C P, Kaiser R A, Purcell N H, et al. 2005. Loss of cyclophilin D reveals a critical role for mitochondrial permeability transition in cell death. Nature, 434(7033): 658-662.

Chisari M, Barbagallo R N, Spagna G. 2007. Characterization of polyphenol oxidase and peroxidase and influence on browning of cold stored strawberry fruit. Journal of Agricultural and Food Chemistry, 55(9): 3469-3476.

Coseteng M Y, Lee C Y. 1987. Changes in apple polyphenoloxidase and polyphenol concentrations in relation to degree of browning. Journal of Food Science, 52(4): 985-989.

Gong C R, Wang A H, Wang S F. 2006. Changes of polyphenols in tobacco leaves during the flue-curing process and correlation analysis on some chemical components. Agricultural Sciences in China, 5(12): 928-932.

Halder J, Tamuli P, Bhaduri A N. 1998. Isolation and characterization of polyphenol oxidase from Indian tea leaf (*Camellia sinensis*). The Journal of Nutritional Biochemistry, 9(2): 75-80.

Hawks S N, Collins W K. 1983. Principles of flue-cured tobacco production. N.C. State University: The Economics of the Tabacco Industry.

Holderbaum D F, Kon T, Kudo T, et al. 2010. Enzymatic browning, polyphenol oxidase activity, and polyphenols in four apple cultivars: dynamics during fruit development. Hortscience, 45(8): 1150-1154.

Jang M S, Sanada A, Ushio H, et al. 2002. Inhibitory effects of 'Enokitake' mushroom extracts on polyphenol oxidase and prevention of apple browning. LWT-Food Science and Technology, 35(8): 697-702.

Li Y E, Yin Q S, Song J Z, et al. 2008. Research advances in tobacco enzymatic browning reaction and its control techniques. Chinese Tobacco Science, 29(6): 71-77.

McMurtrey J E. 1947. Effect of magnesium on growth and composition of tobacco. Soil Science, 63(1): 59-67.

Nagasawa M. 1958. Chlorogenic acid in the tobacco leaf during flue-curing. Journal of the Agricultural Chemical Society of Japan, 22(1): 21-23.

Orso E, Broccardo C, Kaminski W E, et al. 2000. Transport of lipids from Golgi to plasma membrane is defective in tangier disease patients and Abcl-deficient mice. Nature genetics, 24(2): 192-196.

Ren X, Lao C L, Xu Z L, et al. 2015. The study of the spectral model for estimating pigment contents of tobacco leaves in field. Spectroscopy and Spectral Analysis, 35(6): 1654-1659.

Roberts E H. 1941. Investigation into the chemistry of the flue-curing of tobacco. Biochemical Journal, 35(12): 1289-1297.

Sheen S J, Calvert J. 1969. Studies on polyphenol content, activities and isozymes of polyphenol oxidase and peroxidase during air-curing in three tobacco types. Plant Physiology, 44(2): 199-204.

Shi C H, Dai Y, Xu X L, et al. 2002. The purification of polyphenol oxidase from tobacco. Protein Expression & Purification, 24(1): 51-55.

Steponkus P L. 1984. Role of the plasma membrane in freezing injury and cold acclimation. Annual Review of Plant Physiology, 35(1): 543-584.

第二章　云南省烤烟挂灰烟现状分析与汇总

第一节　云南省烟叶挂灰现象调查与分析研究[①]

云南省位于中国西南边陲，烟区主要分布在北纬 23°30′～26°30′，东经 100°30′～104°30′。目前，云南共有 13 个州（市）、91 个县（市、区）、785 个乡（镇）、12 095 个行政村种烟，主产烟区分布在金沙江、南盘江、元江等三大水系区域内，烤烟产量位居全国前列，约占全国烟叶产量的 1/2，烤烟生产是云南省重要的经济支柱。

在云南省保山、红河、丽江、曲靖、玉溪、楚雄、昆明、昭通、普洱 9 个具有代表性的植烟州（市），采用不记名方式，发放调查问卷，对实际生产过程中挂灰烟发生的基本情况、主要原因和生产上烟农防治挂灰烟的策略选择进行调查。调查品种为云南主栽品种红花大金元（以下简称红大）、K326、云烟 87。烟叶挂灰时轻度、中度、严重挂灰的发生比例选项为：10%以内、30%以内、50%以内[②]、50%以上。每个州（市）调查两个县（市、区），每个县（市、区）调查两个乡（镇），每个乡（镇）选 100 名农户进行调查（其中生产技术员数量不少于 10 人），调查农户直接填写纸质版调查问卷（表 2-1）。

表 2-1　挂灰烟叶调查问卷

	州（市）　　　县（市、区）　　　乡（镇）　　　　　村委会（街道、社区）　　　种植品种：			
1	在您处烤后烟叶挂灰的发生情况	A、5%以内	B、5%～10%	C、10%～15%	D、15%以上
2	在您处烟叶挂灰中轻度挂灰的发生比例	A、10%以内	B、30%以内	C、50%以内	D、50%以上
3	在您处烟叶挂灰中中度挂灰的发生比例	A、10%以内	B、30%以内	C、50%以内	D、50%以上
4	在您处烟叶挂灰中严重挂灰的发生比例	A、10%以内	B、30%以内	C、50%以内	D、50%以上
5	烟叶挂灰主要发生在烟叶的哪个部位	A、叶尖	B、叶片中部	C、叶基部	D、其他
6	您认为导致您处烟叶挂灰的最主要原因	A、鲜烟叶素质	B、烧火技术	C、烘烤工艺	D、其他原因
7	您认为您处因鲜烟叶素质导致挂灰的最主要原因	A、烟田积水	B、施肥	C、降温（冷害）	D、微量元素中毒
8	您认为您处因烧火技术导致烟叶挂灰的最主要原因	A、烧火人员脱岗	B、燃料不合格	C、烧火加煤不规范	D、其他原因
9	您认为您处因烘烤工艺导致烟叶挂灰的最主要原因	A、湿球温度设置过高	B、变黄期时间太长	C、定色期升温速度太快	D、其他原因
10	您认为导致您处烟叶挂灰的其他主要原因还有哪些	A、无	B、有（请填写）		
11	在您处因烟田积水导致的烟叶挂灰占多大比例	A、5%以下	B、5%～10%	C、10%～15%	D、15%以上
12	在您处因施肥过少（不规范）导致的烟叶挂灰占多大比例	A、5%以下	B、5%～10%	C、10%～15%	D、15%以上

---

① 部分引自陈妍洁等，2020
② 30%以内表示挂灰比例在 10%和 30%之间；50%以内表示挂灰比例在 30%和 50%之间。下同

	州（市） 县（市、区） 乡（镇）			村委会（街道、社区）	种植品种：
13	在您处因后期降温发生冷害导致的烟叶挂灰占多大比例	A、5%以下	B、5%～10%	C、10%～15%	D、15%以上
14	在您处因微量元素中毒导致的烟叶挂灰占多大比例	A、5%以下	B、5%～10%	C、10%～15%	D、15%以上
15	您认为最难解决的烟叶挂灰原因是	A、冷害导致的挂灰	B、烧火导致的挂灰	C、烘烤工艺导致的挂灰	D、鲜烟叶素质导致的挂灰
16	您认为最容易解决的烟叶挂灰原因是	A、冷害导致的挂灰	B、烧火导致的挂灰	C、烘烤工艺导致的挂灰	D、鲜烟导致的挂灰
17	在容易发生挂灰的烟田，有人施用石灰来进行土壤改良吗	A、无	B、有		
18	在容易发生挂灰的烟田，施用石灰来进行土壤改良对减少挂灰烟有效果吗	A、不清楚	B、无效果	C、有一定效果	D、效果很好
19	在容易发生冷害挂灰的烟田，有人施用药剂来进行防治吗	A、无	B、有		
20	在容易发生冷害挂灰的烟田，施用药剂来进行防治对减少挂灰烟有效果吗	A、不清楚	B、无效果	C、有一定效果	D、效果很好

注：采用不记名调查，每个州（市）调查两个县（市、区），每个县（市、区）调查两个乡（镇），每个乡（镇）选100名农户进行调查（其中生产技术员数量不少于10人），调查农户请在您认为对的情况里打√，或者直接填写文字

一、挂灰烟的基本概况

（一）挂灰烟的发生比例

从图2-1可见，不同烤烟品种和地区的调查结果均表明，挂灰烟发生比例主要为5%以内和 5%～10%。在不同品种调查中，挂灰烟发生比例为 10%～15%的结果为红大>K326>云烟 87，挂灰烟发生比例为 15%以上的结果为 K326>云烟 87>红大。在不同烟区调查中，普洱烟区挂灰烟比例主要集中在 10%～15%和 15%以上，挂灰烟发生比例较高的为楚雄和昆明。

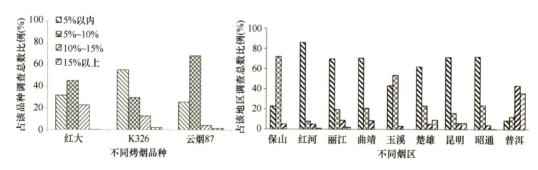

图 2-1 云南省挂灰烟发生情况①

---

① 图 2-1 引自陈妍洁等，2020，图 1

（二）云南省烟叶挂灰程度发生情况

从表2-2可见，在不同品种调查中，轻度挂灰情况发生比例集中在10%以内，而轻度挂灰发生50%以上的比例以云烟87最高，K326次之。中度挂灰情况发生比例集中在10%以内和30%以内，其中红大品种中度挂灰发生比例10%以内和中度挂灰发生比例30%以内两个选项的占比相近。K326品种中度挂灰发生比例10%以内的情况较中度挂灰发生比例30%以内高29.3%，而云烟87则是中度挂灰发生比例30%以内的情况较中度挂灰发生比例10%以内高19%。严重挂灰情况发生比例集中在10%以内和30%以内，其中红大品种出现严重挂灰发生比例30%以内的情况最多。

表2-2　云南省烟叶挂灰程度发生情况调查表[①]（%）

品种/地区		轻度挂灰				中度挂灰				严重挂灰			
		10%以内	30%以内	50%以内	50%以上	10%以内	30%以内	50%以内	50%以上	10%以内	30%以内	50%以内	50%以上
品种	红大	77.00	0.80	22.20	0.00	55.30	44.60	0.00	0.10	77.60	22.30	0.10	0.00
	K326	55.20	18.60	2.80	23.40	63.60	34.30	1.70	0.40	80.90	15.80	2.30	1.00
	云烟87	36.10	18.60	12.20	33.00	39.60	58.60	1.20	0.60	88.80	9.80	1.10	0.30
地区	保山	37.50	17.90	12.50	32.10	39.30	60.70	0.00	0.00	89.30	10.70	0.00	0.00
	红河	93.00	7.00	0.00	0.00	98.00	1.00	0.00	1.00	98.00	1.00	1.00	0.00
	丽江	74.40	22.60	3.00	0.00	89.10	8.40	0.40	2.10	78.60	17.00	4.30	0.00
	曲靖	87.90	10.40	1.70	0.00	83.70	16.30	0.00	0.00	85.40	13.40	1.20	0.00
	玉溪	0.00	0.00	0.00	100.00	18.10	81.00	0.00	0.90	98.50	1.00	0.00	0.50
	楚雄	35.00	28.70	14.30	22.00	62.30	34.10	3.60	0.00	88.70	7.30	4.00	0.00
	昆明	65.10	30.40	2.40	2.10	69.00	20.90	7.90	2.20	61.00	18.10	13.90	7.00
	昭通	86.70	10.70	2.30	0.30	70.30	26.60	2.90	0.30	74.10	19.50	5.30	1.10
	普洱	17.00	12.00	38.00	33.00	6.80	51.00	28.30	14.00	56.40	22.50	15.40	5.70

注：30%以内表示挂灰比例在10%和30%之间；50%以内表示挂灰比例在30%和50%之间。下同

在不同烟区挂灰程度调查中，烟叶挂灰程度可分为轻度挂灰、中度挂灰和严重挂灰，各程度挂灰情况发生比例均集中在10%以内。轻度挂灰情况下，挂灰发生比例50%以上的情况以玉溪、普洱、保山三个烟区较多。中度挂灰情况下，保山、玉溪和普洱烟区挂灰发生比例在30%以内。严重挂灰情况下，普洱烟区出现挂灰发生比例30%以内和50%以内的情况较其他烟区多。总体看来，玉溪和普洱烟区烟叶挂灰比例较其他烟区更大。

（三）不同烤烟品种挂灰烟发生部位调查

由图2-2可见，在不同品种调查中，烟叶主要挂灰部位集中在叶片中部、叶片基部和叶尖。对于云烟87和红大来说，其烟叶出现挂灰现象的比例都呈叶片中部最高，叶尖最低，而K326烟叶出现挂灰现象的比例则呈叶片基部最高，叶尖最低。

① 表2-2引自陈妍洁等，2020，表1

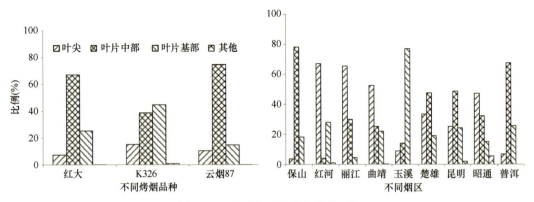

图 2-2　云南省烟叶挂灰部位情况[①]

在不同烟区调查中，烟叶主要挂灰部位存在差异，保山、楚雄、昆明、普洱烟叶挂灰主要发生在叶片中部，红河、丽江、曲靖、昭通烟叶挂灰部位主要发生在叶尖。丽江、曲靖、昭通挂灰部位的规律相近，表现为叶尖>叶片中部>叶片基部，红河烟区则表现为叶尖>叶片基部>叶片中部，玉溪烟区挂灰部位则呈现为叶片基部>叶片中部>叶尖。

二、烟叶挂灰产生的因素分析

（一）不同烤烟品种烟叶挂灰产生的主要因素

由图 2-3 可知，鲜烟叶素质是烟叶挂灰现象产生的最主要因素，当鲜烟叶素质不佳时会进一步降低烤烟烘烤特性，在烘烤过程中体现为烤烟的"耐烤性"和"易烤性"，即烟叶烘烤过程对烤房内温湿度变化的敏感程度和变黄后定色的难易程度。由于鲜烟叶素质是相对叶绿素含量（SPAD 值）[②]、色素、水分、化学成分、酶活性、组织结构及多酚类物质等指标综合决定的，当烤烟鲜烟叶素质不佳时（如 SPAD 值或色素含量过高、水分含量较多、组织结构较紧密），会导致烘烤特性降低（难变黄、难定色、难脱水等），特别是在变黄期转定色期时极易导致酶促棕色化反应过度进行，出现大面积烟叶挂灰情况。但对于红大品种，控温技术不当产生挂灰烟的比例与鲜烟叶素质不佳产生挂灰烟的比例相近。

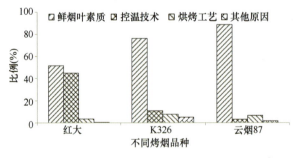

图 2-3　不同烤烟品种烟叶挂灰产生的主要因素[③]

---

① 图 2-2 引自陈妍洁等，2020，图 2
② SPAD（soil and plant analyzer development）的含义为"土壤、植物分析仪器开发"，相关仪器可采用光电无损检测方法测量相对叶绿素含量，其测量值称为 SPAD 值，在本书中使用"SPAD 值"或"SPAD"替代描述"相对叶绿素含量"。
③ 图 2-3 引自陈妍洁等，2020，图 3

由图 2-4 可知，不同烤烟品种鲜烟叶素质差异导致挂灰产生的主要因素不同。对于红大和K326，烟田积水是导致鲜烟叶素质差异形成的主要原因，烟田积水会导致根系活力降低，吸收的水分减少，叶片组织因根系吸水受阻导致细胞膨压下降，叶组织全部萎蔫。水淹时间过长，下部叶片变黄，根系变黑，自下部叶往上延伸，直至整株萎蔫而后死亡。若受涝后遇高温和强光照射，几天内烤烟会全部死亡。

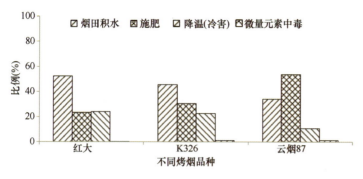

图 2-4 不同烤烟品种鲜烟叶素质导致挂灰产生的主要因素[1]

同时，施肥也是造成不同品种鲜烟叶素质差异的一个重要因素。氮素是烤烟生长发育的生命元素，对于烤烟鲜烟叶素质具有主导作用。在缺少氮肥的条件下，植物光合作用受阻，影响植物正常发育，植株瘦小，生长缓慢，出现提前衰老的现象，烤后烟叶品质降低，具体表现为初烤烟叶内含物积累不足，氮代谢产物含量较低，从而影响工业可用性。过量施用氮肥则造成植株营养生长过旺，导致徒长、贪青晚熟，不易自然成熟落黄，从而加重了烘烤的难度。施肥是导致云烟 87 鲜烟叶素质差异形成的主要原因，其次是烟田积水和降温（冷害）。

（二）不同烟区烟叶挂灰产生的主要因素

由图 2-5 和图 2-6 可以看出，不同烟区烟叶导致挂灰的主要因素表现出相似性，鲜烟叶素质是各烟区挂灰烟产生的主要因素，但对红河、昆明、昭通、普洱烟区来说，控温技术和烘烤工艺对挂灰烟产生也有较大影响。进一步分析由鲜烟叶素质差异导致烟叶挂灰产生的主要因素可知，烟田积水是造成红河和丽江烟区鲜烟叶素质差异形成导致挂灰产生的主要因素，且丽江烟区对降温（冷害）的敏感程度与烟田积水相近。施肥是保山、玉溪、昆明、普洱烟区鲜烟叶素质差异形成导致挂灰产生的主要因素，烟田积水和降温（冷害）次之。降温（冷害）是曲靖和昭通烟区鲜烟叶素质差异形成导致挂灰产生的主要因素，楚雄烟区降温（冷害）、施肥、烟田积水对鲜烟叶素质差异形成导致挂灰产生的贡献较为一致。

三、烟叶挂灰主导因素比例分析

烟叶挂灰主导因素对挂灰烟的影响：从表 2-3 可知，烟田积水、施肥过少和后期降温（冷害）对烟叶挂灰影响较大，而微量元素中毒导致的烟叶挂灰比例主要集中在 10%

---

① 图 2-4 引自陈妍洁等，2020，图 4

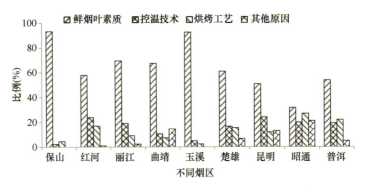

图 2-5　云南省不同烟区烟叶挂灰产生的主要因素[①]

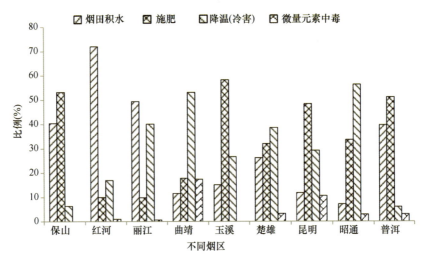

图 2-6　不同烟区鲜烟叶素质导致挂灰产生的主要因素[②]

表 2-3　导致烟叶挂灰不同因素的比例分析[③]（%）

品种/地区		烟田积水		施肥过少		后期降温（冷害）		微量元素中毒	
		10%以下	10%以上	10%以下	10%以上	10%以下	10%以上	10%以下	10%以上
品种	红大	26.2	73.8	76.9	23.1	70.1	29.9	98.9	1.1
	K326	76.3	23.7	85.0	15.0	77.0	23.0	97.5	2.5
	云烟 87	94.0	6.0	95.6	4.4	61.2	38.8	97.1	2.9
地区	保山	87.5	12.5	96.5	3.5	61.6	38.4	98.2	1.8
	红河	36.0	64.0	92.0	8.0	91.0	9.0	90.0	10.0
	丽江	94.2	5.8	76.7	23.3	79.4	20.6	91.3	8.7
	曲靖	97.5	2.5	95.9	4.1	70.7	29.3	99.0	1.0
	玉溪	82.6	17.4	40.2	59.8	9.9	90.1	100.0	0.0
	楚雄	98.3	1.7	90.4	9.6	85.7	14.3	97.3	2.7
	昆明	93.9	6.1	92.6	7.4	87.7	12.3	82.5	17.5
	昭通	85.6	14.4	92.1	7.9	71.2	28.8	93.4	6.6
	普洱	59.5	40.5	68.5	31.5	87.6	12.4	90.8	9.3

注：百分比之和不为 100% 是因为数据进行过舍入修约。后文同

---

① 图 2-5 引自陈妍洁等，2020，图 5
② 图 2-6 引自陈妍洁等，2020，图 6
③ 表 2-3 引自陈妍洁等，2020，表 2

以下，影响较小。在不同品种调查中，后期降温（冷害）对云烟 87 和红大影响较大，且烟田积水对红大影响也较大；而对不同的烟区，烟田积水对红河、普洱烟区烟叶挂灰影响较大，施肥过少对玉溪、普洱烟区影响较大，后期降温（冷害）对玉溪、保山烟区烟叶挂灰影响较大。

四、烟叶挂灰现象的解决措施

（一）不同挂灰因素解决的难度分析

由表 2-4 可知，大部分烟农认为由鲜烟叶素质和降温（冷害）导致的挂灰最难被解决。但在楚雄、普洱、昭通烟区，最难解决的挂灰因素中比例较高的为烘烤工艺和控温技术，这两个因素在 3 个地区分别占 30.3%、27.8% 和 27.5%。对各烟区来说保证鲜烟叶素质最佳和防止降温（冷害）是预防挂灰烟产生的两个重要措施，而对于普洱、楚雄、昭通烟区来说，还应该提高对烘烤工艺和控温技术的研究与技术推广。

表 2-4　最难解决的挂灰因素分析[①]（%）

品种/地区		降温（冷害）	控温技术	烘烤工艺	鲜烟叶素质
品种	红大	45.8	1.3	0.2	52.7
	K326	31.1	9.4	4.6	54.9
	云烟 87	28.1	2.6	2.2	67.0
地区	保山	25.0	0.0	0.0	75.0
	红河	12.0	12.0	2.0	74.0
	丽江	32.3	2.5	0.6	64.6
	曲靖	54.1	6.2	0.2	39.4
	玉溪	40.6	5.4	3.9	50.1
	楚雄	47.9	24.1	6.2	21.8
	昆明	43.5	8.3	9.9	38.3
	昭通	63.3	18.9	8.6	9.2
	普洱	6.8	9.5	18.3	65.5

（二）烟农对易发生挂灰烟田和冷害烟田采取的防治措施及其防治效果

表 2-5 烤烟品种调查显示，大部分烟农会在容易发生挂灰的烟田施用生石灰，预防挂灰烟的发生，但是对于不同的烟区来说，只有保山、楚雄、昭通、普洱烟区有超过 30% 的烟农会施用生石灰对易发生挂灰烟田进行改良，其中以保山烟区施用生石灰改良烟田的比例最高。在易发生冷害烟田，对于不同品种和烟区来说，在冷害烟田施用药剂预防挂灰烟发生的烟农较少。其中，昭通烟区有 41.2% 的烟农会在易发生冷害烟田施用药剂来增强烤烟抗冷胁迫能力。

表 2-6 中对施用生石灰改良挂灰烟田的调查显示，只有红大有一定效果，其所占比例高于不清楚防治效果所占比例，而 K326 和云烟 87 不清楚其具体防治效果。红河、

---

① 表 2-4 引自陈妍洁等，2020，表 3

昭通烟区有一定效果，其所占比例高于不清楚防治效果所占比例，其他烟区大部分烟农都不清楚其防治效果。而在易发生冷害烟田施用药剂提高烤烟抗冷胁迫能力的效果调查中，红大有一定效果所占比例与不清楚其防治效果所占比例相近，而不同烟区仅有红河、玉溪、昭通烟区烟农认为有一定效果所占比例较高，其他烟区大部分烟农都不清楚其防治效果。

表 2-5　烟农对易发生挂灰和冷害烟田采取防治措施情况[①]（%）

品种/地区		易发生挂灰烟田施用生石灰		易发生冷害烟田施用药剂	
		无人施用	有人施用	无人施用	有人施用
品种	红大	31.3	68.7	77.0	23.0
	K326	48.8	51.2	76.2	23.8
	云烟87	20.6	79.4	94.3	5.7
地区	保山	11.1	88.9	92.6	7.4
	红河	82.0	18.0	93.0	7.0
	丽江	91.7	8.3	88.1	11.9
	曲靖	73.0	27.0	96.1	3.9
	玉溪	91.7	8.3	100.0	0.0
	楚雄	68.3	31.7	87.7	12.3
	昆明	73.1	26.9	71.1	28.9
	昭通	51.7	48.3	58.8	41.2
	普洱	55.8	44.3	97.5	2.5

表 2-6　烟农在易发生挂灰和冷害烟田施用生石灰与药剂的改良效果[②]（%）

品种/地区		生石灰改良挂灰烟田			药剂改良冷害烟田		
		不清楚	无效果	有一定效果	不清楚	无效果	有一定效果
品种	红大	25.0	0.4	74.6	47.8	0.9	51.3
	K326	49.4	13.5	37.2	59.1	13.3	27.6
	云烟87	67.1	6.5	26.5	86.8	4.7	8.5
地区	保山	59.3	6.8	33.9	83.1	5.1	11.9
	红河	25.0	4.0	71.0	30.0	8.0	62.0
	丽江	88.0	5.4	6.7	84.3	11.2	4.6
	曲靖	83.5	4.5	12.0	77.8	9.8	12.5
	玉溪	99.5	0.5	0.0	51.4	0.0	48.6
	楚雄	61.9	13.6	24.5	76.2	7.3	16.6
	昆明	75.5	12.1	12.4	77.0	5.5	17.5
	昭通	34.7	6.4	58.9	24.5	22.9	52.6
	普洱	62.0	20.8	17.3	98.3	0.0	1.8

---

① 表 2-5 引自陈妍洁等，2020，表 4
② 表 2-6 引自陈妍洁等，2020，表 5

五、挂灰烟情况总结

（一）品种

云南省不同烤烟品种挂灰烟的发生存在显著差异，这与烟叶品种本身的烘烤特性相关，因为遗传差异是影响烤烟烘烤特性的最重要的内在因子。在不同烤烟品种调查中，红大较 K326 和云烟 87 挂灰烟的发生比例更大，并且随着挂灰程度的加剧，挂灰烟所占比例逐渐增加，这可能是红大在烘烤过程易脱水、难变黄的品种特征所导致。

另外，不同品种会导致烤烟挂灰烟发生部位存在差异。在不同挂灰部位调查中，红大与云烟 87 的挂灰部位均集中在叶片中部，而 K326 挂灰部位集中在叶片中部和叶片基部，即烟叶挂灰范围更大，这与同一片鲜烟叶的不同部位多酚氧化酶（PPO）、过氧化物酶（POD）、超氧化物歧化酶（SOD）等防御性酶活性大致为叶基>叶中>叶缘>叶尖有关，即 K326 烟叶防御性酶活性分布更广。

（二）鲜烟叶素质

通过对挂灰原因和主导因素进行综合分析发现，鲜烟叶素质是造成不同烤烟品种和烟区挂灰烟发生的主要原因。研究表明不同素质烟叶在物理特性、组织结构和防御性酶活性等方面存在显著差异，而施氮量、留叶数、灌溉方式、烟叶采收等因素都可导致鲜烟叶素质之间的差异。调研发现，在生产过程中，鲜烟叶素质差异形成的主要原因是烟田积水、降温（冷害）和施肥。烟田积水会造成土壤氧化还原电位降低，H^+浓度增加，土壤 pH 降低，田间重金属离子活化，导致烟叶重金属中毒而使烟叶挂灰，这一因素对红大、K326 品种和红河烟区影响较大。而降温（冷害）则会导致烟叶膜透性增加，过氧化氢酶（CAT）、超氧化物歧化酶（SOD）活性降低，过氧化物酶（POD）活性增加。在烘烤过程中膜透性的增加会造成丙二醛含量急剧升高，细胞膜破裂，促进多酚氧化酶氧化多酚类物质形成褐色醌类物质，出现烟叶挂灰。施肥对烟叶的影响主要是施肥过少或过多，这与烤烟品种本身的氮肥需求相关。降温（冷害）和施肥对云烟 87 品种与玉溪、丽江烟区影响较大。

调研还发现，鲜烟叶素质和降温（冷害）不仅是导致挂灰产生的主要原因，也是最难解决的烟叶挂灰问题。土壤 pH 与挂灰烟的形成密切相关，在易发生挂灰烟的烟田，土壤 pH 较低，施用石灰可有效中和土壤酸性，使土壤 pH 稳定在有利于烤烟生长的区间内，但大部分烟区烟农较少施用生石灰对烟田进行改良。对易发生冷害烟田，施用药剂改良烟田的烟农也较少，并且大部分烟农对药剂改良效果也不清楚。这与在地方进行品种推广和烤烟栽培培训时，对一些提高烤烟抗逆境胁迫能力的措施讲解和宣传不到位有关。

（三）烘烤操作

通过调查发现，云南省挂灰烟发生的另一主导因素是烘烤操作，具体涉及控温技术和烘烤工艺。从结果分析可以看出控温技术（烘烤温度控制）和烘烤工艺分别占据云南主产烟区挂灰烟发生情况与最难解决挂灰因素情况的较大比例，一方面是因云南烟区分布广且地理环境差异较大，加之种植品种和鲜烟叶素质不尽相同，综合导致各烟区的烘烤工艺千差万别，难以统一。因此对烘烤过程控温的要求较为严苛，稍有出入就会出现大面积挂灰情况。另一方面是因为各烟区烘烤设备和烘烤能源也存在较大差异，目前大多数烟区仍然沿用燃煤供能，部分烟区开始逐步推广节能和控温效果显著的生物质颗粒燃料。还有一些烟区也在推广醇基燃料、太阳能等新型能源。以上烘烤过程涉及的设备、工艺、人为因素等均直接或间接综合导致了烘烤操作成为挂灰烟发生的主要因素之一。

六、挂灰烟情况缓解建议

（一）地方政府应加强当地烤烟栽培技术培训

云南省烟农对挂灰烟的防护措施并不重视，在易发生挂灰和冷害的烟田，大部分烟农未采取任何措施，这一情况的发生可能是品种推广和烤烟栽培措施宣传不到位造成的，各州（市）公司应该加强烟草栽培过程中常见问题的预防措施的培训。例如，烟田积水主要发生在烟叶生长中后期、雨水集中的时期，应注意烟田排水系统的完善和整修，挖好排水沟并及时清理沟渠，防止沟渠堵塞积水。根据不同烟叶品种在不同生育期的需肥量和烟叶生长状态，科学有效施肥，而不是根据烟农的主观看法施肥。对于易发生挂灰和冷害的烟田，当地政府可鼓励烟农施用生石灰和药剂进行烟田改良与防御。

（二）加强烘烤技术培训，优化烘烤工艺

从调研结果来看，虽然云南省烟叶挂灰的主要原因集中在鲜烟叶素质上，但是部分品种和烟区烘烤工艺的不成熟也成为烟叶挂灰的原因之一，如红大品种和昭通、普洱烟区。为避免烘烤工艺造成的挂灰，建议如下：一是关注烟叶烘烤动态，适时调整烘烤工艺。烘烤过程中要注意观察烟叶的变化情况，因时因地科学调整烘烤工艺，尤其是对烘烤关键期温湿度的控制，纠正排湿过快、烘烤过急等问题，38℃是烟叶变黄关键期，稳温烘烤使烟叶充分变黄，若有部分烟叶未变黄，适当延长变黄期，做到"先黄等后黄"的原则。当叶片进入定色期时，要注意控制升温速度，防止升温过快造成烟叶挂灰。二是烘烤工艺要适合烤烟品种和烟叶烘烤特性。根据烟叶的烘烤特性，为烟农制定烟叶烘烤指导，明确各烘烤阶段的烘烤温湿度和烘烤时间，以及各烘烤阶段烟叶需要达到的要求、可能遇到的问题和相应的解决措施。三是记录每炉烟叶烘烤温度、湿度、时间、烘烤过程中烟叶变化情况、用电量、燃煤量、烘烤损失率、上等烟比例等，为完善烘烤技术和烘烤经验提供资料积累。

（三）加强挂灰烟的影响因素研究

虽然不同品种、不同烟区对挂灰因素的敏感程度不同，但烟田积水、降温（冷害）和施肥是鲜烟叶素质差异形成并造成挂灰的主要原因。烟田积水和降温（冷害）对烟叶的影响机制，烟叶结构改变及其导致挂灰烟产生的原因还缺乏系统解释，弄清这些因素对挂灰烟形成的影响机制，对生产上防治挂灰烟至关重要。

第二节　挂灰烟对烤烟烟叶工业可用性的影响[①]

为探索挂灰程度对不同品种、不同部位烟叶工业可用性的影响，设计试验对比了不同挂灰程度对不同品种烟叶的理化特性、经济价值、内在品质及工业可用性的影响。

试验地位于云南省昆明市石林彝族自治县（N24°46′27.55″，E103°17′18.83″，海拔1688.58m），属高原山地季风气候，年平均温度约 16℃，年平均降雨量 939.5mm，年平均日照 2096.8h。供试品种为当地 3 个主栽品种：K326、云烟 87 和红花大金元（以下简称红大）。

红大、K326 和云烟 87 品种按优质高效栽培技术进行烟叶生产，以栽出营养均衡、生长发育正常、能分层落黄成熟的鲜烟叶为目标。到 8 月，即移栽后 90～95d、打顶后35～40d，烟叶呈现浅黄色，叶面落黄 8 成，主脉全白、发亮，支脉变白，叶尖、叶缘下卷，叶面起皱时，采收各部位的成熟烟叶，按试验设计的要求进行烘烤。其他农艺措施按当地优质烟栽培规范进行。

全炉选择鲜烟叶素质一致的烟叶进行烘烤，然后利用烘烤过程中急速降温的方式来制造不同挂灰程度，设 4 个不同处理：挂灰程度<25%、挂灰程度 25%～50%（在本书中，数据跨越两个阶段的均为数据在第一个阶段中，如此处 50%在第 2 处理中，大于50%在第 3 处理中，余同）、挂灰程度 50%～75%、挂灰程度>75%。初烤后，挑选 4 种不同挂灰程度的 K236、云烟 87 和红大烟叶作供试样品。组织当地烟叶评级员（三级）按照国家标准《烤烟》（GB 2635—1992）对供试样品进行分级，统计不同处理 3 个品种烟样的外观质量及经济性状。同时将一部分烟样送至云南省烟草农业科学研究院进行烟叶物理指标测定及内在化学成分分析，另一部分烟样送至云南中烟工业责任有限公司技术中心进行感官评吸质量打分。

一、不同挂灰程度对不同烤烟品种经济性状的影响

由表 2-7 可知，挂灰程度和部位对均价有显著影响（$P<0.05$），但挂灰程度与部位之间没有协同效应。挂灰程度和部位对上等烟比例有显著影响，挂灰程度与部位间有协同效应。挂灰程度和品种、部位均对产值有显著影响，挂灰程度与部位间的相互作用对产值有显著影响，挂灰程度与品种、部位间没有协同效应。

表 2-7　挂灰程度、品种、部位及其互作对经济性状影响的方差分析[②]

方差来源	自由度	均价	上等烟比例	产值
挂灰程度（G）	3	<0.0001	<0.0001	<0.0001
品种（V）	2	0.1037	0.3267	0.0001
部位（P）	2	<0.0001	<0.0001	<0.0001
$G×V$	6	0.8928	0.8728	0.5202
$G×P$	6	0.1425	0.0177	<0.0001
$V×P$	4	0.4851	0.9529	0.0942
$G×V×P$	12	0.5637	0.9905	0.7949

[①] 部分引自 Chen et al.，2019

[②] 表 2-7 引自 Chen et al.，2019，Table 1

　　图 2-7 显示，随挂灰程度增加，三个烤烟品种不同部位烟叶的均价呈下降趋势。在相同挂灰程度下，三个品种不同部位间烟叶均价无显著性差异。在相同部位下，上部叶，红大挂灰程度>75%时均价显著低于挂灰程度<25%时均价；中部叶，三个品种在挂灰程

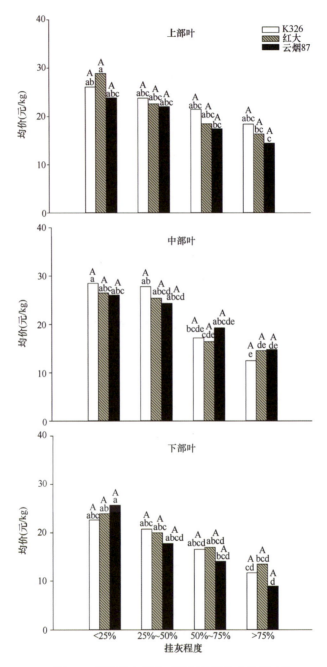

图 2-7　不同挂灰程度对烤烟品种均价的影响[①]

不同小写字母表示在同一部位条件下，不同品种与挂灰程度组合间的显著差异；不同大写字母表示在同一品种与挂灰程度组合下，不同部位之间的显著差异。均价以 2018 年昆明烟区价格为准。下同

---

① 图 2-7 引自 Chen et al.，2019，Figure 3

度>75%时均价均显著低于挂灰程度<25%时均价；下部叶，云烟 87 挂灰程度>50%时均价显著低于挂灰程度<25%时均价。

图 2-8 显示，随挂灰程度的增加，三个烤烟品种不同部位上等烟比例均呈下降趋势。在相同挂灰程度下，各品种不同部位上等烟比例无显著性差异。在相同部位下，上部叶，

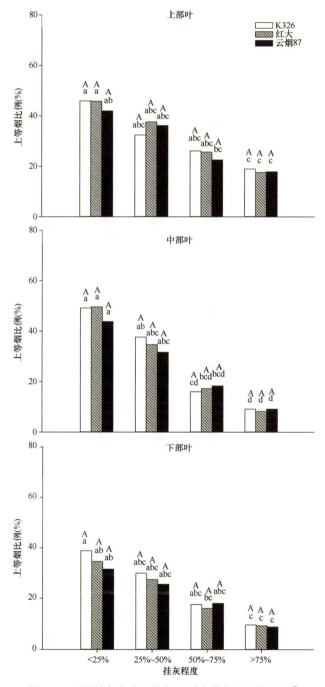

图 2-8　不同挂灰程度对烤烟品种上等烟比例的影响①

———————

① 图 2-8 引自 Chen et al.，2019，Figure 4

K326 和红大在挂灰程度>75%时上等烟比例显著低于挂灰程度<25%时上等烟比例,云烟 87 在挂灰程度>50%时上等烟比例显著低于挂灰程度<25%的上等烟比例;中部叶,三个品种上等烟比例在挂灰程度>50%时均显著低于挂灰程度<25%;下部叶,三个品种上等烟比例在挂灰程度>75%时均显著低于挂灰程度<25%。

图 2-9 显示,随挂灰程度的增加,各品种不同部位烟叶的产值均呈下降趋势。在品

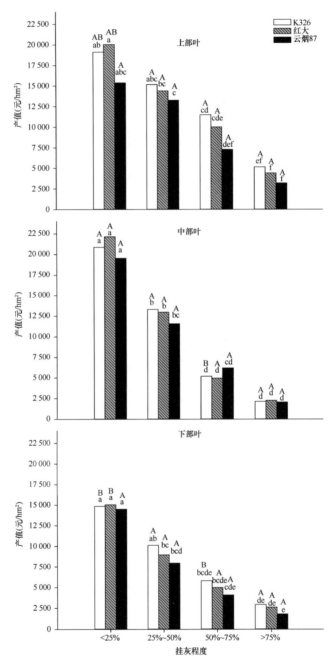

图 2-9　不同挂灰程度对烤烟品种产值的影响①

---

① 图 2-9 引自 Chen et al.,2019,Figure 5

种与挂灰程度的相互作用下，K326 和红大在挂灰程度<25%时下部叶和中部叶产值有显著性差异，K326 在挂灰程度 50%～75%时中、下部叶产值与上部叶产值差异显著。

在相同部位下，上部叶，K326 和红大在挂灰程度>75%时产值显著低于其他挂灰程度的产值，云烟 87 挂灰程度>50%时产值显著低于挂灰程度<25%时产值；中部叶，K326 和红大挂灰程度>50%时产值显著低于挂灰程度<50%时产值，云烟 87 挂灰程度<25%时产值显著高于其他挂灰程度的产值；下部叶，K326 挂灰程度>50%时产值显著低于挂灰程度<25%时产值，红大和云烟 87 挂灰程度<25%时产值显著高于其他挂灰程度的产值。

二、不同挂灰程度对不同烤烟品种、部位的化学特性的影响

（一）不同挂灰程度对不同烤烟品种总糖含量的影响

由表 2-8 可知，挂灰程度、品种、部位及它们之间的相互作用均对总糖含量有显著影响（$P<0.05$）。图 2-10 显示，随挂灰程度的增加，不同品种各部位烟叶总糖含量均呈下降趋势。在相同挂灰程度下，挂灰程度<25%时，K326 下部叶和上部叶总糖含量差异显著；挂灰程度在 25%～50%和 50%～75%时，红大中部叶总糖含量显著高于上部叶；挂灰程度>75%时，K326 和云烟 87 上部叶总糖含量也显著高于中、下部叶，红大各部位烟叶间总糖含量差异显著。

表 2-8　挂灰程度、品种、部位及其互作对化学成分影响的方差分析[①]

方差来源	自由度	总糖含量	还原糖含量	总氮含量	烟碱含量	蛋白质含量	淀粉含量
挂灰程度（G）	3	<0.0001	<0.0001	<0.0001	0.2431	<0.0001	<0.0001
品种（V）	2	<0.0001	<0.0001	<0.0001	<0.0001	<0.0001	<0.0001
部位（P）	2	<0.0001	<0.0001	<0.0001	<0.0001	<0.0001	<0.0001
$G×V$	6	<0.0001	<0.0001	<0.0001	0.0437	<0.0001	<0.0001
$G×P$	6	<0.0001	0.0027	<0.0001	0.4859	<0.0001	<0.0001
$V×P$	4	<0.0001	<0.0001	<0.0001	<0.0001	<0.0001	<0.0001
$G×V×P$	12	<0.0001	<0.0001	<0.0001	0.2211	<0.0001	<0.0001

在相同部位下，上部叶，K326 挂灰程度<25%时总糖含量显著高于其他挂灰程度总糖含量，红大挂灰程度>75%时总糖含量显著低于其他挂灰程度的总糖含量，云烟 87 挂灰程度>75%时总糖含量显著低于挂灰程度<25%的总糖含量；中部叶，K326 各挂灰程度间总糖含量差异显著，红大挂灰程度>75%时总糖含量显著低于挂灰程度<50%的总糖含量，云烟 87 挂灰程度>75%时总糖含量显著低于其他挂灰程度的总糖含量；下部叶，三个品种挂灰程度>75%时总糖含量均显著低于其他挂灰程度的总糖含量。

（二）不同挂灰程度对不同烤烟品种还原糖含量的影响

由表 2-8 可知，挂灰程度、品种、部位及它们之间的相互作用均对还原糖含量有显著影响（$P<0.05$）。图 2-11 显示，随挂灰程度的增加，三个品种不同部位烟叶还原糖含

---

① 表 2-8 引自 Chen et al.，2019，Table 2

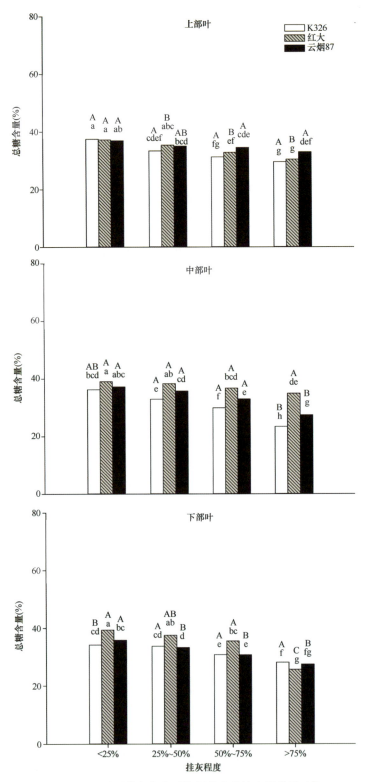

图 2-10 不同挂灰程度对烤烟品种总糖含量的影响①

---

① 图 2-10 引自 Chen et al.，2019，Figure 7

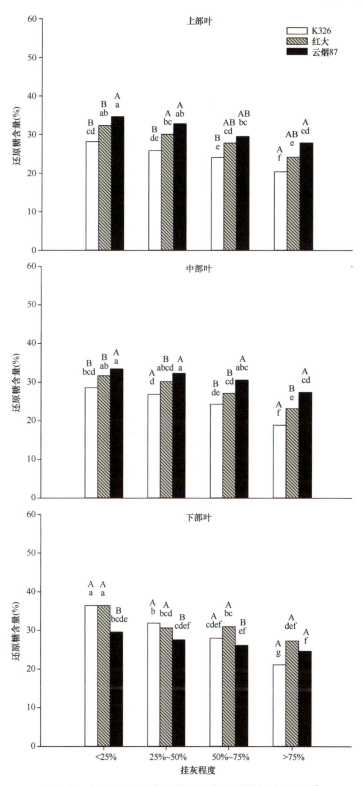

图 2-11 不同挂灰程度对烤烟品种还原糖含量的影响①

---

① 图 2-11 引自 Chen et al.，2019，Figure 8

量均呈现下降趋势。中、上部叶红大和云烟87还原糖含量相对较高，下部叶红大和K326还原糖含量相对较高。

在相同挂灰程度下，挂灰程度<25%时，三个品种下部叶还原糖含量与中、上部叶差异显著；挂灰程度在25%～50%时，K326上部叶和中、下部叶还原糖含量差异显著，云烟87中、上部叶还原糖含量与下部叶差异显著；挂灰程度在50%～75%时，K326中、上部叶还原糖含量与下部叶差异显著，红大和云烟87中、下部叶还原糖含量差异显著；挂灰程度>75%时，红大中、下部叶还原糖含量差异显著。

在相同部位下，中、上部叶，K326和红大挂灰程度>75%时，还原糖含量显著低于其他挂灰程度的还原糖含量，云烟87挂灰程度>75%时，还原糖含量显著低于挂灰程度<50%时，还原糖含量；下部叶，K326各挂灰程度间还原糖含量均有显著性差异，红大挂灰程度<25%时，还原糖含量显著高于其他挂灰程度，云烟87挂灰程度<25%时，还原糖含量显著高于挂灰程度>75%时。

（三）不同挂灰程度对不同烤烟品种总氮含量的影响

由表2-8可知，挂灰程度、品种、部位及它们之间的相互作用均对总氮含量有显著影响（$P<0.05$）。图2-12显示，在相同挂灰程度下，挂灰程度<25%时，K326下部叶总氮含量显著低于中部叶；挂灰程度在25%～50%时，K326中、上部叶总氮含量显著高于下部叶，红大中部叶总氮含量显著低于上部叶总氮含量；挂灰程度在50%～75%时，K326各部位烟叶间总氮含量差异显著，红大上部叶总氮含量显著高于中、下部叶；挂灰程度>75%时，K326上部叶总氮含量显著低于中、下部叶，红大中部叶总氮含量显著低于上、下部叶，云烟87中、上部叶总氮含量差异显著。

在相同部位下，上部叶，K326挂灰程度50%～75%时总氮含量显著高于其他挂灰程度；中部叶，K326挂灰程度>75%时总氮含量显著高于其他挂灰程度，红大挂灰程度<25%时总氮含量显著高于挂灰程度>25%时总氮含量，云烟87挂灰程度<25%时总氮含量显著高于挂灰程度25%～75%时总氮含量；下部叶，K326挂灰程度>75%时总氮含量显著高于其他挂灰程度，红大挂灰程度>75%时总氮含量显著高于挂灰程度<25%和挂灰程度50%～75%时总氮含量。

（四）不同挂灰程度对不同烤烟品种烟碱含量的影响

由表2-8可知，品种、部位及它们之间的相互作用均对烟碱含量有显著影响（$P<0.05$），挂灰程度与品种间的相互作用也对烟碱含量有显著影响。图2-13显示，在相同挂灰程度下，K326下部叶烟碱含量显著低于中、上部叶烟碱含量；红大中、下部叶烟碱含量显著低于上部叶烟碱含量；云烟87除了挂灰程度50%～75%时，下部叶烟碱含量显著低于中、上部叶，在其他挂灰程度下，云烟87中、下部叶烟碱含量显著低于上部叶。

在相同部位下，K326、红大和云烟87品种在不同挂灰程度间烟碱含量大体上无显著性差异。

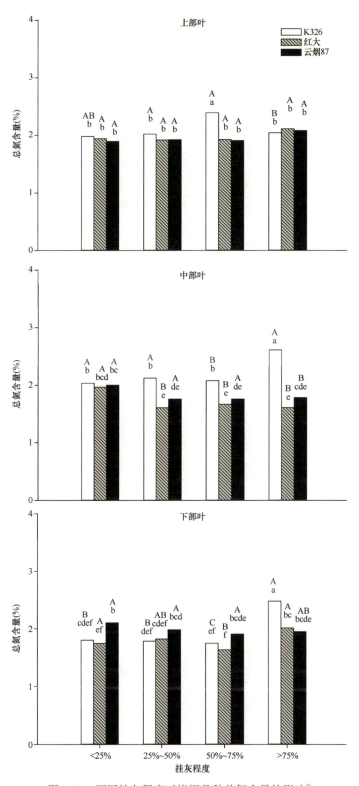

图 2-12 不同挂灰程度对烤烟品种总氮含量的影响[①]

---

① 图 2-12 引自 Chen et al.，2019，Figure 10

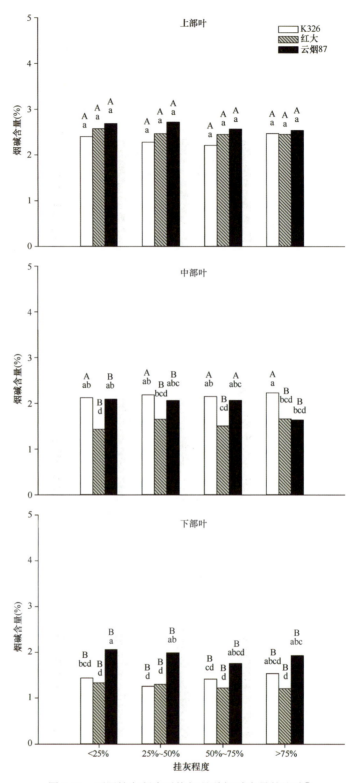

图 2-13　不同挂灰程度对烤烟品种烟碱含量的影响①

---

① 图 2-13 引自 Chen et al.，2019，Figure 11

（五）不同挂灰程度对不同烤烟品种蛋白质含量的影响

由表 2-8 可知，挂灰程度、品种、部位及它们之间的相互作用均对蛋白质含量有显著影响（$P<0.05$）。图 2-14 显示，K326 和云烟 87 两个品种中、上部叶的蛋白质含量相对较高。在相同挂灰程度下，挂灰程度<25%时，K326 和红大的上部叶与下部叶间蛋白质含量差异显著，云烟 87 下部叶和中部叶间蛋白质含量差异显著；挂灰程度 25%～50%时，红大和云烟 87 的下部叶蛋白质含量均显著高于中、上部；挂灰程度 50%～75%时，红大上部叶和中部叶间蛋白质含量差异显著；挂灰程度>75%时，K326 中部叶蛋白质含量显著高于上部叶和下部叶，红大中部叶蛋白质含量显著低于上部叶和下部叶。

在相同部位下，上部叶，红大挂灰程度>75%时蛋白质含量显著高于挂灰程度<25%，云烟 87 挂灰程度 25%～50%时蛋白质含量显著低于挂灰程度>50%；中部叶，K326 挂灰程度>75%时蛋白质含量显著高于其他挂灰程度，红大挂灰程度<25%时蛋白质含量显著高于挂灰程度 50%～75%，云烟 87 挂灰程度>75%时蛋白质含量显著高于挂灰程度 25%～50%；下部叶，K326 挂灰程度>75%时蛋白质含量显著高于其他挂灰程度，红大挂灰程度 50%～75%时蛋白质含量显著低于挂灰程度<50%。

（六）不同挂灰程度对不同烤烟品种淀粉含量的影响

由表 2-8 可知，挂灰程度、品种、部位及它们之间的相互作用均对淀粉含量有显著影响（$P<0.05$）。图 2-15 显示，随挂灰程度的增加，三个品种各部位烟叶的淀粉含量呈现升高趋势。在相同挂灰程度下，挂灰程度<25%时，K326 和红大下部叶淀粉含量均显著低于中、上部叶；挂灰程度 25%～50%时，K326 和云烟 87 下部叶淀粉含量均显著低于中、上部叶，红大各部位烟叶间淀粉含量均有显著差异；挂灰程度 50%～75%时，K326 下部叶淀粉含量显著低于中、上部叶，红大各部位烟叶间淀粉含量均有显著差异，云烟 87 下部叶淀粉含量显著高于中、上部叶；挂灰程度>75%时，红大中、下部叶淀粉含量显著低于上部叶，云烟 87 中部叶和下部叶间淀粉含量差异显著。

在相同部位下，对于上部叶，K326 和云烟 87 在挂灰程度<25%时淀粉含量显著低于其他挂灰程度，挂灰程度>75%时淀粉含量显著高于其他挂灰程度，红大在不同挂灰程度间淀粉含量均有显著差异，对于中部叶，K326 和红大在不同挂灰程度间淀粉含量均有显著差异，云烟 87 在挂灰程度<25%时淀粉含量显著低于其他挂灰程度，挂灰程度>75%时淀粉含量显著高于其他挂灰程度，对于下部叶，K326 在挂灰程度<25%时淀粉含量显著低于其他挂灰程度，挂灰程度>75%时淀粉含量显著高于其他挂灰程度，红大和云烟 87 在不同挂灰程度间淀粉含量均有显著差异。

三、不同挂灰程度对不同烤烟品种、部位的感官评吸质量影响

由表 2-9 可知，挂灰程度、品种、部位均对感官评吸质量总分有显著影响（$P<0.05$），挂灰程度与品种、品种与部位及三者间的相互作用均对感官评吸质量总分有显著影响。图 2-16 显示，随挂灰程度的增加，不同品种各部位感官评吸质量总分均呈下降趋势。在相同挂灰程度下，挂灰程度<25%时，K326 上部叶感官评吸质量总分显著高于中、下部

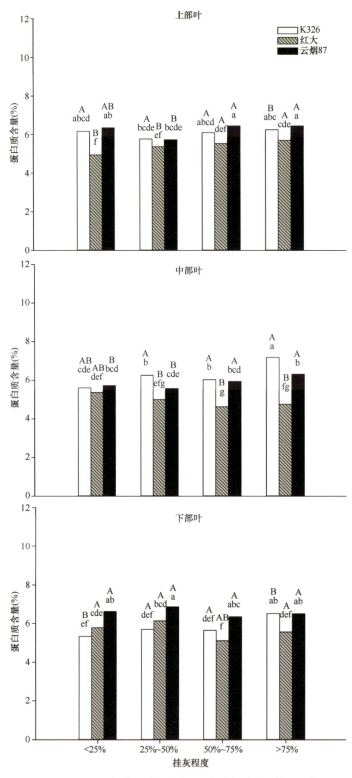

图 2-14　不同挂灰程度对烤烟品种蛋白质含量的影响①

————————

① 图 2-14 引自 Chen et al.，2019，Figure 9

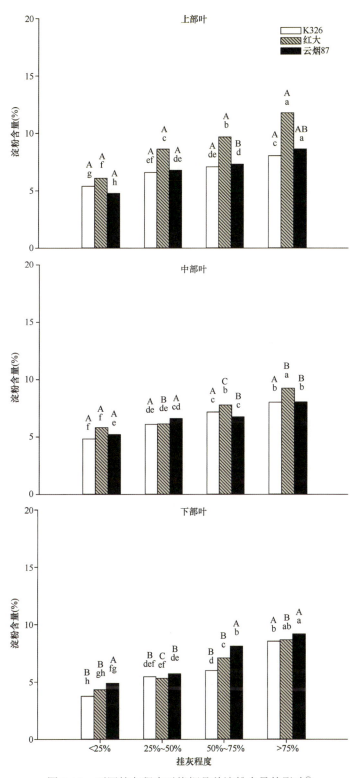

图 2-15　不同挂灰程度对烤烟品种淀粉含量的影响①

_____

① 图 2-15 引自 Chen et al.，2019，Figure 6

叶；挂灰程度 25%～50%时，云烟 87 中部叶和上部叶感官评吸质量总分差异显著；挂灰程度 50%～75%时，K326 中部叶感官评吸质量总分显著低于上、下部叶，红大中部叶感官评吸质量总分显著高于上、下部叶；挂灰程度>75%时，K326 上部叶感官评吸质量总分显著高于中、下部叶。

表 2-9　挂灰程度、品种、部位及其互作对感官评吸质量影响的方差分析[①]

方差来源	自由度	感官评吸质量总分
挂灰程度（G）	3	<0.0001
品种（V）	2	0.0005
部位（P）	2	<0.0001
$G×V$	6	<0.0001
$G×P$	6	0.7584
$V×P$	4	<0.0001
$G×V×P$	12	<0.0001

在相同部位下，上部叶，K326 挂灰程度<25%时感官评吸质量总分显著高于其他挂灰程度，红大挂灰程度>75%时的感官评吸质量总分显著低于其他挂灰程度，云烟 87 挂灰程度>75%时的感官评吸质量总分显著低于挂灰程度<50%时的感官评吸质量总分；中部叶，K326 和红大在挂灰程度>75%时的感官评吸质量总分均显著低于其他挂灰程度，云烟 87 挂灰程度<25%的感官评吸质量总分显著高于其他挂灰程度；下部叶，K326 挂灰程度>75%时的感官评吸质量总分显著低于其他挂灰程度，红大挂灰程度>50%与挂灰程度<50%的感官评吸质量总分差异显著，云烟 87 挂灰程度>75%时的感官评吸质量总分显著低于挂灰程度<50%的感官评吸质量总分。

四、挂灰烟对烤烟烟叶工业可用性影响的小结

（一）不同挂灰程度对不同烤烟品种经济价值的影响

多酚氧化酶与多酚类物质广泛存在于植物细胞中，多酚氧化酶的棕色化反应造成了世界上 50%的植物类食物的损失（Holderbaum et al.，2010），除烟草外其他植物中的褐变通常对植物产生直接性破坏，如室温下切开的苹果、马铃薯、蘑菇等（Coseteng and Lee，1987；Jang et al.，2002；Chisari et al.，2007）。构成烟叶外观质量的因子有很多，其中均价及上等烟比例是直接反映烟叶经济价值的主要因子（曾志三等，2007）。

在本研究中，三个烤烟品种不同部位烟叶的均价、上等烟比例和产值均随着挂灰程度的增加呈下降趋势。烟叶均价除与鲜烟叶素质有关外，还与烟叶烘烤技术有关，挂灰烟燃烧力弱，香气质差，香气量少，刺激性增强，品质下降。挂灰程度越高，烟叶品质越低，均价随之越低。上等烟比例是反映烟叶生产技术水平的一项重要指标，在优质烟生产条件下依据单株叶片数估算烤烟上等烟比例的理论最大值为 60%（闫新甫等，2014）。本试验中三个品种中部叶在挂灰程度≥50%时的上等烟比例显著低于挂灰程度<25%时的上等烟比例，三个品种下部叶在挂灰程度>75%时的上等烟比例显著低于挂灰程度<25%时的上等烟比例，上部叶三个品种的上等烟比例虽未表现一致的规律，但三

---

① 表 2-9 部分引自 Chen et al.，2019，Table 3

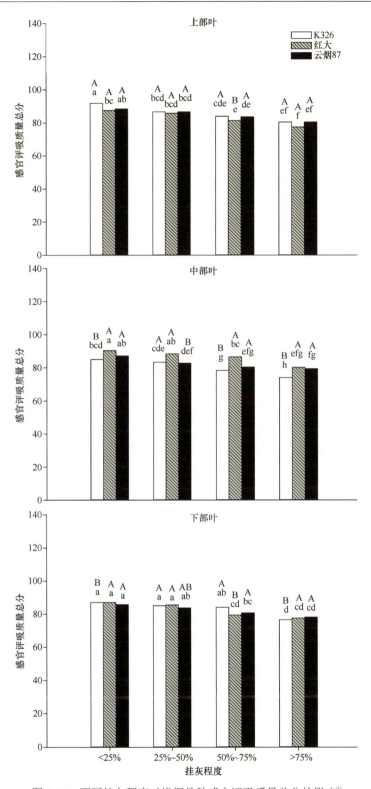

图 2-16　不同挂灰程度对烤烟品种感官评吸质量总分的影响①

① 图 2-16 引自 Chen et al.，2019，Figure 14

个品种在挂灰程度<25%时的上等烟比例均高于其他挂灰程度，由此可知不同挂灰程度在不同部位对上等烟比例的影响有所差异，但三个品种在相同部位均表现出随挂灰程度增加而上等烟比例降低的趋势。

（二）不同挂灰程度对不同烤烟品种化学特性的影响

1. 不同挂灰程度对不同烤烟品种常规化学成分的影响

烟草作为重要的经济作物，其化学成分是决定烟叶质量的重要内在因素，各化学成分之间的适当协调决定着烟叶的使用价值（李春丽和毛绍春，2007）。烟叶的化学成分及其比例决定着烟叶的质量，适宜的化学成分和协调性对卷烟的感官评吸质量有较大影响（夏冰冰等，2015；林顺顺和张晓鸣，2016）。

糖分含量是评价烤烟品质的重要指标，还原糖含量反映碳素的供应能力（赵殿峰，2014）。当烟叶含糖量过低时，刺激性增强；含糖量过高时，烟气呈酸性，影响烟气的酸碱平衡，烟气平淡无味，同时增加了烟气的焦油量（邵惠芳等，2011；邓小华等，2009）。从结果分析可知，三个品种不同部位烟叶的还原糖含量均随挂灰程度的增加呈现下降趋势。在4种挂灰程度中，K326与红大下部叶还原糖含量相对较高，而云烟87则相反，中、上部叶还原糖含量较高。K326与红大下部叶随着挂灰程度的上升，还原糖含量下降较中、上部叶更明显，而云烟87则是随挂灰程度的上升，不同部位烟叶还原糖含量下降较K326与红大更为平缓。由此说明，挂灰程度对K326与红大的影响比对云烟87影响更大，且对K326与红大的下部叶还原糖含量影响尤为明显。三个品种的各部位烟叶总糖含量随挂灰程度的上升大体上呈现显著下降趋势，尤其以K326中部叶最为明显，总糖含量的下降会影响烟叶的抽吸感受，导致刺激性增强，烤烟品质下降。

在烤烟生产中，氮素是影响烟叶产量和品质最为重要的营养元素，烤烟烟叶中全氮与生物碱的含量反映了土壤氮素氮素的供应能力（李春俭等，2007）。红大与云烟87各部位烟叶总氮含量随挂灰程度的上升并未出现显著性差异，而K326各部位烟叶则在高程度挂灰时，总氮含量出现显著性上升现象。由此可得，挂灰程度对K326总氮含量的影响要大于红大与云烟87，K326的抗逆性较低。胡建军（2011）研究发现生物碱对烤烟吃味有显著影响，烟碱含量过高，烟叶刺激性增强。三个品种在不同挂灰程度下，各部位烟叶烟碱含量大体上无显著性差异，影响烟碱含量的主要因素为品种及不同部位烟叶间的差异。对于K326来说，上、中部叶烟碱含量显著高于下部叶，而对于红大与云烟87则是上部叶烟碱含量高于中、下部叶，整体来看，三个品种均是上部叶烟碱含量最高，下部叶最低。

淀粉的分解、转化、积累决定着烟叶的内在品质和外观等级的优劣（宫长荣，2002）。蔡宪杰等（2005）研究认为采收过程中烟叶中淀粉含量偏高，不仅会造成初烤烟叶糖碱比失衡，烟碱含量偏低，还会导致烤后烟叶表面光滑，杂色、青筋烟叶比例偏高，工业可用性降低。本试验中，随挂灰程度的上升，K326、红大和云烟87各部位烟叶淀粉含量均呈现上升趋势，整体来看，三个品种呈现上、中部叶淀粉含量显著高于下部叶的趋势，但云烟87在挂灰程度50%～75%时，下部叶淀粉含量显著高于中、上部叶，红大在挂灰程度>75%时，下部叶淀粉含量显著高于中部叶。由此可以看到挂灰程度会严重影响不同品种烤后烟叶的淀粉含量，导致烤后烟叶化学成分不协调，烟叶品质不佳。

2. 不同挂灰程度对不同烤烟品种多酚类成分的影响

多酚类物质对烟草的生理生化活动、烟叶色泽、卷烟香吃味、生理强度等都有重要影响（Li et al.，2008），其作为烤烟重要的香气前体物质，可分解成多种致香物质，又可与蛋白质结合或经多酚氧化酶催化发生棕色化反应（席元肖等，2011）。绿原酸是多酚类物质的主要组成成分，孙志浩等（2017）研究表明绿原酸含量主要受品种影响较大，其次为海拔与品种互作，芸香苷含量主要受海拔的影响，莨菪亭含量主要受海拔与品种互作的影响。

（三）不同挂灰程度对不同烤烟品种感官评吸质量的影响

烟草是一种嗜好类消费品，其质量评价目前仍以感官评吸为主（章新等，2010）。本试验中，三个品种的感官评吸质量总分均随挂灰程度的增加呈下降趋势。在各挂灰程度下，K326 上部叶感官评吸质量总分高于其他部位，红大中部叶感官评吸质量总分相对较高，云烟 87 中部叶感官评吸质量总分相对较低，红大中部叶各挂灰程度感官评吸质量总分均高于其他两个品种。感官评吸质量总分受淀粉、总糖、总氮、烟碱等化学成分的影响，烤烟化学成分对感官评吸质量总分的影响，通常用糖碱平衡理论来解释，烟叶化学成分处于适宜含量时，烟叶感官评吸质量总分相对较高，如总糖适宜含量为20%～28%，两糖差（总糖–还原糖）<5%为宜。本研究结果表明，三个品种不同部位烟叶还原糖、总糖含量均随挂灰程度的增加呈现下降趋势，总糖含量与感官评吸质量总分呈显著正相关，这个结果与韩定国等（2011）的研究结果类似。

参 考 文 献

蔡宪杰, 王信民, 尹启生, 等. 2005. 采收成熟度对烤烟淀粉含量影响的初步研究. 烟草科技, (2): 38-40.

陈红丽, 代惠娟, 杜阅光, 等. 2011. 烟叶抗破碎指数与机械加工性能的关系. 烟草科技, (10): 17-19+23.

陈妍洁, 任可, 何聪莲, 等. 2020. 云南省烟叶挂灰现象调查与分析研究. 西南农业学报, 33: 79-85.

邓小华, 周冀衡, 周清明, 等. 2009. 湖南烟区中部烤烟总糖含量状况及与评吸质量的关系. 中国烟草学报, 15(5): 43-47.

段水明. 2018. 玉米花粉对烤烟叶片质量的影响. 现代农业科技, 2018(2): 3+5.

高荣武. 2019. 挂灰烟叶的产生原因及在分级中的识别. 南方农业, 13(11): 189-190.

宫长荣, 袁红涛, 陈江华. 2002. 烤烟烘烤过程中烟叶淀粉酶活性变化及色素降解规律的研究. 中国烟草学报, 8(2): 16-20.

国家烟草专卖局. 2002. YC/T 161—2002 烟草及烟草制品. 北京: 中国标准出版社.

韩定国, 易克, 王翔, 等. 2011. 昆明不同亚气候带烤烟感官评吸质量与糖类及其相关指标的关系. 湖南农业大学学报(自然科学版), 37(2): 131-134.

韩富根, 赵铭钦, 朱耀东, 等. 1993. 烟草中多酚氧化酶的酶学特性研究. 烟草科技, (6): 33-36.

何伟, 郭大仰, 李永智, 等. 2007. 形成灰色烤烟的原因及机理. 湖南农业大学学报(自科版), 33(2): 167-169.

胡德伟, 毛正中, 石坚, 等. 2009. 中国的烟草税收及其潜在的经济影响. 郑州: 履约 控烟 创建无烟环境——第 14 届全国控制吸烟学术研讨会暨中国控烟高级研讨班.

胡建军, 李广才, 周冀衡, 等. 2011. 湖南烤烟生物碱含量与其评吸质量的相互关系研究. 中国烟草学报, 17(4): 31-36+42.

李春俭, 秦燕青, 巨晓棠, 等. 2007. 我国烤烟生产中的氮素管理及其与烟叶品质的关系. 植物营养与肥料学报, 13(2): 331-337.

李春丽, 毛绍春. 2007. 烟叶化学成分及分析. 昆明: 云南大学出版社.

李力, 杨涓, 戴亚, 等. 2008. 烤烟中绿原酸、莨菪亭和芸香苷的分布研究. 中国烟草学报, (4): 13-17.

梁贵林, 关国经, 胡德才, 等. 2000. 初烤烟叶达不到上等烟因素的调查分析. 贵州农业科学, s1: 70-73.

林顺顺, 张晓鸣. 2016. 基于 PLSR 分析烟叶化学成分与感官质量的相关性. 中国烟草科学, 37(1): 78-82.

刘春奎, 贾琳, 王小东, 等. 2015. 基于河南烤烟常规化学成分的适宜性评价及其聚类分析. 吉林农业大学学报, 37(4): 440-446.

刘华山, 郭传滨, 韩锦峰, 等. 2007. 烤烟成熟期烟叶黑暴的研究进展. 安徽农业科学, (30): 9591-9592.

马玉红, 马维广, 邢世东. 2009. 控制烘烤温湿度解决烟叶汗烫、烤红、挂灰问题的试验研究. 农业科技与装备, (2): 72-73+76.

钱晓刚, 杨俊, 朱瑞和. 1998. 烟草营养与施肥. 贵阳: 贵州科技出版社: 58-62.

邵惠芳, 许自成, 李东亮, 等. 2011. 烤烟还原糖含量与主要挥发性香气物质及感官质量关系的统计学分析. 中国烟草学报, 17(2): 8-12+17.

史玉龙, 崔光周, 程兰. 2010. 对烤烟分级中杂色烟的认定及有关问题探讨. 安徽农学通报(上半月刊), 16(19): 166-168.

孙志浩, 霍昭光, 张宝全, 等. 2017. 海拔高度、品种及其互作对烤烟多酚类物质的影响. 中国烟草科学, 38(6): 74-78.

王娟, 李文娟, 周丽娟, 等. 2013. 云南主要烟区初烤烟叶物理特性的稳定性及质量水平分析. 湖南农业科学, (17): 28-31.

王瑞新. 1990. 烟草化学品质分析法. 郑州: 河南科学技术出版社.

王世济, 赵第锟, 崔权仁, 等. 2010. 缺镁对烟叶内外观质量影响初探. 安徽农学通报(上半月刊), 16(7): 80-81.

席元肖, 宋纪真, 杨军, 等. 2011. 不同烤烟品种的类胡萝卜素、多酚含量及感官品质的比较. 烟草科技, (2): 70-76.

夏冰冰, 梁永江, 张扬, 等. 2015. 遵义烟区上部烟叶化学成分与感官评吸的相关性. 中国烟草科学, 36(1): 30-34.

肖振杰, 周艳宾, 徐增汉, 等. 2014. 黔南烤坏烟与正常烟叶主要化学成分含量差异. 中国烟草科学, 35(3): 74-78.

闫克玉, 赵献章. 2003. 烟叶分级. 北京: 中国农业出版社.

闫新甫, 孔劲松, 罗安娜, 等. 2014. 烤烟生产上等烟比例估算与分析. 中国烟草科学, 35(2): 131-138.

杨东升, 王胱霖, 张劲松, 等. 2009. 最理想状态下烟叶上等烟比例极限. http://www.yntsti.com/Technology/Modulation/fenjishougou/2009/16/23506.html[2009-1-6].

杨杰, 谭青涛, 宋先志, 等. 2011. 科学分析含水量大的上部烟叶产生挂灰的原因及对策. 中国科技纵横, 15(184): 1.

杨胜华. 2014. 上部挂灰烟形成原因及防止对策. 现代农业科技, (15): 68+70.

杨晔. 2014. 烤后烟叶挂灰的原因与防止烟叶挂灰的途径. 安徽农业科学, 42(19): 6367-6369+6372.

尹永强, 何明雄, 韦峥宇, 等. 2009. 烟草镁素营养研究进展. 广西农业科学, 40(1): 60-66.

曾志三, 艾复清, 钟蕾, 等. 2007. 不同变黄环境烤后烟叶均价及上等烟率变化规律. 中国农学通报, 23(11): 117-121.

章新, 李明, 杨硕媛, 等. 2010. 磷素水平对烟叶化学成分和感官评吸质量的影响. 安徽农业科学, 38(10): 5091-5093.

赵殿峰, 徐静, 罗璇, 等. 2014. 生物炭对土壤养分、烤烟生长以及烟叶化学成分的影响. 西北农业学报, 23(3): 85-92.

Bacon C W, Wenger R, Bullock J F. 1952. Chemical changes in tobacco during flue-curing. Industrial & Engineering Chemistry, 44(2): 292-296.

Baines C P, Kaiser R A, Purcell N H, et al. 2005. Loss of cyclophilin D reveals a critical role for mitochondrial permeability transition in cell death. Nature, 434(7033): 658-662.

Chen Y, Zhou J, Ren K, et al. 2019. Effects of enzymatic browning reaction on the usability of tobacco leaves and identification of components of reaction products. Scientific Reports, 9: 17850.

Chisari M, Barbagallo, R N, Spagna G. 2007. Characterization of polyphenol oxidase and peroxidase and influence on browning of cold stored strawberry fruit. Journal of Agricultural and Food Chemistry, 55(9): 3469-3476.

Coseteng M Y, Lee C Y. 1987. Changes in apple polyphenoloxidase and polyphenol concentrations in relation to degree of browning. Journal of Food Science, 52(4): 985-989.

Gong C R, Wang A H, Wang S F. 2006. Changes of polyphenols in tobacco leaves during the flue-curing process and correlation analysis on some chemical components. Agricultural Sciences in China, 5(12): 928-932.

Halder J, Tamuli P, Bhaduri A N. 1998. Isolation and characterization of polyphenol oxidase from Indian tea leaf (*Camellia sinensis*). The Journal of Nutritional Biochemistry, 9(2): 75-80.

Hawks S N, Collins W K. 1983. Principles of flue-cured tobacco production. N.C. State University: The Economics of the Tobacco Industry.

Holderbaum D F, Kon T, Kudo T, et al. 2010. Enzymatic browning, polyphenol oxidase activity, and polyphenols in four apple cultivars: dynamics during fruit development. Hortscience, 45(8): 1150-1154.

Jang M S, Sanada A, Ushio H, et al. 2002. Inhibitory effects of 'Enokitake' mushroom extracts on polyphenol oxidase and prevention of apple browning. LWT-Food Science and Technology, 35(8): 697-702.

Li Y E, Yin Q S, Song J Z, et al. 2008. Research advances in tobacco enzymatic browning reaction and its control techniques. Chinese Tobacco Science, 29(6): 71-77.

McMurtrey J E. 1947. Effect of magnesium on growth and composition of tobacco. Soil Science, 63(1): 59-67.

Nagasawa M. 1958. Chlorogenic acid in the tobacco leaf during flue-curing. Journal of the Agricultural Chemical Society of Japan, 22(1): 21-23.

Orso E, Broccardo C, Kaminski W E, et al. 2000. Transport of lipids from golgi to plasma membrane is defective in tangier disease patients and Abcl-deficient mice. Nature genetics, 24(2): 192-196.

Ren X, Lao C L, Xu Z L, et al. 2015. The study of the spectral model for estimating pigment contents of tobacco leaves in field. Spectroscopy and Spectral Analysis, 35(6): 1654-1659.

Roberts E H. 1941. Investigation into the chemistry of the flue-curing of tobacco. Biochemical Journal, 35(12): 1289.

Sheen S J, Calvert J. 1969. Studies on polyphenol content, activities and isozymes of polyphenol oxidase and peroxidase during air-curing in three tobacco types. Plant physiology, 44(2): 199-204.

Shi C, Dai Y, Xu X, et al. 2002. The purification of polyphenol oxidase from tobacco. Protein Expression&Purification, 24 (1): 51-55.

Steponkus P L. 1984. Role of the plasma membrane in freezing injury and cold acclimation. Annual Review of Plant Physiology, 35(1): 543-584.

第三章 烤烟挂灰烟形成原因分析

第一节 营养元素失调对挂灰烟产生的影响

重金属对鲜烟叶的影响：重金属对烟草酶活性的影响依据酶的类型、外源重金属的种类和浓度及生育时期的不同，表现出不同程度的促进或抑制作用。重金属离子进入植物体内后还可以与生物大分子上的活性位点或非活性位点结合，改变生物大分子（酶）的生理代谢功能，使生物体表现出中毒症状，甚至死亡（王焕校，2002）。植物在遭受逆境胁迫后，一方面代谢过程中产生的活性氧无法及时清除导致其清除系统的平衡遭到破坏（Millaleo et al.，2010）。另一方面，渗透调节物质（脯氨酸、甜菜碱）对活性氧的产生及清除有一定的影响。

现有研究：在大田种植和后期烟叶烘烤过程中，烟叶挂灰现象的发生极大降低了烟叶的质量。田间土壤中过量的金属离子被认为是烟叶发生挂灰的主要原因之一。铁是一种以亚铁离子（Fe^{2+}）形式被植物吸收的必需营养物。虽然植物只需要吸收少量的亚铁离子，但不同的铁源与植物的生长和发育密切相关。亚铁离子是植物生理代谢过程中某些氧化酶和光合作用系统中铁氧还蛋白的重要组成成分，也是细胞色素的组成成分，在呼吸活动中起着重要作用（吴国贺等，2016）。此外，亚铁离子影响叶绿素的合成，但其过多也会导致细胞死亡。除影响植物的生理代谢外，亚铁离子水平还间接影响植物抗性（李晔等，2006）。亚铁离子中毒是水稻生产的主要限制因素之一，极大地影响了产量和稳定性（章艺等，2004），亚铁离子中毒还会导致下部烟叶顶端出现褐斑病，并向上部烟叶扩散。最终，下部烟叶变成褐色和灰色。

锰（Mn）是一种必需的微量元素，在植物的光合放氧、维持细胞器的正常结构、活化酶活性等方面具有不可替代的作用（许文博等，2011）。土壤中可供植物利用的锰可分为 3 类，即水溶性锰、交换态锰和易还原态锰，前两类锰均以 Mn^{2+} 形式存在，而后者是高价锰氧化物中易被还原成植物有效 Mn^{2+} 的部分。烟草主动吸收土壤中的有效锰来合成自身生长发育所需的酶和叶绿素，进而促进氮代谢，调节植物生长。锰参与糖酵解（EMP）途径和三羧酸循环（TCA）中各种酶的组成（Mcdaniel and Toman，1994）。烟草叶片 Mn^{2+} 中毒的典型症状为出现深褐色斑点，老叶顶端和边缘出现黄化，老叶枯萎。幼叶易发生"皱叶病""失绿症"（Hauck et al.，2003）。由于一种被鉴定为原卟啉IX的色素积累，烟草叶片的白色愈伤组织颜色变为棕色（Clairmont et al.，1986）。然而，由于灰色烟叶的发生与锰含量之间的关系及其生理机制尚不清楚，因此这是提高烤烟产质量的一个制约因素。

铝（Al）是地壳中含量最高的金属元素。在大多数情况下，铝以铝硅酸盐或者是氧化物的形式存在于土壤中，该状态下的铝对植物没有危害。李淮源等（2015）通过研究发现，铝离子在酸性土壤下会对烤烟的生长起到抑制作用。烟草虽然是相对耐铝植物，但已有研究表明土壤中铝离子浓度过高会导致烟株矮小、发育不全、根系增粗。截至目前，国内外已有大量关于铁、铝互作对烤烟产生胁迫的文献，Yamaguchi 等（1999）研究发现铝增强亚铁离子（Fe^{2+}）介导的脂质过氧化作用，是导致烟草细胞培养基中细胞死亡的主要因素；Ono 等（1995）通过培养基试验得出结果：铝在铁存在下引起脂质过氧化，脂质过氧化改变了质膜的渗透性并导致烟草细胞死亡。这些研究结论都从生理层面揭示了铁、铝互作会严重影响烟草的生长发育。在国内方面，张乐（2013）的研究结果显示，铝胁迫下转基因烟草通过降低膜脂过氧化水平、减少根系中醛类物质的含量，维持植物体内渗透压稳态，减少氧化损伤，提高转基因烟草的耐铝能力。但对于铝离子是否会引起烟叶田间挂灰、品质下降的研究却很少，尤其是铝离子胁迫对云南特色烤烟品种 K326 与红大的影响的研究几乎是空白。

一、亚铁离子胁迫对烤烟挂灰烟形成的影响[①]

试验于 2017 年 3～9 月在云南省玉溪市研和镇研和试验基地进行，基地位于 N24°14′、E102°30′，海拔 1680m，年平均温度 15.9℃，年降雨量 918mm，雨季（4～9 月）降雨量占全年的 79.5%，年日照时数 2072h。2017 年 3 月 1 日至 9 月 30 日的实际降雨量和温度见图 3-1。试验基地的土壤类型为砂壤和红壤。

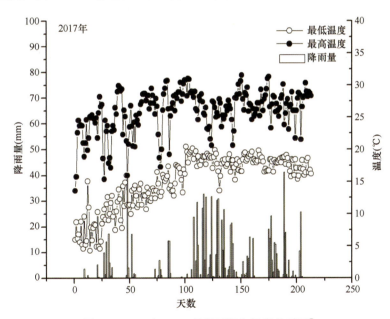

图 3-1　2017 年 3～9 月降雨量和温度关系图[②]

供试烟草品种 K326、红花大金元（红大）均由玉溪中烟种子有限责任公司提供。栽培管理按照云南省烟草农业科学研究院的推荐措施进行。3 月 5 日在温室中漂浮育苗，5 月 4 日移栽至准备好的花盆中，现蕾后进行人工打顶。打顶后 15d 进行第一次根部浇灌，后面每隔 7d 再次浇灌，共浇灌 3 次。

---

① 部分引自 Li et al.，2019
② 图 3-1 引自 Li et al.，2019，Figure 1

试验采用盆栽进行，塑料盆直径为 36cm，高 28cm，每盆装土 20kg，采用 K326、红大两个品种，以及砂壤、红壤两种土壤类型和不同亚铁离子浓度，并设置不添加亚铁离子的空白对照。两种土壤分别以 0、170mg/kg、340mg/kg、510mg/kg 和 680mg/kg 的 $FeSO_4$（Fe^{2+}）溶液灌溉。试验采用随机区组设计，每个处理重复 3 次。试验观测量为 60 个（2 个土壤类型×2 个品种×5 个浓度×3 个重复）。采用不同浓度的亚铁离子溶液进行灌溉。两种土壤类型的基本养分如表 3-1 所示，我们使用腐殖酸严格调控土壤 pH 为 5.5，每周 1 次。移植后的整个试验过程均在室外进行。

表 3-1　两种土壤的基础养分[①]

土壤类型	有机质含量（g/kg）	全氮含量（g/kg）	全磷含量（g/kg）	全钾含量（g/kg）	土壤质地	CEC（cmol/mg）	土壤原始铁离子浓度（mg/kg）
红壤	15.36	1.04	0.33	6.37	28%砂粒+62%粉粒+10%黏粒	20.4	93.7
砂壤	5.7	0.54	0.08	3.43	70%砂粒+23%粉粒+7%黏粒	5.9	53.5

注：CEC 为阳离子交换量

为便于统计分析，将灰色烟病害程度分为 6 级，0 级：整叶无病；1 级：主脉或支脉零星分布灰黑色斑点，不超过叶面积的 5%；2 级：灰黑色斑点占叶面积的 5%~15%；3 级：灰黑色斑点占叶面积的 15%~30%；4 级：灰黑色斑点占叶面积的 30%~45%；5 级：灰黑色斑点占叶面积的 45%以上；6 级：灰黑色斑点占叶面积的 45%以上，且叶柄出现灰黑色斑点并蔓延至茎秆。

（一）不同浓度亚铁离子对烤烟农艺性状、叶绿素含量及挂灰程度的影响

如图 3-2 所示，砂壤和红壤上种植的 K326 与红大的株高、根重、茎重、总重和叶绿素含量均随亚铁离子的增加而下降，灰色度等级随亚铁离子浓度的增加而增加。结果表明，土壤中亚铁离子浓度对烟草的农艺性状、叶绿素含量和挂灰程度有一定的影响。

从表 3-2 的方差分析可以看出，品种、土壤、亚铁离子浓度（在表中缩写为"浓度"）、品种×土壤、土壤×亚铁离子浓度对株高有显著影响（$P<0.05$）。灰色度等级受品种、亚

表 3-2　品种、土壤类型和亚铁离子浓度对各项指标的影响的方差分析[②]

方差来源	自由度	株高	灰色度等级	SPAD	根重	茎重	总重
品种	1	<0.0001	<0.0001	<0.0001	0.0003	0.0643	0.01
土壤	1	<0.0001	0.1567	<0.0001	0.0442	0.0219	0.0113
浓度	4	<0.0001	<0.0001	<0.0001	<0.0001	<0.0001	<0.0001
品种×土壤	1	<0.0001	0.0029	<0.0001	0.001	0.7986	0.0721
品种×浓度	4	0.6967	<0.0001	0.024	0.3837	0.1876	0.0201
土壤×浓度	4	<0.0001	0.1337	0.3725	0.2911	0.2165	0.0738
品种×土壤×浓度	4	0.7752	<0.0001	0.3966	0.0709	0.0558	0.689

注：土壤指土壤类型；浓度为亚铁离子浓度；SPAD 为相对叶绿色含量；表 3-3~表 3-5 同

① 表 3-1 引自 Li et al.，2019，Table 1
② 表 3-2 引自 Li et al.，2019，Table 2

铁离子浓度、品种×亚铁离子浓度、品种×土壤×亚铁离子浓度的影响较大。叶绿素含量受品种、土壤、亚铁离子浓度、品种×土壤和品种×亚铁离子浓度的显著影响。根重受品种、土壤、亚铁离子浓度和品种×土壤的影响较大。茎重受土壤和亚铁离子浓度的影响较大，总重受品种、土壤、亚铁离子浓度和品种×亚铁离子浓度的影响较大。

如图 3-2 中 A 和 B 所示，随着亚铁离子浓度的增加，K326 和红大品种在砂壤与红壤中的株高均下降，其中 K326 在砂壤中的株高显著高于红壤。在砂壤中，施用 680mg/kg 亚铁离子时，K326 株高显著低于不添加亚铁离子的对照。只有当亚铁离子浓度为 170mg/kg 或 340mg/kg 时，红大品种在砂壤中的株高才与红壤中的株高有显著差异。在不同浓度亚铁离子灌溉的红壤上，红大品种的株高显著高于 K326 品种。相反，在不同浓度的亚铁离子处理下，两个品种的株高差异不显著。此外，在红壤中，不同浓度的亚铁离子处理下的株高均与对照组差异不显著。结果表明，不同浓度的亚铁离子对砂壤中种植的红大和 K326 品种株高影响显著，对红壤中种植的品种株高影响不显著。只有在砂壤上施用 680mg/kg 的亚铁离子，才会影响株高。

从图 3-2C～F 中可以看出，随着亚铁离子浓度的增加，除砂壤中红大品种的根重呈现出先下降后上升的趋势外，其他条件下的根重和茎重均呈下降趋势。在两种土壤中，施用 340mg/kg 的亚铁离子后，红大品种在砂壤中的根重显著低于红壤，而在其他浓度下的根重下降不显著。红壤中在不同浓度的亚铁离子处理下，红大品种的根重均大于 K326 品种。此外，随着亚铁离子浓度的增加，K326 的根重下降幅度大于红大。茎重和根重的变化规律相似：随亚铁离子浓度的增加而降低。不同浓度的亚铁离子处理下，红壤中 K326 品种的茎重均显著低于对照。与此相反，只有当亚铁离子浓度为 680mg/kg 时，红大品种的茎重才显著低于对照。但在其他浓度的亚铁离子条件下，差异不显著。在砂壤中，当亚铁离子浓度大于 510mg/kg 时，两品种的茎重均显著低于对照组。

总重也表现出随施加的亚铁离子浓度的增加而减小的变化规律（图 3-2G、H）。在砂壤中，两个品种在不同亚铁离子浓度下的总重均显著低于对照组，而 K326 品种的总重下降趋势比红大品种更为明显。当亚铁离子浓度为 510mg/kg 或 680mg/kg 时，对照组 K326 品种的总重略高于红大品种，而红大品种的总重高于 K326 品种。两个品种在红壤中的总重变化规律与砂壤相似，而 K326 品种在两种土壤中的总重始终大于红大品种。

从图 3-2I 和 J 的两种土壤中可以看出，随着亚铁离子浓度的增加，烟叶的相对叶绿素含量（SPAD）下降，而红壤中两品种间差异不显著。在不同浓度的亚铁离子作用下，红壤中红大品种的 SPAD 值均显著大于砂壤中的 SPAD 值。而 K326 品种在红壤中的 SPAD 值只有在施用浓度为 680mg/kg 时才大于砂壤中的 SPAD 值。

图 3-2K 和 L 表明，随亚铁离子浓度的增加，挂灰程度增加。在不同浓度的亚铁离子处理下，K326 品种的挂灰程度均高于红大品种。在两种土壤中，K326 品种在不同浓度亚铁离子处理下（除 170mg/kg 外）的挂灰程度均显著高于对照组。与此相反，只有当亚铁离子浓度为 510mg/kg 或 680mg/kg 时，红大品种在砂壤中的挂灰程度才显著高于对照组。红壤中红大的挂灰程度仅在施用 680mg/kg 亚铁离子时较对照组显著升高。另外，在两种土壤中，K326 品种的挂灰程度随亚铁离子浓度的增加幅度远大于红大品种，而红大品种在红壤中的挂灰程度增加幅度最小。

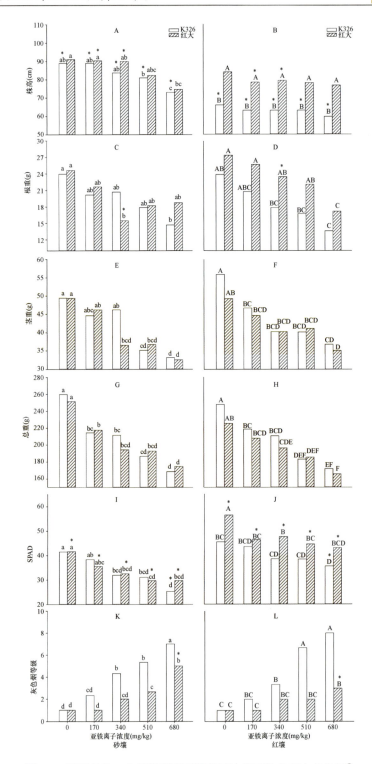

图 3-2 不同品种、土壤类型和亚铁离子浓度下的各项农艺指标①
大写字母表示在红壤中不同处理间的显著差异；小写字母表示在砂壤中不同处理间的显著差异；
*表示不同土壤间的显著差异。下同

① 图 3-2 引自 Li et al.，2019，Figure 2

（二）不同浓度亚铁离子对烤烟植株器官自身亚铁离子含量的影响

K326 和红大分别种植在砂壤与红壤上。随着土壤中亚铁离子浓度的增加，根、茎、下部烟叶、中部烟叶和上部烟叶中亚铁离子含量增加。

从表 3-3 可以看出，根内亚铁离子含量受品种、土壤、浓度、品种×土壤、土壤×浓度的影响显著，茎内亚铁离子含量受亚铁离子浓度、品种×土壤、土壤×浓度、品种×土壤×浓度的影响显著（$P<0.05$）。品种、土壤、浓度、品种×土壤、品种×浓度、土壤×浓度、品种×土壤×浓度对下部烟叶亚铁离子含量有显著影响。此外，品种、土壤、亚铁离子浓度和品种×浓度对烤烟中部烟叶中亚铁离子含量也有显著影响。上部烟叶亚铁离子含量受亚铁离子浓度、土壤×浓度和品种×土壤×浓度的显著影响。由此说明土壤中不同浓度的亚铁离子是影响烟株根、茎及下、中、上部烟叶生长的主要因素。随着亚铁离子浓度的增加，烟株根、茎及上、中、下部烟叶中亚铁离子含量均呈上升趋势（图 3-3）。

表 3-3　品种、土壤类型和亚铁离子浓度对各部位烟叶亚铁离子含量影响的方差分析[①]

方差来源	自由度	根内亚铁离子含量	茎内亚铁离子含量	下部烟叶亚铁离子含量	中部烟叶亚铁离子含量	上部烟叶亚铁离子含量
品种	1	<0.0001	0.4246	<0.0001	<0.0001	0.1971
土壤	1	<0.0001	0.0853	<0.0001	0.0443	0.2364
浓度	4	<0.0001	<0.0001	<0.0001	<0.0001	<0.0001
品种×土壤	1	0.029	<0.0001	<0.0001	0.2177	0.9772
品种×浓度	4	0.198	0.1942	0.0046	0.0246	0.0712
土壤×浓度	4	0.0003	0.0015	<0.0001	0.3998	0.0216
品种×土壤×浓度	4	0.1494	0.0014	0.0399	0.4491	0.0141

如图3-3A 和 B 所示，两个品种在红壤中根系亚铁离子含量均高于砂壤中亚铁离子含量。在砂壤中，当亚铁离子浓度为510mg/kg 时，红大品种根系亚铁离子含量显著高于对照组。与此相反，K326品种根系中亚铁离子含量仅在施用680mg/kg 亚铁离子时才显著增加。在亚铁离子浓度的影响下，K326品种根系亚铁离子含量显著低于红大品种。在红壤中，不同浓度的亚铁离子处理下，K326品种根系中亚铁离子含量均显著高于对照组；而红大品种根系中亚铁离子含量仅在施用浓度不低于510mg/kg 时才显著高于对照组。此外，在不同浓度的亚铁离子处理下，K326与红大品种根系亚铁离子含量差异不显著。另外，两个品种在红壤中不同浓度亚铁离子处理下的亚铁离子含量均显著高于两个品种在砂壤中根系中相应的亚铁离子含量。

在砂壤中，两个品种茎内亚铁离子含量的变化规律与根中亚铁离子含量的变化规律基本相似。但红壤的变化略有不同。图3-3C 和 D 表明，当亚铁离子浓度不低于340mg/kg 时，红壤中 K326品种茎中亚铁离子含量显著高于砂壤。而施用680mg/kg 亚铁离子时，红大品种茎中亚铁离子含量在砂壤中显著高于红壤。在砂壤中，不同浓度的亚铁离子处理下，红大品种茎中亚铁离子含量均高于 K326品种。在红壤中，不同浓度的亚铁离子处理下，红大品种茎中亚铁离子含量均低于 K326品种。

① 表 3-3 引自 Li et al.，2019，Table 3

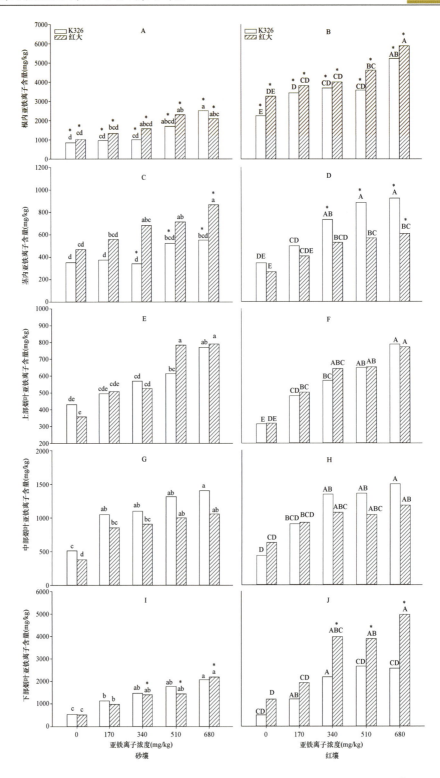

图 3-3　不同品种、土壤类型和亚铁离子浓度下各部位的亚铁离子含量①

---

① 图 3-3 引自 Li et al.，2019，Figure 3

图3-3E 和 F 表明，在砂壤中，当亚铁离子浓度为510mg/kg 和680mg/kg 时，两个品种上部烟叶中亚铁离子含量均显著高于对照组。但在亚铁离子浓度为510mg/kg 和680mg/kg 时，红大上部烟叶亚铁离子含量的增加幅度大于K326。在红壤中，不同浓度的亚铁离子处理下，两个品种上部烟叶中亚铁离子含量均显著高于对照组。而且，两个品种之间基本没有差异。

两种土壤中烤烟中部烟叶亚铁离子含量随亚铁离子浓度的变化趋势与上部叶相似（图 3-3G 和 H）。与对照组相比，在不同浓度的亚铁离子处理下，砂壤中中部烟叶中亚铁离子含量均显著增加，而不同浓度的亚铁离子处理间，烟叶中亚铁离子含量差异不显著。在红壤中，只有施用浓度为 680mg/kg 的亚铁离子时，红大烟叶中亚铁离子含量才显著高于对照。与此相反，当亚铁离子浓度不低于 340mg/kg 时，K326 烟叶中亚铁离子含量显著高于对照组。此外，与红大品种相比，K326 品种中部烟叶中亚铁离子含量的增加幅度较大。在不同浓度的亚铁离子处理下，两个品种烟叶中亚铁离子含量在两种土壤中差异不显著（图 3-3G 和 H）。

如图 3-3I 和 J 所示，红壤中亚铁离子浓度不低于 340mg/kg 时，红壤中红大品种下部烟叶中亚铁离子含量显著高于砂壤中亚铁离子含量。在砂壤条件下，除170mg/kg 外，两个品种下部烟叶中亚铁离子含量差异不显著。在红壤中，亚铁离子浓度分别为 170mg/kg、510mg/kg 和680mg/kg 时，K326 和红大下部烟叶的亚铁离子含量差异显著。

（三）不同浓度亚铁离子对氧化还原酶活性和相对电导率的影响

在砂壤和红壤中，K326 和红大品种的超氧化物歧化酶（SOD）、过氧化氢酶（CAT）和过氧化物酶（POD）活性随亚铁离子浓度的增加先升高后降低。抗坏血酸过氧化物酶（APX）和丙二醛（MDA）活性及相对电导率均随亚铁离子浓度的增加而升高（表 3-4）。

表 3-4　品种、土壤类型和亚铁离子浓度对烟叶氧化还原酶活性与相对电导率影响的方差分析[①]

方差来源	自由度	SOD 活性	POD 活性	CAT 活性	APX 活性	MDA 含量	相对电导率
品种	1	<0.0001	<0.0001	<0.0001	0.0029	<0.0001	<0.0001
土壤	1	0.0018	<0.0001	<0.0001	0.4642	0.3339	<0.0001
浓度	4	<0.0001	<0.0001	<0.0001	<0.0001	<0.0001	<0.0001
品种×土壤	1	0.4343	0.0063	0.002	0.0042	0.816	0.6048
品种×浓度	4	0.1355	<0.0001	<0.0001	0.6465	0.9709	0.0086
土壤×浓度	4	0.0032	0.4014	0.2076	0.0478	0.2566	0.02
品种×土壤×浓度	4	0.0002	0.0741	0.3239	0.5355	0.0014	0.0055

从表 3-4 的方差分析可以看出，SOD 活性受品种、土壤、亚铁离子浓度、土壤×浓度和品种×土壤×浓度的显著影响（$P<0.05$）；品种、土壤、浓度、品种×土壤、品种×浓度对过氧化物酶和过氧化氢酶活性有显著影响。相比之下，品种、浓度、品种×土壤和土壤×浓度对 APX 活性影响较大；MDA 含量受品种、亚铁离子浓度和品种×土壤×浓度的影响较大。品种、土壤、亚铁离子浓度、品种×浓度、土壤×亚铁离子浓度、品种×土壤×亚铁离子浓度对相对电导率有显著影响。

从图 3-4A～D 中可以看出，随着亚铁离子浓度的增加，SOD、CAT 活性呈现先升高

---

① 表3-4引自 Li et al.，2019，Table 4

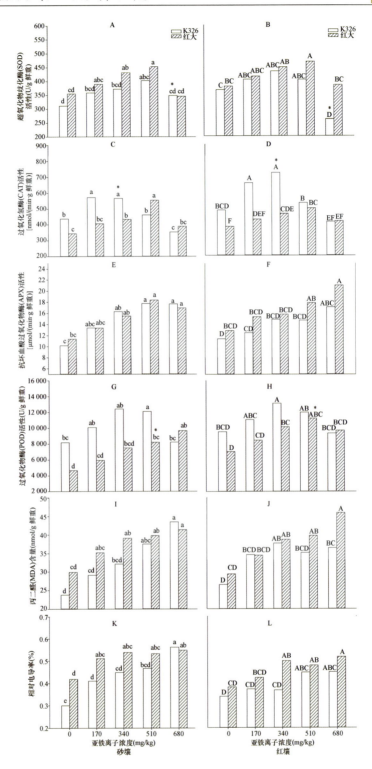

图 3-4　不同品种、土壤类型和亚铁离子浓度下烟叶氧化还原酶活性与相对电导率[①]

① 图 3-4 引自 Li et al.，2019，Figure 4

后降低的变化趋势。施用510mg/kg亚铁离子时，两种土壤中红大品种SOD活性均达到最大值，显著高于对照组。当亚铁离子浓度为510mg/kg时，K326品种SOD活性在砂壤中最高，在红壤中SOD活性在340mg/kg时最高。在红壤中，当亚铁离子浓度为680mg/kg时，K326品种的SOD活性显著低于对照组，在相同亚铁离子浓度下，K326品种的SOD活性也显著低于砂壤。在680mg/kg铁离子浓度下，红大品种SOD活性与对照组差异不显著。

施用340mg/kg亚铁离子时，K326品种的CAT活性在红壤中达到最大值。红壤中CAT活性高于砂壤。当亚铁离子浓度为510mg/kg时，红大品种的CAT活性在两种土壤中均出现最大值，但两种土壤间差异不显著（图3-4C和D）。

如图3-4E和F所示，随着亚铁离子浓度的增加，K326品种在两种土壤中的APX活性均呈基本上升的趋势，红壤中的APX活性也呈基本上升的趋势。在砂壤中当亚铁离子浓度不低于340mg/kg时，K326品种的APX活性显著高于对照组。当亚铁离子浓度不低于510mg/kg时，红大品种APX活性显著高于对照组。在红壤中，施用680mg/kg的亚铁离子时，两个品种的APX活性均显著高于相应的对照组。在不同浓度的亚铁离子处理下，K326和红大两个品种的APX活性差异不显著。

从图3-4G和H可以看出，两种土壤中K326品种POD活性随亚铁离子浓度的增加先上升后下降。与此相反，红大品种POD活性在砂壤中逐渐上升，在红壤中先上升后下降。此外，施用340mg/kg亚铁离子时，K326品种的POD活性在两种土壤中均达到最大值。在亚铁离子浓度为510mg/kg的条件下，红壤中红大品种的POD活性显著高于砂壤。在两种土壤中，K326品种的POD活性均显著高于红大品种（除680mg/kg外）。

如图3-4中的I和J所示，从两种土壤中可以看出，随着亚铁离子浓度的增加，红大品种的MDA含量均呈上升趋势。K326品种在砂壤中MDA含量逐渐升高，在红壤中先升高后降低。在亚铁离子浓度不低于510mg/kg的条件下，砂壤中K326品种MDA含量显著高于对照组。当亚铁离子浓度不低于340mg/kg时，红大品种MDA含量显著上升，K326品种MDA含量上升幅度大于红大品种。在红壤中，当亚铁离子浓度为340mg/kg和680mg/kg时，两个品种的MDA含量均显著高于对照组。

相对电导率也呈现随着施加的亚铁离子浓度的增加而逐渐增加的变化趋势（图3-4K和L）。在砂壤中，两个品种在不同浓度亚铁离子处理下的相对电导率均显著高于对照组。K326品种的相对电导率增加幅度大于红大品种。在红壤中，施用510mg/kg和680mg/kg的亚铁离子时，K326品种的相对电导率显著高于对照组，而在施用浓度为680mg/kg的条件下，K326品种的相对电导率显著低于砂壤品种。

（四）不同浓度亚铁离子对烤烟经济性状的影响

K326和红大品种在砂壤与红壤上的下部烟叶重量、中部烟叶重量、上部烟叶重量、产量和均价均随亚铁离子浓度的增加而下降。

通过对表3-5的分析可知，土壤、亚铁离子浓度、品种×土壤、品种×浓度、土壤×浓度、品种×土壤×浓度对下部烟叶重量影响显著（$P<0.05$）。品种、土壤、亚铁离子浓度和品种×浓度对中部烟叶重量有显著影响。上部烟叶重量受土壤、亚铁离子浓度、品

种×土壤、品种×浓度、土壤×浓度和品种×土壤×浓度的影响较大。品种、土壤、亚铁离子浓度、品种×土壤、土壤×浓度对产量影响较大。品种、土壤、浓度和土壤×浓度对均价有显著影响。

表 3-5　品种、土壤类型和亚铁离子浓度对烟叶各项经济性状指标影响的方差分析[①]

方差来源	自由度	下部烟叶重量	中部烟叶重量	上部烟叶重量	产量	均价
品种	1	0.09162	0.0001	0.6616	0.0016	0.0386
土壤	1	<0.0001	<0.0001	<0.0001	<0.0001	<0.0001
浓度	4	<0.0001	<0.0001	<0.0001	<0.0001	<0.0001
品种×土壤	1	<0.0001	0.8195	0.0008	0.0046	0.8253
品种×浓度	4	0.0007	0.0273	0.0005	0.1725	0.0665
土壤×浓度	4	0.0271	0.0782	0.0188	0.0097	<0.0001
品种×土壤×浓度	4	0.014	0.6028	0.0117	0.9585	0.2537

从图 3-5A～F 中可以看出，随着亚铁离子浓度的增加，上、中、下部烟叶重量均下降。在砂壤条件下，施用浓度为 680mg/kg 时，K326 品种上部烟叶重量显著低于对照组。与此相反，当亚铁离子浓度不低于 340mg/kg 时，红大品种上部烟叶的重量显著低于对照组。在红壤中，施用 510mg/kg 和 680mg/kg 的亚铁离子时，K326 品种上部烟叶重量显著低于对照组。红大品种上部烟叶重量仅在施用 680mg/kg 亚铁离子时显著低于对照组。在亚铁离子浓度为 170mg/kg 或 340mg/kg 时，红壤上部烟叶重量显著高于砂壤（图 3-5A 和 B）。

如图 3-5C 和 D 所示，在砂壤中，不同浓度的亚铁离子处理下，K326 中部烟叶重量均显著低于对照组。然而，只有当亚铁离子浓度为 680mg/kg 时，红大中部烟叶重量才显著低于对照组。在红壤中，在亚铁离子浓度为 680mg/kg 时，K326 品种的中部烟叶重量显著低于对照组，而不同浓度的红大品种的中部烟叶重量与对照组差异不显著。

从图 3-5E 和 F 中可以看出，当亚铁离子浓度不低于 340mg/kg 时，K326 品种下部烟叶重量在砂壤中显著低于对照组。不同浓度处理下，红大品种下部烟叶重量均显著低于对照组。在红壤中，K326 品种下部烟叶重量在不同亚铁离子浓度下与对照差异不显著。而红大品种下部烟叶重量仅在亚铁离子浓度 510mg/kg 和 680mg/kg 时显著低于对照组。红壤中亚铁离子浓度为 510mg/kg 时，红大品种下部烟叶重量明显低于砂壤。

图 3-5G～J 表明，红大和 K326 两个品种在两种土壤中的均价和产量均随亚铁离子浓度的增加而降低。在砂壤中，除与对照组比较外，两个品种在不同亚铁离子浓度下的均价均有显著差异。而在红壤中，340mg/kg 和 510mg/kg 亚铁离子处理下，红大品种的均价差异不显著。除此之外，红大其他施用浓度下的均价和 K326 不同施用浓度下的均价与对照组之间的差异均达到显著水平（图 3-5G 和 H）。

从图 3-5I 和 J 中可以看出，产量的变化趋势与均价的变化趋势相似。在砂壤中，施用不同浓度亚铁离子的红大和 K326 品种的相应产量均低于对照。在红壤中，除施用 680mg/kg 的亚铁离子外，K326 品种的产量始终显著高于红大品种；施用 680mg/kg 亚铁离子时，K326 品种的产量高于红大品种，但差异不显著。

---

① 表 3-5 引自 Li et al.，2019，Table 5

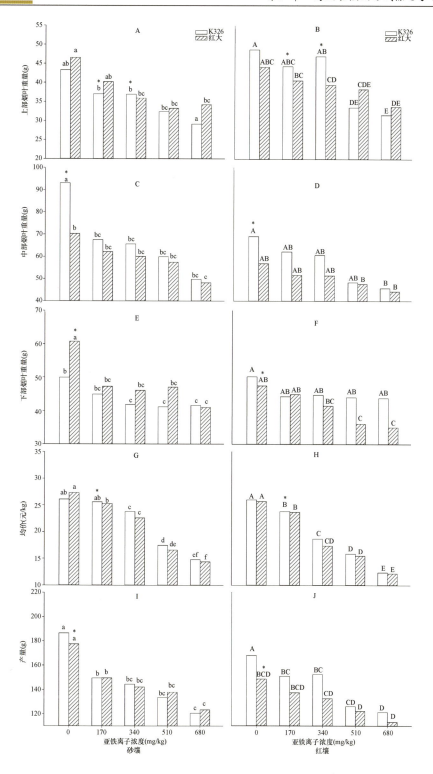

图 3-5 品种、土壤类型、亚铁离子浓度下烟叶各项经济性状指标[1]

---

[1] 图 3-5 引自 Li et al.，2019，Figure 5

表 3-6 显示灰色度等级与株高、SPAD、SOD、CAT、总重、产量和均价呈负相关，与叶片长宽比、MDA、相对电导率、铁元素总量、POD 和 APX 呈正相关。灰色度等级与除 CAT 外的其他指标均达到显著水平（$P<0.05$），其中灰色度等级与均价的相关性最高，与 CAT 的相关性最低。

表 3-6　灰色度等级与烤烟农艺性状、生理指标和经济性状指标的相关性[①]

农艺性状			生理指标							经济性状指标		
株高	SPAD	叶片长宽比	MDA	相对电导率	铁元素总量	SOD	POD	CAT	APX	总重	产量	均价
−0.517 87†	−0.579 01†	0.509 32†	0.424 88†	0.352 12†	0.415 77†	−0.336 22†	0.381 95†	−0.027 22	0.472 1†	−0.666 83†	−0.576 06†	−0.711 43†

注：表中数值表示相关系数，†表示具有显著相关性（$P<0.05$）

（五）亚铁离子毒性对烤烟影响的小结

1. 农艺性状、叶绿素含量和褐变指数

土壤空气中氧分压的变化可触发铁离子的氧化还原反应，显著影响土壤溶液中水溶性亚铁离子的数量（Clairmont et al.，1986）。排水良好的土壤中铁以 Fe^{3+} 形式存在，而在土壤水化过度导致严重缺氧的情况下，水溶性 Fe^{2+} 大幅度增加。过多的可溶性 Fe^{2+} 会影响植物的正常生长（熊静等，2014）。与对照组相比，两个品种（K326 和红大）的株高、茎重、根重、总重和叶绿素含量均随亚铁离子浓度的增加而下降。结果表明，随着土壤中亚铁离子浓度的增加，植物的农艺性状均受到不同程度的影响，与吴国贺等（2016）的结果基本一致。与 K326 相比，这些指标对红大品种的影响较小，在一定程度上说明红大品种对亚铁离子胁迫的耐受性较好。就土壤而言，种植在红壤中的两个品种的上述指标优于砂壤中的指标，表明与砂壤相比，红壤表现出更大的黏度，并且能够吸附一定的亚铁离子。

一方面，红壤降低了土壤中水溶性 Fe^{2+} 的含量；另一方面，由于红壤的透水性和透气性差，阻碍了亚铁离子在根际周围土壤中的运动（王建林和刘芷宇，1992）。另外，在这两种土壤中，随着亚铁离子浓度的增加，K326 品种烟叶褐变程度的增加幅度远大于红大品种。因此，红大品种对亚铁离子胁迫的耐受性强于 K326 品种。

2. 亚铁离子浓度

大量的研究表明，根系细胞壁有大量的交换位点来固定金属离子（张旭红等，2008）。试验结果表明，随着亚铁离子浓度的增加，两种土壤中烟草植株各部位的亚铁离子浓度均呈上升趋势，而根系中的亚铁离子含量显著高于其他部位。此外，除红壤烟株根系和下部叶片亚铁离子含量显著高于砂壤外，其他指标均低于砂壤。在砂壤条件下，红大品种茎秆亚铁离子含量高于 K326 品种，而红壤条件下，茎秆铁含量高于 K326 品种，其原因是不同的土壤类型具有不同的结构，导致植物对离子的吸收程度不同。砂壤具有良好的透水性和透气性，因此，该类型土壤中的水溶性 Fe^{2+} 可以扩散到根际附近，并被根毛吸收。相比之下，红壤的黏度适中，氧化性较强。因此，该类型土壤中的水溶性 Fe^{2+}

---

① 表 3-6 引自 Li et al.，2019，Table 6

部分被土壤氧化，另一部分被土壤颗粒吸附，不利于其在根际附近的扩散。

3. 氧化还原酶活性和相对电导率

大量研究表明，植物在受到胁迫时能够改善防御机制以适应外界环境（Fraga and Oteiza，2015）。在亚铁离子对植物的胁迫机理的理论中，活性氧理论是最受公众关注的（Gutteridge and Halliwell，1990）。随着生长环境中亚铁离子浓度的增加，植物体内过量铁的积累会导致相应自由基的增加，而自由基则会引起膜的损伤和脂质的过氧化。在这种情况下，为了维持稳定的内部环境，植物将启动防御机制，因此植物中抗氧化酶（SOD、POD、CAT 和 APX）的活性相应地改变，从而维持系统的稳定性（Snowden，1993）。

研究结果表明，随着亚铁离子浓度的增加，SOD、CAT 和 POD 活性先升高后降低。SOD 是一种清除植物有害物质的活性物质，红大品种在两种土壤中的 SOD 活性均大于 K326 品种。结果表明，在高浓度的亚铁离子作用下，红大品种可迅速合成 SOD，以维持内环境的稳定。作为一种用于生物体抗衰老的保护酶，CAT 能够保护细胞膜的稳定性和完整性（巫光宏等，2002）。本研究中，红大品种 CAT 的总体变化幅度低于 K326 品种，呈现出平缓的总体变化趋势。结果表明，K326 品种比红大品种对亚铁离子胁迫更为敏感。过氧化物酶活性的变化趋势与过氧化氢酶活性的变化趋势相似，在此不再重复。APX 是植物体内清除活性氧的重要抗氧化酶之一，也是抗坏血酸代谢的关键酶之一，可以清除烟草中的 H_2O_2 和羟自由基等（孙卫红等，2011）。在砂壤中，两品种间的 APX 差异较小，差异不显著。而在红壤中，当亚铁离子浓度为 680mg/kg 时，红大品种的 APX 活性显著高于对照。结果表明，在外界环境胁迫下，红大品种能迅速合成 APX，以清除烟草体内产生的 H_2O_2 和羟基自由基等。MDA 是膜脂过氧化的产物之一，其含量可以反映植物受胁迫的损伤程度（齐代华等，2003）。通过对上述 4 种酶活性的变化趋势的分析可知，红大品种在砂壤中的酶活性增幅低于红壤，而 K326 品种则相反。因此，红大品种适宜在砂壤上种植，K326 品种适宜在红壤上种植。

相对电导率可以反映植物膜的系统状态，当植物受到胁迫或其他损伤时，细胞膜破裂，膜蛋白受损，导致细胞质外渗，从而导致相对电导率增加（齐代华等，2003）。结果表明，在两种土壤中，K326 品种在不同亚铁离子浓度下的相对电导率增幅显著高于红大品种。由此可见，红大品种在外界胁迫作用下能保持良好的细胞膜结构。

4. 经济性状

土壤中过量的亚铁离子不仅会降低植物的生产力和影响作物的质量，而且还会降低烟叶的产量和均价。试验结果表明，过量的亚铁离子抑制了烟叶的正常生长。随着亚铁离子浓度的增加，烟株上、中、下部烟叶重量均下降。试验中，两种烟草的均价和产量均受亚铁离子浓度的影响。当施用 680mg/kg 的亚铁离子时，这两个品种的均价和产量最低。

5. 结论

在砂壤和红壤中，亚铁离子胁迫使两个品种（K326 和红大）的农艺性状和叶绿素含量下降，褐变程度增加。K326 品种的褐变程度明显高于红大品种，红大品种优于 K326

品种。从亚铁离子含量来看,红壤中的亚铁离子更容易被烟草吸收,其中 K326 品种对亚铁离子的吸收率大于红大品种。就氧化还原酶活性而言,红大品种适宜在砂壤上种植,K326 品种适宜在红壤上种植。在经济性状方面,两个品种的各项经济性状指标均随亚铁离子浓度的增加而降低,而红大品种的烟叶重量、均价和产量与 K326 品种相近。因此,在亚铁离子胁迫下,在云南的两种主要植烟土壤中,红壤与砂壤相比,能保持较好的土壤环境,保证较好的农艺性状、生理指标、产量和品质,因此,降低了亚铁离子胁迫对植物的伤害。在品种上,红大比 K326 表现出更强的抗亚铁离子胁迫的能力。

二、锰离子胁迫对烤烟挂灰烟形成的影响[①]

本研究于 2017 年 3～9 月在云南省玉溪市红塔区研和试验基地(E102°30′,N24°14′,海拔 1680m)进行。该地区年平均气温 15.9℃,年降雨量 918mm,年日照时数 2072h。雨季(4～9 月)降雨量占全年降水量的 79.5%。2017 年 3 月 1 日至 9 月 30 日的实际降雨量和温度情况如图 3-6 所示。试验基地的土壤类型为砂壤和红壤。

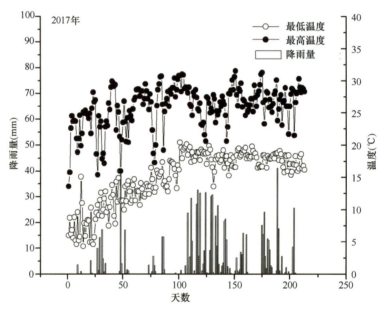

图 3-6　2017 年 3 月 1 日至 9 月 30 日试验基地的降雨量和温度状况[②]

供试烟草品种 K326、红花大金元(红大)均由玉溪中烟种子有限责任公司提供。栽培管理按照云南省烟草农业科学研究院的推荐措施进行。3 月 5 日在温室中漂浮育苗,5 月 4 日移栽至准备好的花盆中,现蕾后进行人工打顶。打顶后 15d 进行第一次根部浇灌,后面每隔 7d 再次浇灌,共浇灌 3 次。

试验采用盆栽进行,塑料盆直径为 36cm,高 28cm,每盆装土 20kg,采用 K326、红大两个品种,以及砂壤、红壤两种土壤类型和不同锰离子浓度,并设置不添加锰离子的空白对照。两种土壤分别以 0mg/kg、250mg/kg、500mg/kg、750mg/kg 和 1000mg/kg

---

① 部分引自 Zou et al.,2019
② 图 3-6 引自 Zou et al.,2019,Figure 5

的 $MnSO_4$（Mn^{2+}）溶液进行灌溉。试验采用随机区组设计，每个处理重复三次。试验观测量为 60 个（2 个土壤类型×2 个品种×5 个浓度×3 个重复）。根据美国农业部的土壤分类，红壤被归类为 Ultisols（极育土）。采用不同浓度的锰离子溶液进行灌溉，两种土壤类型的基本养分如表 3-7 所示，使用乙酸严格调控土壤 pH 为 5.5，每周一次。移植后的整个试验过程均在室外进行。

表 3-7　两种土壤的基础养分[①]

土壤类型	有机质含量（g/kg）	全氮含量（g/kg）	全磷含量（g/kg）	全钾含量（g/kg）	土壤质地	CEC（cmol/mg）	土壤初始锰离子浓度（mg/kg）	土壤初始pH
红壤	15.36	1.04	0.33	6.37	28%砂粒+62%粉粒+10%黏粒	20.4	118.6	5.9
砂壤	5.7	0.54	0.08	3.43	70%砂粒+23%粉粒+7%黏粒	5.9	67.3	6.3

（一）锰离子浓度对农艺性状、SPAD 值和灰色度等级指标的影响

施用于土壤中的锰离子的浓度对烤烟的农艺性状、SPAD 值和灰色度等级有显著影响。

方差分析表明烤烟株高受品种、土壤、锰离子浓度和三者共同交互作用的显著性影响（表 3-8）（$P<0.05$）。根重、茎重和总重三个指标受土壤、品种、锰离子浓度及品种×土壤交互作用的显著性影响。此外，品种、土壤和锰离子浓度对 SPAD 值有显著影响，品种、锰离子浓度和二者的交互作用对灰色度等级有显著性影响。

表 3-8　品种、土壤类型和锰离子浓度对农艺性状指标影响的方差分析[②]

方差来源	自由度	株高	灰色度等级	SPAD	根重	茎重	总重
品种	1	<0.0001	<0.0001	<0.0001	<0.0001	<0.0001	0.0013
土壤	1	<0.0001	0.4035	<0.0001	<0.0001	0.0018	<0.0001
浓度	4	<0.0001	<0.0001	<0.0001	<0.0001	<0.0001	<0.0001
品种×土壤	1	<0.0001	<0.0001	0.2438	0.0014	<0.0001	<0.0001
品种×浓度	4	0.0951	<0.0001	0.6457	0.1296	0.084	0.4968
土壤×浓度	4	0.0542	0.0084	0.5088	0.2652	0.000	0.4968
品种×土壤×浓度	4	0.0435	0.0002	0.3519	0.5909	0.1353	0.3623

注：土壤表示土壤类型，浓度表示锰离子浓度，表 3-9～表 3-11 同

红大和 K326 的株高受土壤×锰离子浓度交互作用的显著性影响（图 3-7A、B）。不同的锰离子浓度施用于砂壤中，对红大和 K326 的株高而言是没有显著性差异的。但是在红壤中施用不同浓度的锰离子时，红大的株高明显高于 K326。在两种类型的土壤中，施用不同浓度的锰离子对红大的株高无显著性差异。然而，K326 栽培于在砂壤中的株高大于红壤中的株高。

如图 3-7C～F 所示，在两种土壤中，随着施用锰离子浓度的增加，两个品种的根重和茎重均下降，而 K326 下降趋势比红大更明显。在不同锰离子浓度下，两个品种在红壤中的根重和茎重均大于砂壤。施用锰离子浓度小于 1000mg/kg 时，砂壤中红大的茎重明显小于红壤。总重变化趋势与根重和茎重相似，即随着锰离子浓度的增加，总重逐渐减小，但两个品种间差异较小。在砂壤中，两种品种的总重随锰离子浓度的升高而

---

① 表 3-7 引自 Zou et al.，2019，Table 6
② 表 3-8 引自 Zou et al.，2019，Table 1

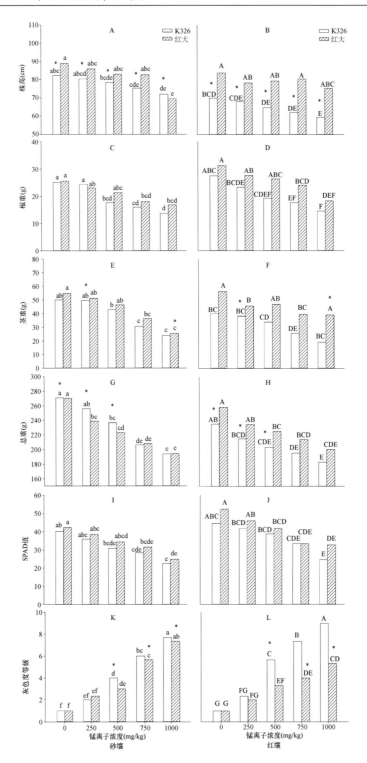

图 3-7　品种、土壤类型、锰离子浓度的各项农艺指标[①]

不同的字母表示相同土壤类型下的显著性差异，字母上的星号表示不同土壤类型间的差异，下同。

A、B：株高；C、D：根重；E、F：茎重；G、H：总重；I、J：SPAD 值；K、L：灰色度等级

---

① 图 3-7 引自 Zou et al.，2019，Figure 1

降低，而红壤中红大品种的总重在不同锰离子浓度下均高于 K326。当施用的锰离子浓度分别为 0mg/kg、250mg/kg 和 500mg/kg 时，砂壤中 K326 品种的总重与红壤中的差异显著。

不同类型土壤中两个品种的 SPAD 值与总重具有相同的变化趋势（图 3-7I、J）。在不同类型土壤中，两个品种施用不同浓度的锰离子，其 SPAD 值没有显著差异。在两种土壤类型中，红大的 SPAD 值大于 K326，而在红壤中施用不同浓度的锰离子，其 SPAD 值大于相同处理下的砂壤。

当施用的锰离子浓度≥500mg/kg 时，与对照组相比，两种土壤不同锰离子浓度下的灰色度等级大大增加（图 3-7K、L）。在两种土壤中，施用不同锰离子浓度的 K326 灰色度等级均大于红大。特别是当红壤中施用的锰离子浓度≥500mg/kg时，K326 的灰色度等级明显高于红大。在土壤类型方面，红壤中各种锰离子浓度的红大灰色度等级均低于砂壤，当锰离子浓度为 750mg/kg 和 1000mg/kg时，它们之间的差异达显著水平。

（二）锰离子浓度对烤烟植株器官自身锰离子含量的影响

土壤中施用不同浓度锰离子对烤烟根、茎和叶中的锰离子含量有显著性影响。

方差分析表明，根内锰离子含量主要受土壤、锰离子浓度和二者交互作用的显著性影响（$P<0.05$），而茎内锰离子含量受品种、锰离子浓度和品种×土壤×锰离子浓度三者交互作用的显著性影响（表 3-9）。上部烟叶中的锰离子含量受土壤和锰离子浓度的显著影响。对于中部烟叶来说，品种、土壤、锰离子浓度和品种×土壤及品种×浓度均对锰离子含量有很大影响。下部烟叶中的锰离子含量受品种和锰离子浓度的显著影响。

表 3-9　品种、土壤类型和锰离子浓度对各部位锰离子含量影响的方差分析[①]

方差来源	自由度	根内锰离子含量	茎内锰离子含量	下部烟叶锰离子含量	中部烟叶锰离子含量	上部烟叶锰离子含量
品种	1	0.8871	0.0004	0.0257	<0.0001	0.6119
土壤	1	0.0023	0.1424	0.2652	<0.0001	0.0039
浓度	4	<0.0001	<0.0001	<0.0001	<0.0001	<0.0001
品种×土壤	1	0.4423	0.0004	0.0751	0.0347	0.778
品种×浓度	4	0.3122	0.0169	0.648	0.0025	0.2591
土壤×浓度	4	0.0161	0.0032	0.082	0.0553	0.164
品种×土壤×浓度	4	0.3405	0.0159	0.0681	0.1991	0.4209

根内锰离子含量随锰离子浓度的增加而增加，且与对照组相比有显著差异（图 3-8）。当施用 750mg/kg 和 1000mg/kg 锰离子时，砂壤中红大的茎内锰离子含量显著高于红壤。当砂壤中施用锰离子浓度为 1000mg/kg 时，红大茎内的锰离子含量显著高于 K326，而红大在其他浓度下只略高于 K326。红壤中施用不同浓度锰离子对不同品种间没有显著差异。

---

① 表 3-9 引自 Zou et al.，2019，Table 2

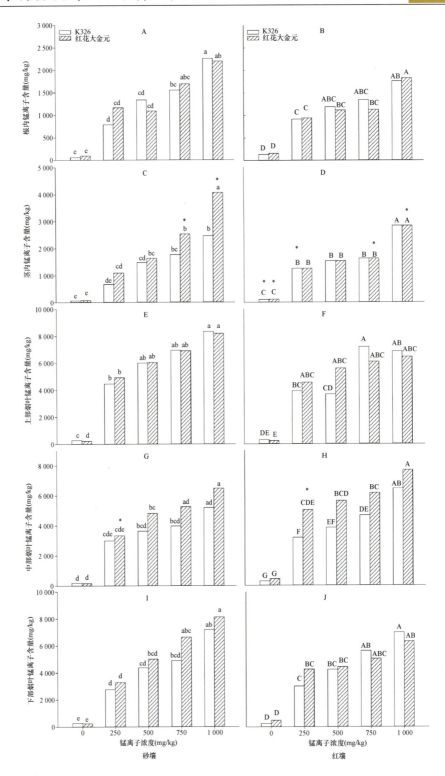

图 3-8　品种、土壤类型、锰离子浓度下各部位的锰离子含量①
A、B：根内；C、D：茎内；E、F：上部烟叶；G、H：中部烟叶；I、J：下部烟叶

① 图 3-8 引自 Zou et al.，2019，Figure 2

上、中、下三部位烟叶中锰离子含量随施用锰离子浓度的升高而升高，与该处理的对照组差异显著（图3-8）。当施用锰离子浓度为1000mg/kg时，砂壤中K326上部烟叶中锰离子含量达到最大值，而当施用浓度为750mg/kg时，红壤中K326上部烟叶中锰离子含量达最大值。从图3-8中的G、H可以看出，在两种田间土壤中，不同锰离子浓度下红大中部烟叶的锰离子含量高于K326。此外，当施用的锰离子浓度为250mg/kg时，红大中部烟叶在红壤中的锰离子含量与砂壤存在显著性差异。

（三）锰离子浓度对烤烟氧化还原酶活性和相对电导率的影响

土壤中锰离子浓度对烤烟烟叶的氧化还原酶活性和相对电导率有显著影响。

SOD活性和相对电导率受品种、土壤、锰离子浓度和品种×锰离子浓度的显著性影响（$P<0.05$）（表3-10）。POD活性受品种、土壤和锰离子浓度的影响很大。此外，品种、土壤、锰离子浓度及品种、土壤、锰离子浓度三者间的交互作用对CAT活性有显著影响。APX活性受品种、锰离子浓度和品种与土壤交互作用的影响，MDA含量受土壤、锰离子浓度和品种、土壤、锰离子浓度三者交互作用的影响较大。

表3-10 品种、土壤类型和锰离子浓度对烟叶氧化还原酶活性与相对电导率影响的方差分析[①]

方差来源	自由度	SOD活性	POD活性	CAT活性	APX活性	MDA含量	相对电导率
品种	1	<0.0001	<0.0001	<0.0001	0.0299	0.0653	<0.0001
土壤	1	0.0134	0.002	<0.0001	0.1117	0.0047	<0.0001
浓度	4	<0.0001	<0.0001	<0.0001	<0.0001	<0.0001	<0.0001
品种×土壤	1	0.0015	0.3708	0.0345	0.0096	0.0084	0.0838
品种×浓度	4	<0.0001	0.2051	<0.0001	0.2193	0.1754	0.0008
土壤×浓度	4	0.5203	0.1093	<0.0001	0.4897	0.0063	0.0081
品种×土壤×浓度	4	0.6691	0.0776	<0.0001	0.1813	0.002	0.7953

随着锰离子浓度的增加，三种酶（即SOD、CAT和APX）的活性先增加后降低（图3-9）。当施用锰离子浓度为500mg/kg时，红大在两种土壤中SOD的活性最高。不同锰离子浓度下，红大在砂壤中的SOD活性高于K326。当锰离子浓度≥500mg/kg时，红大的SOD活性明显高于K326。在红壤中，当施用离子浓度为500mg/kg和1000mg/kg时，红大的SOD活性显著高于K326。当两种土壤施用离子浓度为1000mg/kg时，K326的SOD活性显著低于对照组，而红大的SOD活性略高于对照组。

当施用锰离子浓度为250mg/kg时，K326在砂壤中的CAT活性最高。当施用浓度≥500mg/kg时，不同锰离子浓度的CAT活性低于对照组。在红壤中，当施用锰离子浓度为750mg/kg时，红大的CAT活性达到最大值，而施用浓度为500mg/kg时，K326的CAT活性最大。当施用锰离子浓度≥750mg/kg时，红壤中K326的CAT活性显著高于砂壤。对于红大，当施用锰离子浓度为750mg/kg和1000mg/kg时，红壤中的CAT活性高于砂壤。此外，在砂壤中，当施用的锰离子浓度为1000mg/kg时，K326的CAT活性显著低于对照组，而红壤中的CAT活性与对照组差异不显著。

---

① 表3-10引自Zou et al.，2019，Table 3

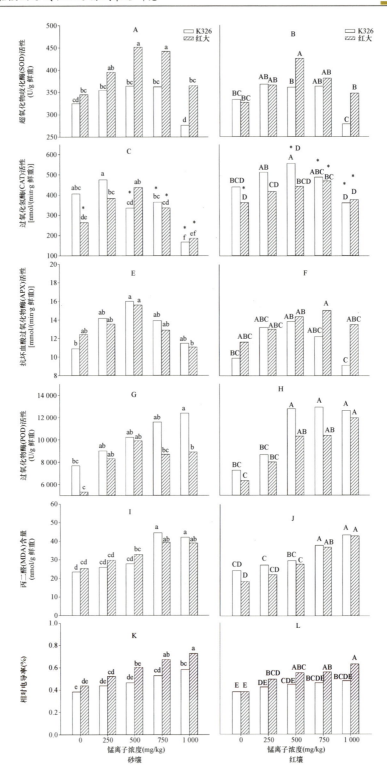

图 3-9　品种、土壤类型、锰离子浓度下烟叶氧化还原酶活性与相对电导率①
A、B：SOD 活性；C、D：CAT 活性；E、F：APX 活性；G、H：POD 活性；I、J：MDA 含量；K、L：相对电导率

① 图 3-9 引自 Zou et al.，2019，Figure 3

当施用 500mg/kg 的锰离子时，红大和 K326 在砂壤中的 APX 活性最高。当施用的锰离子浓度为 1000mg/kg 时，K326 的 APX 活性低于对照组，但未达到显著水平，而 K326 在施用不同锰离子浓度中的 APX 活性高于对照组。在红壤中，施用浓度为 750mg/kg 时，红大的 APX 活性最高，而当施用浓度为 500mg/kg 时，K326 的 APX 活性达到最大值，随后急剧下降。此外，在施用锰离子 1000mg/kg 的条件下，与最高值时相比，酶活性大大降低。两个品种在不同浓度锰离子处理的 APX 活性与对照组相比无显著差异。

POD 活性受品种、土壤和锰离子浓度的显著影响。砂壤中 K326 的 POD 活性随着施用锰离子浓度的增加而逐渐增加，并且当施用浓度为 1000mg/kg 时与对照组相比显著上升。在砂壤中，红大的 POD 活性先增加后减少，最大值为施用浓度 500mg/kg 时，此外，在红壤中两个品种的 POD 活性随施用锰离子浓度逐渐升高，不同施用浓度下 K326 的 POD 活性均高于红大。

在砂壤中两个品种的 MDA 含量先增加后稳定，在施用锰离子浓度 750mg/kg 处达到峰值。当锰离子浓度≥750mg/kg 时，红大和 K326 中 MDA 含量显著增加。而在红壤中，两个品种的 MDA 含量均逐步上升，并在锰离子浓度 1000mg/kg 时达到峰值，且不同施用浓度下 K326 的 MDA 含量高于红大。

相对电导率与 MDA 的变化趋势基本相同，并且不同土壤中两个品种均逐渐增加。与 K326 相比，红大的相对电导率增加更为显著。在砂壤中，当施用的锰离子浓度≥750mg/kg 时，K326 的相对电导率与对照组的相对电导率显著不同。红壤中两个品种相对电导率的变化趋势与砂壤相似。然而，施用不同浓度锰离子的红大的相对电导率与对照组显著不同，而 K326 则不然。

（四）锰离子浓度对烤烟经济性状的影响

土壤中施用的锰离子浓度对烟叶的经济性状有显著性影响。

下部烟叶重量受品种、锰离子浓度、品种×土壤×锰离子浓度的显著影响（$P<0.05$）（表 3-11）。中部烟叶重量受品种、土壤、锰离子浓度和品种×土壤的显著影响，而上部烟叶的重量仅受品种和锰离子浓度的影响。此外，品种、土壤、锰离子浓度、品种×土壤和土壤×锰离子浓度对产量有显著影响。土壤、锰离子浓度、品种×土壤、品种×锰离子浓度和土壤×锰离子浓度对均价产生显著影响。

表 3-11　品种、土壤类型和锰离子浓度对烟叶各项经济性状指标影响的方差分析[1]

方差来源	自由度	下部烟叶重量	中部烟叶重量	上部烟叶重量	产量	均价
品种	1	0.0298	<0.0001	0.012	0.0057	0.2257
土壤	1	0.0784	<0.0001	0.843	<0.0001	<0.0001
浓度	4	<0.0001	<0.0001	0.0002	<0.0001	<0.0001
品种×土壤	1	0.0635	<0.0001	0.7933	0.0012	0.0015
品种×浓度	4	<0.0001	0.5758	0.3342	0.6515	0.0263
土壤×浓度	4	<0.0001	0.125	0.789	0.015	0.0189
品种×土壤×浓度	4	0.0006	0.445	0.6731	0.0604	0.1216

[1] 表 3-11 引自 Zou et al.，2019，Table 4

两个品种在砂壤和红壤中施用不同浓度锰离子后,其上部烟叶的重量均低于对照组(图 3-10A、B)。在相同类型的土壤中,两个品种上部烟叶重量在不同锰离子浓度下没有显著差异。随着锰离子浓度的增加,中部烟叶重量在所有处理中均下降(图 3-10C、D)。在砂壤中,K326 中部烟叶重量大于红大。红壤中两个品种中部烟叶重量基本相同,差异较小。下部烟叶的重量在施用不同浓度的锰离子后基本相同,但均低于对照组(图 3-10E、F)。随着施用锰离子浓度的增加,不同类型土壤中两个品种的均价逐渐降低,两个品种在不同土壤中施用锰离子后各处理的均价大体上显著低于对照组。当施用的锰离子浓度分别为 250mg/kg、500mg/kg 和 1000mg/kg 时,砂壤中 K326 的均价高于红壤。仅在 250mg/kg 的施用浓度下,砂壤中红大的均价显著高于红壤,其他条件下差异不显著。当施用的锰离子浓度为 1000mg/kg 时,不同类型土壤下两个品种的均价与对照组相比下降了约 50%。

表 3-12 表明灰色度等级与株高、SPAD、SOD 活性、CAT 活性、APX 活性、总重、产量和均价呈负相关。除 SOD 活性和 APX 活性外,其他指数与灰色度等级呈显著相关($P<0.05$)。灰色度等级与相对电导率、锰离子含量、POD 活性和 MDA 含量呈正相关。

(五)锰离子毒性对烤烟影响的小结

1. 农艺性状、相对叶绿素含量和灰色度等级指数

可获得的锰离子有效性增加会影响烟草植株的正常生长和产量。当锰离子在植物中充分积累到一定程度时,植物生长受到抑制并显示毒害症状,如植株矮小、萎黄和生物量下降。在本研究中随着锰离子施用浓度的增加,烤烟的农艺性状、株高、叶绿素含量、根重、茎重和总重均下降。随着锰离子施用浓度的增加,灰色度等级逐渐上升,降低了烟叶的质量。红大品种似乎比 K326 更能耐受锰离子胁迫。在相同锰离子浓度和土壤类型下,红大农艺性状较好,灰色度等级低于 K326。

2. 烟草中锰离子的积累

在两个烤烟品种的根、茎、叶中测量锰离子的累积,以检查它们在不同土壤类型下耐受锰离子毒害的能力。在本研究中,红壤中的锰离子吸收量低于砂壤,但除极少数情况外,品种间没有差异。原因可能是红壤中的 CEC 和黏粒含量高于砂壤,可以吸收 Mn^{2+}。

3. 氧化还原酶活性和相对电导率

重金属可以诱导植物体内活性氧清除系统中酶活性的改变,降低植物清除内源活性氧的功能。这导致 O_2、H_2O_2、OH^- 等基团的积累,影响细胞的正常代谢活动,甚至产生应激作用。随着施用的锰离子浓度的增加,三种酶(即 SOD、CAT 和 APX)的活性先增加后降低。对于低浓度锰离子胁迫下的植株,为了维持正常的生理和循环代谢,SOD 和 CAT 的活性增加,以减少锰离子胁迫的危害。然而,当施用的锰离子浓度过高时,植物中被动产生的 SOD 和 CAT 不能消除由应激而产生的过氧化物。此外,植物中锰离子的积累降低了细胞的通透性和 SOD、CAT 的活性,从而降低了整体的酶活性。

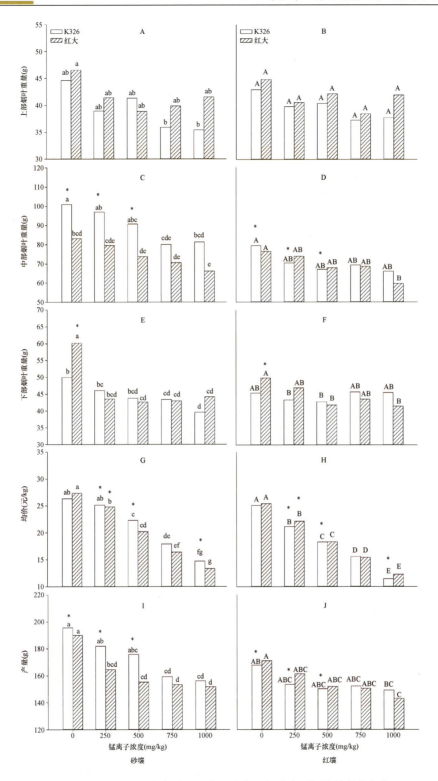

图 3-10　品种、土壤类型、锰离子浓度下烟叶各项经济性状指标①
A、B：上部烟叶重量；C、D：中部烟叶重量；E、F：下部烟叶重量；G、H：均价；I、J：产量

① 图 3-10 引自 Zou et al.，2019，Figure 4

表 3-12　灰色度等级与烤烟农艺性状、生理指标和经济性状指标的相关性[①]

	农艺性状		生理指标							经济性状指标		
类别	株高	SPAD	相对电导率	锰元素总量	SOD活性	POD活性	CAT活性	APX活性	MDA含量	总重	产量	均价
灰色度等级	−0.629 62[*]	−0.774 45[*]	0.523 06[*]	0.853 75[*]	−0.186 7	0.748 67[*]	−0.294 06[*]	−0.154 51	0.838 7[*]	−0.874 12[*]	−0.606 26[*]	−0.880 64[*]

注：*表示显著相关（$P<0.05$）

SOD 可以消除代谢过程中生物体产生的有害物质。SOD 催化超氧化物的歧化，是活性氧清除系统中的第一种抗氧化酶。植物在逆境胁迫下会产生对细胞有害的活性氧和自由基，SOD 通过催化歧化反应使活性氧生成过氧化氢和氧气，保护细胞以避免或减轻活性氧伤害。当施用锰离子浓度增加时，红大 SOD 活性上升幅度大于 K326。这表明在应激过程中，红大迅速产生大量 SOD，从而消除植物中的自由基，维持细胞的正常生理代谢。周先学等（2014）通过对黄瓜幼苗施用不同浓度的锰离子，研究了黄瓜幼苗抗寒性对锰离子浓度增加的影响，结果表明：施用含锰离子的营养液可提高黄瓜叶片 SOD 活性，不同程度地提高黄瓜幼苗的抗寒性，与我们的结果一致。

POD 是由微生物或植物所产生的一类氧化还原酶，具有清除细胞内氧化物防止细胞受损的作用，其活性高低能够反映植物体对逆境胁迫的适应能力。试验结果表明，砂壤中 K326 的 POD 活性逐渐升高，而红大的 POD 活性则先上升后下降；在红壤中，K326 和红大的 POD 活性逐渐上升。虽然 K326 品种各浓度下的 POD 活性大于红大品种，但各浓度下红大品种的 POD 活性较对照而言大体上为显著增加，而 K326 品种的增加不显著，这与王廷璞等（2011）的研究结果一致。

CAT 是一种保护性酶，对生物体具有抗衰老作用，可以维持细胞膜的稳定性和完整性。K326 中 CAT 的活性迅速上升然后急剧下降。红大的 CAT 活性缓慢增加然后下降。当施用的锰离子浓度为 1000mg/kg 时，两种土壤中红大的 CAT 活性均高于 K326。在其他植物中也观察到了这种趋势，如葡萄。K326 中 CAT 的快速变化表明其对锰离子胁迫的敏感性更高。

APX 是植物用于清除活性氧的重要抗氧化酶之一，也是抗坏血酸代谢中的关键酶之一，在去除植物中的 H_2O_2、羟自由基中发挥作用，这表明在高浓度锰离子胁迫下，红大品种可以更好地维持体内微环境的平衡。

植物器官衰老或在逆境下遭受伤害，往往发生膜脂过氧化作用，丙二醛（MDA）作为细胞膜脂过氧化作用的产物之一，其含量可以反映植物遭受逆境伤害的程度。当在砂壤中施用≤500mg/kg 的锰离子时，红大的 MDA 含量高于 K326。当施用的锰离子浓度为 750mg/kg 和 1000mg/kg 时，K326 中的 MDA 含量与 500mg/kg 的含量相比显著增加，而红大的 MDA 含量上升不明显。红大 MDA 的绝对增量低于 K326。在红壤中，不同锰离子施用浓度下 K326 中 MDA 含量均高于红大。这些结果表明，在锰离子胁迫期间，红大的膜脂过氧化作用低于 K326。这种现象表明红大具有比 K326 更强的耐受能力。

相对电导率是反映植物膜系统状况的重要生理生化指标，当植物在遭受逆境或者其他损伤的情况下，细胞膜容易破裂，膜蛋白受到伤害使得细胞质的细胞液外渗而使得相

---

① 表 3-12 引自 Zou et al.，2019，Table 5

对电导率增大。不同类型土壤中两个品种的电导率随着锰离子浓度的增加而增加，表明两个品种都受到了锰离子胁迫，细胞膜透性随之发生变化。在两种土壤类型中，砂壤中两个品种的相对电导率增加趋势明显高于红壤。与砂壤相比，红壤具有较强的锰离子吸附缓冲能力。虽然这降低了土壤中植物可利用的锰离子含量，但红壤自身通水透气性较差，这抑制了根系周围土壤中锰离子的迁移。

4. 经济特征

土壤中过量的锰离子含量不仅降低植物生产力，影响作物品质，而且降低烟叶的产量和均价。锰离子胁迫对 K326 的影响大于对红大的影响，锰离子胁迫对砂壤中烤烟的影响大于红壤。随着施用的锰离子浓度的增加，当施用浓度为 1000mg/kg 时，两个品种的烟叶均价和产量达到最小值。农艺性状、生理和经济性状指标的相关分析表明，土壤中的锰离子浓度通过调节植物中锰离子的含量来影响氧化还原酶活性，从而改变农艺性状，降低经济效益。

5. 结论

在两种土壤中，锰离子胁迫降低了两个品种的株高、总重、SPAD、灰色度等级等一些农艺指标，其中不同浓度的锰离子胁迫对 K326 品种的影响尤为突出；随着施用锰离子浓度的升高，叶片中的锰元素含量显著高于根、茎，且上、下部烟叶的锰元素含量高于中部烟叶，进而严重影响了植株的根重、茎重、总重等指标；此外，锰离子胁迫还使得植株体内的氧化还原系统的平衡被打破，除砂壤中 K326 品种的 CAT 和 POD 酶活性降低外，红壤中两个品种的 SOD、POD、CAT 和 APX 四种酶的活性均先增后减，锰离子胁迫造成 MDA 含量逐渐升高，从而影响植株的正常生长发育；在经济性状方面，随着施用锰离子浓度的增加，产量和均价逐渐降低，对于砂壤种植的品种减产更为显著。因此，云南主要的两种植烟土壤类型在锰离子胁迫下，红壤在烤烟的农艺性状、生理指标、产量和品质上都能保持较好的土壤环境，降低了烤烟遭受锰离子胁迫的水平。在品种方面，红大对锰离子胁迫的耐受性优于 K326。

三、铝离子胁迫对烤烟挂灰烟形成的影响[①]

试验于 2017 年 3～9 月在云南省玉溪市研和试验基地进行，基地位于 N24°14′，E102°30′，海拔 1680m，年平均温度 15.9℃，年降雨量 918mm，雨季（4～9 月）降雨量占全年的 79.5%，年日照时数 2072h。土壤类型为砂壤和红壤 2 种类型。

供试烟草品种 K326、红花大金元均由玉溪中烟种子有限责任公司提供。栽培管理按照云南省烟草农业科学研究院的推荐措施进行。3 月 5 日在温室中漂浮育苗，5 月 4 日移栽到准备好的花盆中，现蕾后进行人工打顶。打顶后 15d 进行第 1 次根部浇灌，以后每隔 7d 再次浇灌，共浇灌 3 次。

试验采用盆栽进行，塑料盆直径为 36cm，高 28cm，每盆装土 20kg，采用 K326、红大 2 个品种，以及砂壤、红壤 2 种土壤类型和 4 种不同的铝离子浓度：75mg/kg、

---

① 部分引自蔡永豪等，2019

150mg/kg、225mg/kg、300mg/kg，并设置不添加铝离子的空白对照，试验处理见表 3-13。试验采取随机区组设计，每个处理 4 次重复。2 种土壤的基础养分如表 3-14，pH 调控在 5.5 左右。

表 3-13   试验处理[①]

处理	类型	铝离子浓度（mg/kg）
CK1	K326×砂壤	0
CK2	K326×红壤	0
CK3	红大×砂壤	0
CK4	红大×红壤	0
1	K326×砂壤	75
2	K326×砂壤	150
3	K326×砂壤	225
4	K326×砂壤	300
5	K326×红壤	75
6	K326×红壤	150
7	K326×红壤	225
8	K326×红壤	300
9	红大×砂壤	75
10	红大×砂壤	150
11	红大×砂壤	225
12	红大×砂壤	300
13	红大×红壤	75
14	红大×红壤	150
15	红大×红壤	225
16	红大×红壤	300

表 3-14   两种土壤的基础养分[②]

土壤类型	有机质含量（g/kg）	全氮含量（g/kg）	全磷含量（g/kg）	全钾含量（g/kg）	碱解氮含量（mg/kg）	有效磷含量（mg/kg）	有效钾含量（mg/kg）
红壤	15.36	1.04	0.33	6.37	96.62	14.93	291.94
砂壤	5.70	0.54	0.08	3.43	60.08	9.01	160.00

（一）铝离子胁迫对烤烟主要农艺性状、叶绿素含量及灰色度等级的影响

土壤中铝离子浓度对植株的农艺性状、叶绿素含量和灰色度等级的影响显著。由表 3-15 的方差分析显示，株高主要受品种、浓度、品种×土壤、土壤×浓度、品种×土壤×浓度的显著影响（$P<0.05$）；灰色度等级则受品种、土壤、浓度、品种×浓度、品种×土壤、土壤×浓度、品种×土壤×浓度的显著影响；叶绿素含量受品种、土壤、品种×浓度、土壤×浓度的显著影响；根重主要受土壤、品种×土壤的显著影响；茎重则主要受浓度的显著影响；总重受品种、土壤×浓度的显著影响。

---

① 表 3-13 引自蔡永豪等，2019，表 1
② 表 3-14 引自蔡永豪等，2019，表 2

表3-15　品种、土壤类型和铝离子浓度对各项指标的影响的方差分析[①]

方差来源	自由度	株高	灰色度等级	叶绿素含量	根重	茎重	总重
品种	1	<0.0001	<0.0001	0.0051	0.0901	0.3878	0.0006
土壤	1	0.7224	<0.0001	<0.0001	0.0012	0.4765	0.3204
浓度	4	0.0001	0.0003	0.702	0.2233	0.0329	0.5155
品种×土壤	1	<0.0001	<0.0001	0.1991	0.033	0.8035	0.7499
品种×浓度	4	0.0885	0.0003	0.0196	0.3414	0.828	0.4313
土壤×浓度	4	0.0191	0.0003	0.002	0.1532	0.1505	0.0012
品种×土壤×浓度	4	0.0004	0.0003	0.1907	0.247	0.5164	0.0531

注：土壤指土壤类型，浓度表示铝离子浓度，表3-16~表3-18同

（二）铝离子胁迫对烤烟各部位铝离子含量的影响

土壤中的铝离子浓度对植株根、茎、叶内的铝离子含量的影响显著（表 3-16）。通过表3-16的方差分析可以看出，根内铝离子含量受品种、土壤、浓度、品种×土壤、土壤×浓度的显著影响（$P<0.05$），茎内铝离子含量主要受品种×浓度的显著影响。下部烟叶的铝离子含量主要受土壤、土壤×浓度的显著影响，中部烟叶则受品种、土壤×浓度的显著影响，上部烟叶受浓度的显著影响。

表3-16　铝离子胁迫对烤烟各部位铝离子含量影响的方差分析[②]

方差来源	自由度	根内铝离子含量	茎内铝离子含量	下部烟叶铝离子含量	中部烟叶铝离子含量	上部烟叶铝离子含量
品种	1	0.0013	0.2221	0.9527	0.044	0.0885
土壤	1	<0.0001	0.1445	0.0004	0.1001	0.6649
浓度	4	<0.0001	0.2566	0.1792	0.6123	0.0014
品种×土壤	1	0.0001	1.0000	0.5542	0.9216	0.8284
品种×浓度	4	0.4212	0.0363	0.5676	0.5062	0.5229
土壤×浓度	4	0.0017	0.0559	0.0429	0.0002	0.3638
品种×土壤×浓度	4	0.7749	0.7083	0.5528	0.3316	0.467

由图 3-11A、B可知，在红壤中，K326 的茎内铝离子含量随着铝离子浓度的增加无显著性差异；红大的茎内铝离子含量则随着铝离子浓度的增加呈现先增加后减少的趋势，在铝离子浓度为 225mg/kg 处有最大值，且显著大于铝离子浓度为 300mg/kg 时的含量（$P<0.05$）。而砂壤中，两个品种及同一品种不同浓度处理间的茎内铝离子含量差异均不显著。

据图3-11C、D 显示，在红壤中，K326与红大品种上部烟叶铝离子含量呈现上升的趋势，但差异不显著。而在砂壤中，K326上部烟叶铝离子含量随着铝离子浓度的增加呈现先上升后下降的趋势。而对于中、下部烟叶中铝离子含量而言（图3-11E~H），不同土壤及不同铝离子添加水平下，各处理间均无显著差异。

---

① 表3-15引自蔡永豪等，2019，表3
② 表3-16引自蔡永豪等，2019，表4

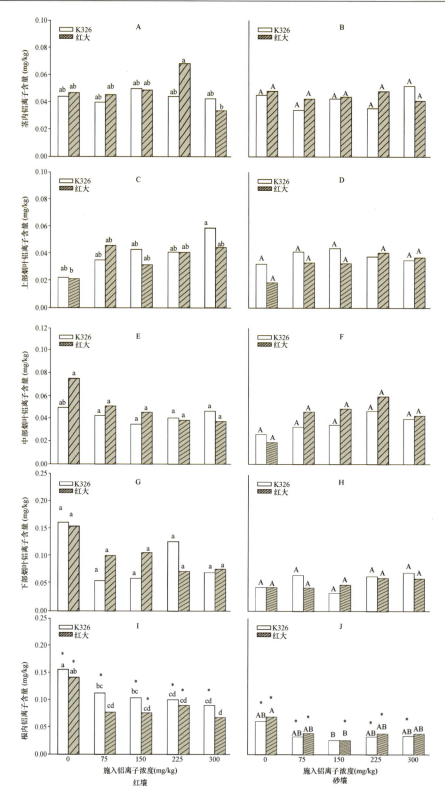

图 3-11　铝离子胁迫对烤烟各部位铝离子含量的影响
A、B：茎内；C、D：上部烟叶；E、F：中部烟叶；G、H：下部烟叶；I、J：根内

由图 3-11I、J 可知，在红壤中，随着铝离子浓度的上升，K326 与红大根内铝离子含量均呈下降趋势，试验组根内铝离子含量均显著低于对照组。而砂壤中 K326 与红大对照组根内铝离子浓度均高于试验组，且在铝离子浓度为 150mg/kg 时达到显著水平。另外，K326 与红大在红壤中根内铝离子含量均高于砂壤；其中，K326 在红壤各个铝离子浓度中根内铝离子含量均显著高于砂壤，而红大则是在铝离子浓度为 0、150mg/kg、300mg/kg 时，红壤根内铝离子含量显著高于砂壤。

（三）铝离子胁迫对烟叶中氧化还原酶活性与相对电导率的影响

土壤中铝离子含量对植株中氧化还原酶活性和相对电导率有显著影响（表 3-17）。根据表 3-17 的方差分析显示，POD 活性、CAT 活性主要受土壤、品种×土壤的显著影响（$P<0.05$），APX 活性则受土壤、浓度、品种×浓度的显著影响，相对电导率受品种、土壤、浓度、品种×浓度、土壤×浓度的显著影响。

表 3-17　铝离子胁迫对烟叶中氧化还原酶活性与相对电导率影响的方差分析[①]

方差来源	自由度	SOD 活性	POD 活性	CAT 活性	APX 活性	MDA 含量	相对电导率
品种	1	0.6209	0.8832	0.1887	0.2783	0.2894	0.0011
土壤	1	0.2066	<0.0001	0.0031	0.0012	0.2248	<0.0001
浓度	4	0.9129	0.2366	0.6732	0.002	0.3646	0.0107
品种×土壤	1	0.6225	0.0098	0.0491	0.1514	0.1029	0.6360
品种×浓度	4	0.9657	0.4239	0.3969	0.0002	0.3448	0.0403
土壤×浓度	4	0.9997	0.3686	0.6860	0.5873	0.0722	0.0375
品种×土壤×浓度	4	0.8621	0.8749	0.7159	0.0643	0.8666	0.8379

土壤中铝离子含量对相对电导率、POD 活性、MDA 含量均无显著性差异，其中红壤中的 K326 和红大的 POD 活性均高于砂壤，但未达到显著性水平。

由图 3-12G、H 可知，在红壤中，当铝离子浓度≥150mg/kg 时，红大试验组 CAT 活性高于对照组，但未达到显著性水平，而 K326 则只在铝离子浓度为 150mg/kg 时，CAT 活性高于对照组，同样未达到显著性水平。在砂壤中不同铝离子浓度下，K326 与红大 CAT 活性均无显著性差异，在铝离子浓度等于 75mg/kg 时，K326 的 CAT 活性比红大高出近 300 个单位，但同样未达到显著性水平。

从图 3-12I、J 可得，在红壤中不同铝离子浓度下，K326 与红大 APX 活性均无显著性差异，同样，K326 与红大在各铝离子浓度梯度下与对照组相比，也均无显著性差异。在砂壤中，K326 在不同铝离子浓度下 APX 活性均无显著性差异，当铝离子浓度为 75mg/kg 时，红大 APX 活性显著低于对照组。

由图 3-12K、L 可知，在两种土壤类型不同铝离子浓度下，K326 与红大 SOD 活性均无显著性差异，各浓度梯度与对照组相比，同样无显著性差异。在红壤中，当铝离子浓度≤225mg/kg 时，红大 SOD 活性均高于 K326，但也未达到显著性水平。

---

① 表 3-17 引自蔡永豪等，2019，表 5

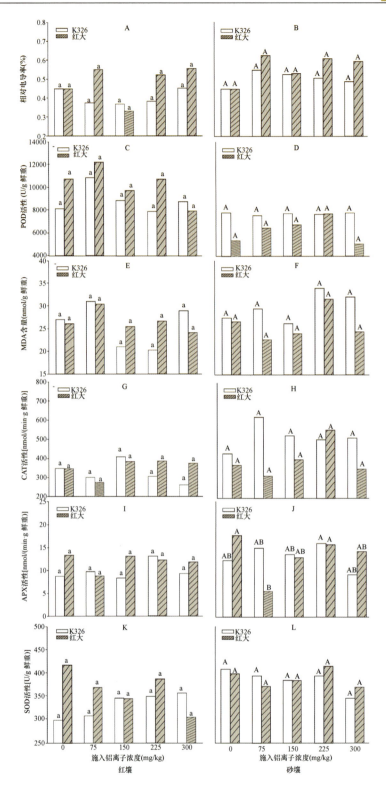

图 3-12　铝离子胁迫对烟叶氧化还原酶活性与相对电导率的影响

A、B：相对电导率；C、D：POD 活性；E、F：MDA 含量；G、H：CAT 活性；I、J：APX 活性；K、L：SOD 活性

（四）铝离子胁迫对烟叶经济性状指标的影响

通过分析表 3-18 可以发现，下部烟叶重量受土壤、品种×土壤、品种×浓度、土壤×浓度的显著影响（$P<0.05$），中部烟叶重量则受品种、土壤的显著影响，上部烟叶重量主要受土壤、浓度、品种×浓度、土壤×浓度的显著影响。产量受品种、土壤、土壤×浓度的显著影响，均价则受品种、土壤、浓度、品种×土壤、品种×浓度、土壤×浓度、品种×土壤×浓度的显著影响。

表 3-18　铝离子胁迫对烟叶各项经济性状指标的影响的方差分析[1]

方差来源	自由度	下部烟叶重量	中部烟叶重量	上部烟叶重量	产量	均价
品种	1	0.0996	<0.0001	0.8521	<0.0001	<0.0001
土壤	1	<0.0001	0.0005	0.007	0.0006	<0.0001
浓度	4	0.0512	0.9894	0.0002	0.1103	<0.0001
品种×土壤	1	<0.0001	0.261	0.3995	0.095	<0.0001
品种×浓度	4	0.0025	0.0674	0.0387	0.1867	<0.0001
土壤×浓度	4	0.007	0.1571	<0.0001	0.0029	0.0052
品种×土壤×浓度	4	0.9085	0.2697	0.2185	0.1972	<0.0001

（五）铝离子胁迫对烤烟影响的小结

1. 农艺性状、叶绿素含量、灰色度等级指标

随着铝离子浓度的增加，两个品种（K326和红大）上部烟叶、中部烟叶、下部烟叶、根内、茎内铝离子含量并未出现显著性的增加，甚至还出现了下降的现象，故土壤中的铝离子浓度增加并不会导致烟株内铝离子含量的有效增加。

铝离子浓度的增加并不会影响植物的正常生长发育及产量，铝离子浓度上升到一定程度后，植物生长并没有受到抑制，未出现植株矮小、失绿、生物量下降等毒害症状，两个品种的株高甚至出现了高于对照组的情况。本试验中，两个品种的株高随着铝离子浓度的增加呈现出上升的趋势，这与李淮源等（2015）研究结果相反。刘强等（2017）研究表明铝离子浓度的升高显著降低了烟草叶片叶绿素含量，而本试验中叶绿素含量、根重、茎重、总重则是没有受到过多影响，这可能是由于试验所用的烟草品种不同。本试验中，较 K326 而言，红大品种在这几个指标中所受的影响更小，同时结果显示，只有 K326 在红壤中受到铝离子胁迫才出现灰色烟现象，而红大在两种土壤类型中均未出现这样的情况，故红大品种对铝离子胁迫的耐受性更好一些。

2. 生理指标

研究表明，重金属会改变活性氧清除系统中酶的比例，植株体内对内源活性氧的清除功能降低，致使O_2^-、H_2O_2、OH^-等基团大量累积，影响细胞正常代谢活动甚至产生毒害作用。超氧化物歧化酶（SOD）是一种源于生命体的活性物质，能消除生物体在新陈代谢过程中产生的有害物质。SOD可以催化超氧化物的歧化反应，是活性氧清除系统中

---

① 表 3-18 引自蔡永豪等，2019，表 6

第一个发挥作用的抗氧化酶。过氧化物酶（POD）是由微生物或植物所产生的一类氧化还原酶，具有清除细胞内氧化物防止细胞受损的作用，其活性高低能够反映植物体对逆境胁迫的适应能力。CAT是一种生物体抗衰老的保护酶，能维护细胞膜的稳定性和完整性。抗坏血酸过氧化物酶（APX）是植物清除活性氧的重要的抗氧化酶之一，也是抗坏血酸代谢的关键酶之一，具有清除植物体内H_2O_2、羟自由基等的作用。本试验对酶活性和丙二醛（MDA）含量进行测定分析发现，SOD、CAT、APX、POD等酶的活性随着铝离子浓度的增加未出现显著性的变化，这可能是由于外施铝离子没有有效地进入烟株内部，从而使活性未发生改变。这与刘强等（2017）研究结果：铝胁迫下烟草叶片线粒体超氧化物歧化酶（SOD）和抗坏血酸过氧化物酶（APX）活性显著升高有明显不同。

植物器官衰老或在逆境下遭受伤害，往往发生膜脂过氧化作用，丙二醛（MDA）是其产物之一，可作为膜脂过氧化的指标，表示细胞膜脂过氧化程度和植物对逆境条件反应的强弱。在本试验中，两个品种的烟株在两种土壤类型中MDA含量均无显著性变化，表明土壤环境中的铝离子并不会使烟株受到逆境伤害。

相对电导率是反映植物膜系统状况的重要生理生化指标，当植物在遭受逆境或者其他损伤的情况下，细胞膜容易破裂，膜蛋白受到伤害使得细胞质的细胞液外渗而使得相对电导率增大。在本试验中，两个品种的相对电导率在两种土壤下随着铝离子浓度的增加并未出现显著性的变化，证明在受到铝离子胁迫下，细胞膜通透性没有发生改变。在两种土壤中，砂壤中的相对电导率要高于红壤，这是由于较砂壤而言红壤的黏性更大，能够吸附一定的锰离子，一方面降低了土壤中可被植株吸收的铝离子的含量，另一方面红壤的通水透气性较差，阻碍了铝离子在根际周围土壤的运动。

3. 经济性状

在本试验砂壤中，两个品种的上部烟叶重量、中部烟叶重量、下部烟叶重量、均价随铝离子浓度增加均无显著性变化；而在红壤中，两个品种的上部烟叶重量、中部烟叶重量、下部烟叶重量随铝离子浓度增加同样无显著性变化。这表明土壤中的外源铝离子浓度并不会显著影响到烟株上、中、下部烟叶的比例。但在红壤中，试验组K326的均价显著低于红大，主要原因是K326的耐受性较低，田间出现了挂灰现象，从而导致烟叶的品质下降，价值不高。

4. 结论

在两种土壤中，铝离子并未影响到两个品种的总重、根重、茎重等农艺性状及叶绿素含量，在红壤中，K326随着铝离子浓度增加试验组出现了灰色烟，而红大没有出现；在砂壤中，两个品种的烟株均未出现灰色烟现象。在铝离子含量上，两个品种中各部位铝离子含量并未出现显著性的增加，故在本试验的铝离子浓度范围内，土壤中的铝离子浓度增加并不会导致烟株内铝离子含量的有效积累。在生理层面上，SOD、CAT、APX、POD等酶的活性、相对电导率及MDA含量随着铝离子浓度的增加均未出现显著性的变化，说明环境中铝离子浓度的增加不会对烟株造成胁迫。在经济性状指标方面，产量上没有太大的变化，而均价上红壤中的K326出现了挂灰，导致均价显著下降。因此，如果土壤中铝离子浓度较高，在云南主要植烟土壤中，砂壤较红壤能更好地保持土壤环境；品种方面，红大较 K326 对铝离子的耐受性更好。

四、镁离子胁迫对烤烟挂灰烟形成的影响

（一）幼苗缺镁对烤烟生长的影响

试验于 2020 年在云南省烟草农业科学研究院玉溪试验基地进行，供试烤烟品种为云烟 87，种子来源于玉溪中烟种子有限责任公司。试验设 7 个镁离子浓度水平，分别为 0、24mg/L、36mg/L、48mg/L、60mg/L、84mg/L、120mg/L，镁盐采用 $MgSO_4$（AR）直接配制，待烟苗长至四叶一心时，选择长势一致的幼苗，洗净根系后进行移栽，每处理共植烟 5 株。在移栽后 30d 时，首先，选取 3 株烟苗进行农艺性状测定；其次，选取 3 株烟苗的 4～6 叶位（从下往上）烟叶进行酶活性和 SPAD 测定；最后，进行生物量、镁离子含量和烟碱含量测定。

采用圆形不透明塑料桶作为水培罐，水培罐中心处用具孔糠醛泡沫板固定烟苗，使烟苗根部浸入营养液中。每个水培罐内装 500ml 营养液，栽植 1 株烟苗，用供氧泵定时通气。营养液用蒸馏水配制，各种养分均用分析纯（AR）试剂提供。其中营养液配制采用 Hoagland 配制方法，除镁离子含量有差异外，其他养分浓度保持一致。营养液每周更换一次，每次更换营养液时，用稀酸（H_2SO_4）或稀碱（NaOH）调整 pH 至 5.8±0.1。

1. 不同镁离子水平对烤烟幼苗农艺性状的影响

不同镁离子水平对烤烟幼苗农艺性状的影响如表 3-19 所示。结果表明：适宜浓度的镁离子能够促进烟草幼苗的生长。在幼苗期，不同镁离子水平下烤烟的生长发育存在一定的差异，主要表现为株高、最大叶长、最大叶宽存在显著差异。当营养液中镁离子浓度较低时，烤烟株高、茎围、最大叶长、最大叶宽、叶数均随镁离子浓度的升高而增加，当营养液镁离子浓度达到 48mg/L 时，株高、茎围、最大叶长、最大叶宽达到最大值，叶数在 60mg/L 时达到最大值。当镁离子浓度继续升高时，株高、茎围、最大叶长、最大叶宽均呈下降趋势。

表 3-19　不同镁离子浓度下烤烟农艺性状的基本特征

镁离子浓度（mg/L）	株高（cm）	茎围（cm）	最大叶长（cm）	最大叶宽（cm）	叶数
0（CK）	9.27±0.95c	2.50±0.29b	16.03±0.42d	8.50±0.61e	8.3±0.7b
24	36.77±1.58ab	4.33±0.12a	26.40±0.64abc	15.53±0.19abc	13.7±0.7a
36	38.27±1.72ab	4.33±0.03a	28.03±0.90ab	15.87±0.32ab	14.7±1.3a
48	41.77±0.27a	4.37±0.32a	28.53±1.56a	16.80±0.36a	15.3±0.9a
60	36.60±2.66ab	4.27±0.15a	23.13±1.94c	13.93±0.68d	16.3±1.2a
84	36.10±1.17ab	4.23±0.27a	24.70±0.87bc	14.87±0.43bcd	16.3±0.3a
120	35.20±2.74b	4.30±0.10a	25.13±0.50abc	14.23±0.61cd	16.3±0.3a

注：同一列标记不同字母表示差异显著（$P<0.05$）

2. 不同镁离子水平对烤烟干物质积累量的影响

烤烟在不同镁离子水平的营养液中干物质积累量不同（表3-20）。在一定镁离子浓度范围内，烟草根、茎、叶干物质积累量均随营养液中镁离子浓度的提高而增加。当营养液中镁离子浓度达到36mg/L 时，烟草茎、叶和全株干物质积累量达到最大值，分别为4.21g/株、10.40g/株、16.83g/株，而根干物质积累量在镁离子浓度为48mg/L 时达到最大值（2.40g/株），说明适宜镁离子浓度能够促进烤烟干物质的积累。而当营养液中镁离子浓度继续增加时，反而抑制了烤烟干物质的积累，可能是由于镁离子浓度过高影响了其他离子的吸收，进而影响烤烟干物质积累量。

表3-20　不同镁离子水平对烤烟干物质积累量的影响（g/株）

镁离子浓度（mg/L）	根	茎	叶	全株
0（CK）	0.19±0.02e	0.21±0.01d	1.31±0.05d	1.71±0.07d
24	1.76±0.05cd	3.68±0.07bc	8.54±0.22bc	13.98±0.24bc
36	2.22±0.04ab	4.21±0.02a	10.40±0.10a	16.83±0.11a
48	2.40±0.05a	4.04±0.06ab	9.67±0.72ab	16.11±0.72a
60	2.00±0.04bc	3.59±0.02bc	9.65±0.23ab	15.24±0.23ab
84	1.86±0.19cd	3.72±0.40ab	9.56±0.26ab	15.15±0.78ab
120	1.61±0.05d	3.20±0.01c	7.80±0.67c	12.60±0.71c

注：同一列标记不同字母表示差异显著（$P<0.05$）

3. 不同镁离子水平对烤烟镁含量的影响

从图3-13可知，烤烟中镁含量表现出明显的规律性，即随着镁离子浓度的提高，烤烟中镁含量显著升高。其中，烤烟根中镁含量在营养液镁离子浓度为48mg/L 时达到最大值，而茎和叶中镁含量随镁离子浓度的增加一直呈上升趋势，可见烤烟茎和叶片中的镁含量与营养液中的镁离子浓度呈正相关关系。

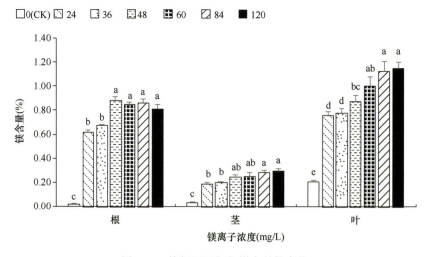

图3-13　烤烟不同部位镁含量的变化

4. 不同镁离子水平对烤烟叶片相对电导率的影响

不同镁离子浓度对幼苗期烤烟叶片相对电导率的影响见图 3-14。随着镁离子浓度的提高，叶片相对电导率呈先减（0～48mg/L）后增（48～120mg/L）的趋势。由此可见，叶片缺镁或镁过量均会造成细胞膜损伤，导致相对电导率升高。

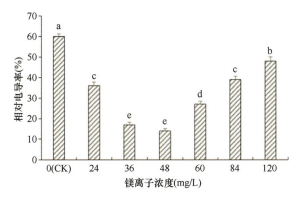

图 3-14　不同镁离子浓度下烤烟叶片相对电导率

5. 不同镁离子水平对烟叶 MDA 含量和抗氧化酶活性的影响

SOD、POD、CAT 作为植物体内的保护性酶，其活性高低对植物的生长发育有显著影响。不同镁离子水平对烟草叶片 SOD、POD、CAT 活性的影响见图 3-15。在镁离子浓度低于 36mg/L 时，叶片 SOD 活性随镁离子浓度的提高而降低，而当镁离子浓度高于 36mg/L 时，SOD 活性又会上升。由此可见，缺镁或过量的镁离子都会引起烟草叶片细胞产生较多的 O_2^-，从而诱导 SOD 活性的增加。镁离子浓度对 POD 活性的影响与 SOD 一致，均呈现先降低后增高的趋势。而 CAT 活性则与之相反，在 0～48mg/L 浓度时，CAT 活性随镁离子浓度的增加而提高，当镁离子浓度高于 48mg/L 时，CAT 活性又呈下降趋势。由此可见，适宜浓度的镁离子能降低 POD、SOD 的活性，增加 CAT 的活性。

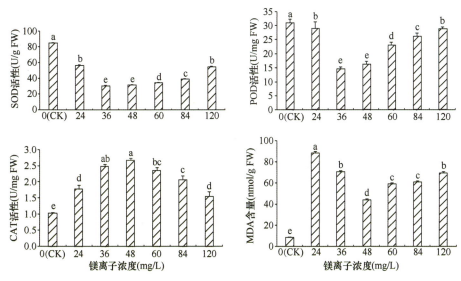

图 3-15　不同镁离子浓度下烤烟叶片 MDA 含量和抗氧化酶活性

MDA 是膜脂过氧化过程中产生的一种有毒代谢物质,可用来表示细胞膜脂过氧化程度和植物衰老程度及对逆境条件反应的强弱。从图3-15可知,除对照外,随着镁离子浓度的提高,MDA 含量呈现先降低后升高的趋势,在镁离子浓度为48mg/L 时,达到最低值。由此可见,适量镁能够增加烟草应对逆境胁迫的能力,而缺镁或镁过量则会使烟草叶片中 MDA 含量积累,使膜系统过氧化而被破坏,在一定程度上增加膜通透性。

6. 不同镁离子水平对烤烟叶片 SPAD 值的影响

镁是叶绿素的重要成分,在植物光合阶段的原初反应、电子传递和光合磷酸化中作用显著。烟株光合作用产物的积累极大地影响着烟株的产量,不同镁离子水平对烟株中部叶叶绿素含量的影响如图 3-16 所示。随着镁离子浓度的提高,SPAD 值呈现先增(0~48mg/L)后减(48~120mg/L)的趋势,表明一定浓度的镁离子有利于促进烤烟叶片叶绿素的合成,而过量镁离子的施用又呈现抑制作用。所有施镁处理的 SPAD 值均显著高于对照,进一步验证了镁离子在叶绿素形成中的作用。

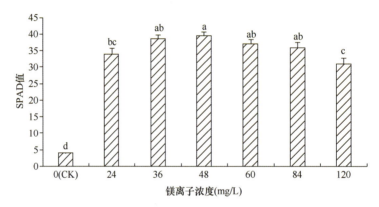

图 3-16　不同镁离子浓度下烤烟叶片 SPAD 值

7. 不同镁离子水平对烤烟叶片烟碱含量的影响

烟碱含量的高低直接影响烟草的品质。由图3-17可知,在烤烟的不同部位,烟碱对镁离子浓度的响应并不相同。在烤烟茎和叶中,除对照外,随着营养液中镁离子浓度的升高,烟碱的含量逐渐降低;在烤烟根部,随着镁离子浓度的升高,烟碱的含量呈现先增后减的趋势,在镁离子浓度为48ml/L 时,根部烟碱量达到最大值。结果表明,施用镁离子对减少烟碱含量有一定的作用,能提高烟草的品质。

8. 不同镁离子水平对幼苗期烤烟影响的小结

(1)不同镁离子水平对烤烟镁含量的影响与镁浓度临界值

临界浓度是营养诊断的一个基本参数,探究烤烟对镁离子的吸收临界值对于烤烟种植中的营养元素调控尤为重要。邵岩等(1995)对水培烤烟镁的临界值研究认为,当水培液中镁离子含量低于1.5mmol/L 时,烤烟表现出缺镁,高于33.3mmol/L 时,烤烟开始表现出毒害症状。本研究结果表明,营养液中镁浓度在36~48mg/L 时,对烤烟生长最适宜。缺镁或镁过量,均会抑制烤烟生长,其中无镁离子处理对烤烟生长的影响尤为明

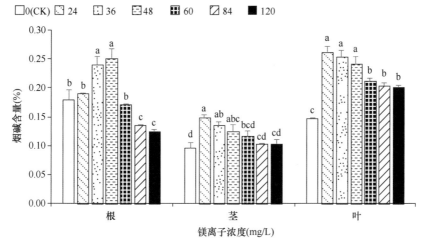

图 3-17　不同镁离子浓度下烤烟不同部位烟碱含量

显。本研究结果还表明,烟草体内总的镁含量随着镁离子水平的提高而增加,在烟叶中显著,而在根和茎中不显著。

（2）不同镁离子水平对烤烟农艺性状和干物质积累的影响

适宜镁离子水平能够促进烤烟的生长和干物质的积累,特别是对株高和烤烟生物量有明显的提高。施用镁离子能提高有效叶片数,显著增加株高,明显改善各部位叶片大小和单叶重。朱英华等（2011）的研究表明,在一定范围内,烤烟的生长随镁离子含量的上升而明显加快,特别是株高和烟株鲜重变化显著,同时对烟株干物质的积累也有明显促进作用,与本研究结果相似。本研究结果表明,在一定浓度范围内镁离子对株高、最大叶长、最大叶宽有明显的促进作用。镁离子浓度在 0～48mg/L 时,烤烟干物质的积累量随镁离子浓度的升高而升高;当镁离子浓度过高或过低时,均会抑制烤烟的生长发育。

（3）不同镁离子水平对烤烟叶绿素含量的影响

适宜镁离子水平能够促进叶绿素的合成,增强烟草叶片的光合作用,提高烟叶的品质。崔国明等（1998）研究了镁对烤烟生理生化特性及品质和产量的影响。结果表明,施用适量镁离子可促进烟草的生长发育,改善其农艺性状,增加叶绿素含量,提高烟叶内在品质,增加产量。白羽祥等（2017）研究了不同镁离子水平对烤烟光响应的影响发现,在一定范围内提高镁离子水平能促进烟叶中叶绿素含量的增加,增强光合作用,但超过临界值则出现抑制作用。本研究也得到了类似的结果,当镁离子浓度在 0～48mg/L 时,烟叶 SPAD 值随镁离子浓度的提高而增加,而当镁离子浓度超过 48mg/L 则出现抑制作用。可能是由于过高的镁离子浓度阻碍了叶片中的光合电子传递,进而抑制了光合作用。

（4）不同镁离子水平对烤烟叶片相对电导率和抗氧化酶活性的影响

本研究表明适宜镁离子水平能降低烟叶 SOD、POD、MDA 活性,增强 CAT 活性,有利于烤烟体内活性氧的清除和抗逆境胁迫能力的提高;而缺镁和镁过量均能使烟草叶片 CAT 活性增加,SOD、POD 活性降低,MDA 含量增加,植株自身抗逆能力下降,使植物衰老。在本研究中,对照处理叶片中 MDA 含量显著低于施镁处理,与其他研究结果明显不同,其原因值得进一步探索和验证。

（5）不同镁离子水平对烟碱含量的影响

适宜镁离子水平能降低烟草体内烟碱含量，提高烟叶品质。范才银（2010）研究发现，随着施镁水平的提高，烟碱含量逐步下降。本研究结果表明，在烤烟茎和叶中，随着镁离子浓度的提高，烟叶的烟碱含量显著降低。在烤烟根部，烟碱含量随镁离子浓度的增加而呈现先增高后降低的变化，表明一定浓度的镁离子使得烟碱在根中积累，并未向茎和叶片运输，减少了烤烟茎和叶中的烟碱含量。镁离子的施用能够显著影响烟碱含量，有助于烟叶工业可用性的提高。施镁处理对烤烟品质的作用程度与作用机理有待进一步研究。

（6）结论

试验表明，随着镁离子浓度的提高，烤烟的株高、茎围、最大叶宽、最大叶长、干物质积累量和叶绿素含量均呈现"低促"（0～36mg/L）"高抑（60～120mg/L）"的现象；适宜浓度（48mg/L）的镁离子能降低相对电导率，同时降低 POD、SOD 和 MDA 的活性，增加 CAT 的活性，烤烟中镁含量随着镁离子浓度增加而逐渐增加，而烟碱含量随镁离子浓度增加而逐渐降低。在镁离子浓度为 36～48mg/L 时，烤烟生长最为适宜，同时能改善烟叶内在品质，该研究为烟叶生产中镁离子的合理施用、提高烟叶的内在品质提供了一定的科学依据。

（二）田间成熟期缺镁对烤烟挂灰烟形成的影响

本试验于云南省烟草农业科学研究院玉溪研和镇试验基地进行，供试品种为 K326，采用漂浮育苗技术育苗。试验基地基础理化性质：pH 为 6.02、碱解氮含量 126.73mg/kg、速效磷含量 80.12mg/kg、速效钾含量 142.54mg/kg。

试验设计施用镁肥和不施镁肥两个处理，每个处理设3次重复，共6个小区，采用随机区组设计。烤烟种植期总施氮量为112kg/hm^2。除试验因子外，其余田间施肥及管理措施依照当地常规管理实施。

在烤烟成熟期，各小区随机固定选取 10 株有代表性的烟株，按 YC/T 142—2010《烟草农艺性状调查测量方法》，对烤烟株高、叶片数、茎围等农艺性状进行调查。每个小区采集 3 株烟叶，放在冰盒中，带回实验室测定烟叶相对电导率。剩余烟叶按当地烟叶采收时期，分类编烟，送进烤房，按当地常规烘烤工艺进行烘烤。烤后烟叶按 GB 2635—1992《烤烟》标准进行分级测产及烟叶单叶重的测定，同时计算各处理烤后烟叶挂灰比例。

1. 田间成熟期缺镁对烤烟农艺性状、SPAD 值的影响

在缺镁条件下，烟叶生长发育受到限制。由表3-21可见，缺镁条件下，烟叶的株高、叶片数、茎围、最大叶长、最大叶宽等农艺性状均小于施镁处理烟叶。与施镁处理相比，缺镁处理显著降低烟叶 SPAD 值。

表 3-21　烤烟成熟期主要农艺性状

	株高（cm）	叶片数	茎围（cm）	最大叶长（cm）	最大叶宽（cm）	SPAD
缺镁	96.83	16	8.9	64.87	29.4	35.64
施镁	97.69	17	11.4	68.46	35.72	58.73

2. 田间成熟期缺镁对烤烟相对电导率的影响

叶片相对电导率是反映植物细胞膜透性的一项基本指标。当植物受到逆境影响时细胞膜遭到破坏，膜透性增大，从而使细胞内的电解质外渗，以致植物细胞浸提液的电导率增大。本试验中，与施镁处理相比，缺镁处理烟叶相对电导率显著升高（图3-18）。由此说明烤烟缺镁会显著增加叶片细胞膜透性，增加烟叶损伤。

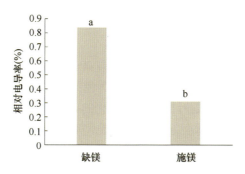

图 3-18　烤烟成熟期烟叶相对电导率

3. 田间成熟期缺镁对烤后烟叶经济性状的影响

由表3-22可得，与施镁处理相比，烤烟缺镁可明显降低烟叶单叶重、中上等烟比例、产量及均价，增加烤后烟叶挂灰烟比例。这可能与烟叶相对电导率有关，缺镁烟叶相对电导率明显增加，细胞膜透性增加，烟叶进入烤房在高温高湿烘烤条件下，细胞膜更容易破裂，发生酶促棕色化反应，从而导致烟叶挂灰比例增加。

表 3-22　田间成熟期缺镁对烤后烟叶经济性状的影响

	单叶重（g）	均价（元/kg）	产量（kg/亩）	中上等烟比例（%）	挂灰烟比例（%）
缺镁	9.17	19.5	124.35	36.39	39
施镁	10.68	25.6	142.48	50.84	10

4. 田间成熟期缺镁对烤烟挂灰烟形成的影响小结

烤烟缺镁影响烟叶生长发育、相对电导率及烟叶经济性状。在烟叶缺镁条件下，烤烟农艺性状指标、SPAD 及烤后烟叶经济性状均下降，而烟叶相对电导率及烤后烟叶挂灰烟比例均增加。因此，在实际生产中，适宜施用镁肥可以增加烟叶产质量，降低烤后烟叶挂灰烟比例。

第二节　烘烤技术对挂灰烟产生的影响

挂灰烟是烤烟生产中常见的烤坏烟叶，它不但影响烟叶的外观质量，而且严重影响烟叶的内在品质，据烟叶生产调查，烤坏烟中挂灰烟占比 40%～50%，挂灰烟产生的原因包括栽培条件的复杂性，但烟叶烘烤过程控制的复杂性也不可忽视。烘烤过程中挂灰烟发生的主要原因被认为是烤烟调制过程中的酶促棕色化反应，而杂色烟叶商品价值极低，不但造成农业资源的浪费，而且影响着现代烟叶原料供应，更是严重制约着烟叶生产的可持续发展，因此合理调控烟叶烘烤工艺对于提高烟叶的烘烤质量具有十分重要的意义。

烟叶烘烤的实质是利用叶片衰老死亡的生物学特性，将田间采收的烟叶在烤房内通过人为调控环境因素使烟叶组织内部处于最佳的衰老死亡条件，促使烟叶进一步衰老、变黄、干制的过程。随着叶片的衰老，叶片内大分子有机物（叶绿素、淀粉、蛋白质等）降解、消耗、转化，产生对品质有用的糖、氨基酸、芳香类物质，当接近最佳品质要求时迅速使烟叶脱水干燥，抑制其衰老以致终止生理生化反应，停止叶片衰老死亡的进程，将生产和烘烤过程中形成的优良品质固定下来。

烤烟在烘烤阶段下的失水过程是一个较为复杂的生理生化过程，烟叶变黄必须在烟叶停止生命活动之前通过各种酶促反应实现，黄色固定则必须是以变黄为基础通过失水干燥实现，水分是烘烤过程中烟叶内部物质转化的必要基础，俗话讲"无水不变黄，无水不坏烟"，水分过多或过少都会导致烟叶品质大幅度降低。所以，若在烘烤期间对烟叶水分控制不当，就会因酶促作用导致烟叶向变褐发展。然而，排除水分也是烟叶烘烤的目的之一，而且由于烟叶组织中的水分状况直接影响着各种生理生化转化过程，因此恰当地控制烘烤过程中烟叶变化各阶段的水分动态是至关重要的，甚至对烟叶失水速度的控制得当与否是烘烤成败的关键。

烘烤环节的操作不当是挂灰烟发生的主要原因之一，基于前人报道和本项目研究人员常年对云南烤烟烘烤的研究，发现烘烤过程中由变黄期转定色期阶段（42～48℃）特别是45℃控温不稳，导致烤房内干球猛升温或猛掉温4℃及以上，极易导致挂灰烟的形成。所以这一过渡时期也被认为是挂灰烟发生的关键期，因此当烘烤进入这一时期时，要格外注意烤房内干球温度的控制。

基于此背景，为探讨烘烤关键期产生挂灰的原因，在云南省玉溪市红塔区研和试验基地（海拔1680m，N24°14′，E102°30′）进行烘烤关键期挂灰试验。供试品种为K326，试验所用烤房为密闭式热泵烤箱（型号为 RC30D-DF），编烟装烤时每个智能控制烤烟箱装烟20～24竿，共2层，每竿编烟100片左右，确保处理间装烟密度一致。根据热挂灰、冷挂灰和硬变黄挂灰的工艺分别进行试验（图3-19）。

图3-19　烘烤关键期挂灰试验图

一、硬变黄

在小型烤房试验中，当烘烤进行到干球温度为42～45℃阶段，烤房未能及时排湿，干湿球温度差未能扩大到4℃及其以上，出现主脉不变软的情况，进一步导致烟叶只变黄不变软的现象，此时已出现硬变黄情况（图3-20）。随着烘烤进程，在干球温度为46℃，烟叶脱水率低于一定程度时，此时继续升温至48℃，持续1h，就会出现明显挂灰现象（图3-21）。

图3-20　硬变黄烟叶挂灰烘烤工艺图

图3-21　硬变黄挂灰烟叶挂竿图

二、冷挂灰

当烘烤进行到干球温度为42～48℃阶段，降温4℃以上，持续1h，就会出现明显挂灰现象（图3-22）。即烟叶在变黄期转定色期，因为温度降低过快，降低了烤房内部空气的饱和水汽压，使湿热空气中的水分析出，凝结成小水珠，降落在温度较高的烟叶表面上对烟叶组织产生伤害，导致被害部位的烟叶细胞破裂，汁液流出，某些流出物被氧化成黑褐色的物质，进而发生挂灰现象（图3-23）。

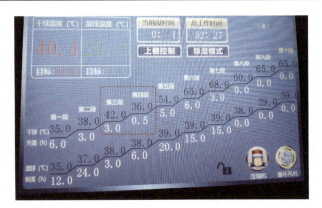

图 3-22　冷挂灰烘烤工艺图

图 3-23　冷挂灰烟叶挂竿图

三、热挂灰

当烘烤进行到干球温度为 42～48℃阶段，升温 4℃以上，持续 2h，就会出现明显挂灰现象（图 3-24）。烟叶在变黄期转定色期，因为温度升高过快，强行将叶内细胞的水分排出，导致细胞出现破裂，汁液流出，在叶面上凝结，其中的多酚类物质暴露在空气中，被氧化成黑色的醌类物质，导致发生挂灰现象（图 3-25）。

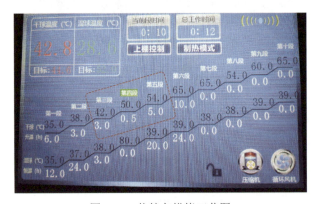

图 3-24　热挂灰烘烤工艺图

图 3-25　热挂灰烟叶挂竿图

第三节　低温胁迫对挂灰烟产生的影响

温度是影响植物生长地区分布的重要因素，也是影响植物生长发育的主要环境因子，每种植物都有特定的温度范围，分别是最低温度、最适温度和最高温度（Hatfield and Prueger，2015），适宜的温度是植物生长发育的基础条件之一。当植物所在的环境温度低于植物生长特定温度范围的最小值时，低温的强度、范围和持续时间的变化会导致植物适应性反应、细胞损伤，并最终导致植物死亡，冻害或极端低温是影响植物生长、发育和作物生产力的关键因素（Kenji and Tsuyoshi，2013）。

从表观形态上看，低温胁迫引起发芽率降低、幼苗发育不良、叶片黄化，阻碍叶片伸展的同时导致叶片萎蔫，甚至可能导致组织死亡（Yadav，2010）；从植物内部代谢角度看，低温胁迫下膜损伤增加，由光合过程的中断导致光合系统中活性氧（ROS）产生，ROS 是一类高活性和毒性的物质，对蛋白质、脂类和碳水化合物造成损害，最终导致氧化应激反应，进而导致细胞膜的相变或氧化损伤（Pradhan et al.，2017）；极端低温破坏细胞内正常动态平衡，解除主要的生理和生化过程，破坏光合作用，增加光呼吸，从而改变植物细胞的正常动态平衡，对植物的新陈代谢有破坏性的影响（Panigrahi et al.，2016）。因此，研究低温胁迫下烟草幼苗抗性增强的途径对生产具有重要的意义。

烟草是一种喜温作物，低于 10℃时停止生长，1～2℃时烟株即死亡（晋艳等，2007）。近年来研究发现，烟草苗期遭受低温冷害时，叶片厚度减小，叶绿体超微结构受损，光能转化效率和净光合速率降低，同时显著抑制叶片长、宽和叶面积的增加，不利于光合作用及有机物的积累，造成植株生长发育迟缓，对植物造成严重伤害（李晓靖和崔海军，2018）。宋静武等（2017）研究发现，在低温逆境下植物内环境氧化还原平衡被打破后所产生大量活性氧（ROS），在酚类物质及黄酮类物质等的作用下，过量的 ROS 被有效地清除，以达到保护植物机体免受低温逆境损伤的目的。植物多酚不仅在植物自身的代谢调节中起着增强抗性的作用，而且在人类免疫调节与预防心血管疾病中也有着重要的作用（Hughes，2005）。曲留柱（2014）研究发现，在香蕉遭受低温冷害时，体内的多酚氧化酶（PPO）催化香蕉中多酚类物质褐变，破坏香蕉的营养成分、风味物质、感官色泽，而在烟草的生产上也存在类似的情况。

一、低温对烟草幼苗的生理响应[①]

供试材料是由玉溪中烟种子有限责任公司提供的两个烟草品种：K326 和红花大金元（红大）。

试验在西南大学试验农场温室和人工气候培养箱中进行。试验在西南大学 2 号温室进行。将种子播种于装有经过多菌灵和敌百虫杀菌灭虫的基质（河南艾农生物科技有限公司艾禾稼烟草漂浮育苗专用基质）的育苗盘中进行漂浮育苗，按照常规育苗法进行管理。幼苗长到四片真叶时挑选长势好、大小一致的幼苗移栽于塑料盆中（盆高 17cm，直径 15cm），移栽后的烟苗放置于人工气候培养箱中，于 25℃/20℃下进行培养，待幼苗长出第 6 片叶的时候，进行不同低温条件和低温胁迫时间的试验。不同低温条件设置为：常温 25℃（T0）、轻度 16℃（T1）、重度 10℃（T2）和极重度 4℃（T3）；低温胁迫时间设置为：CK、1d、2d、3d、4d、5d。

（一）不同低温胁迫下叶绿体超微结构的变化

由图 3-26、图 3-27 可知，常温处理下，烟叶叶绿体紧贴细胞壁排列，呈椭圆形或者菱形，长轴与细胞壁平行，淀粉粒较少且完整包裹在叶绿体中，基粒片层排列紧密，表面附着少量嗜锇颗粒。与对照相比，随着低温胁迫时间的延长，结构被破坏，膜系统

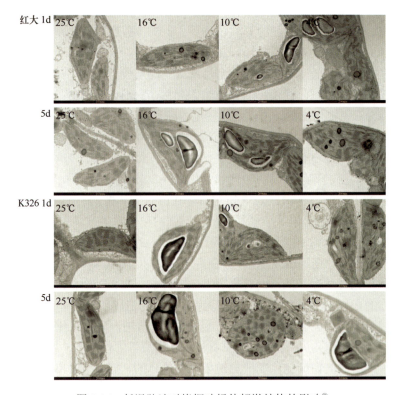

图 3-26 低温胁迫对烤烟叶绿体超微结构的影响[②]

---

① 部分引自 Gu et al.，2021
② 部分引自 Gu et al.，2021，Figure 1

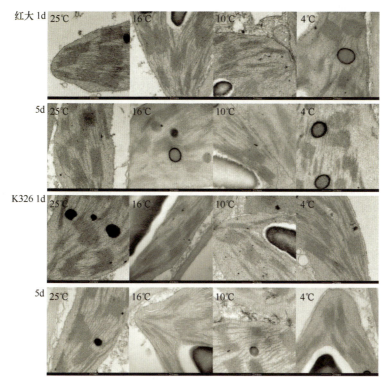

图 3-27　低温胁迫对烤烟叶绿体基粒片层超微结构的影响①

逐渐破裂，叶绿体内淀粉粒增大，嗜锇颗粒增多，基粒片层松散，扭曲变形。同一个品种，胁迫温度越低，叶绿体结构变化越明显；其中抗性强的品种红花大金元在轻度（T1，16℃）胁迫下，低温胁迫第 1 天与对照相比无明显差异，于低温处理第 5 天时淀粉粒体积明显增大，出现少量嗜锇颗粒，而在重度（T2，10℃）和极重度（T3，4℃）的低温胁迫下，低温处理第 1 天烟叶叶绿体结构就出现明显变化，在低温处理第 5 天，叶绿体形变程度、淀粉粒体积、类囊体膨胀解体程度及嗜锇颗粒数量达到最大水平；而抗性弱的品种 K326 在轻度胁迫下，与对照相比，叶绿体结构在低温处理的第 1 天就出现一定差异，主要表现为淀粉粒体积增大，在低温处理的第 5 天受重度和极重度低温胁迫下，淀粉粒体积明显增大并观察到少量嗜锇颗粒，叶绿体结构变化规律与红花大金元一致。综合分析两个烟草品种在低温处理诱导下叶绿体超微结构的变化，在同一低温胁迫下，冷害抗性弱的品种 K326 叶绿体结构程度变化大于抗性强的红花大金元品种。

（二）不同低温胁迫下烟草叶片光合色素含量的变化

不同低温胁迫下叶绿素 a 含量的变化如表 3-23 所示，随低温胁迫时间的延长，两个烟草品种在轻度（T1，16℃）、重度（T2，10℃）和极重度（T3，4℃）处理下叶片的叶绿素 a 含量呈下降趋势，而常温（T0，25℃）处理下叶绿素 a 含量在 5d 内无显著变化。同一低温胁迫下，抗性弱的品种 K326 叶绿素 a 含量下降速度大于抗性强的品种。同一个品种，胁迫温度越低，叶绿素 a 含量下降的速度越快，其中抗性强的品种红花大

---

① 部分引自 Gu et al.，2021，Figure 2

金元在 T1、T2 和 T3 的低温胁迫的 1d、2d、3d、4d、5d 叶绿素 a 含量与 CK 相比分别下降了 3.23%、7.74%、6.45%、7.10%、7.74%，6.49%、10.39%、16.23%、22.73%、23.38% 和 10.46%、15.03%、20.92%、37.91%、39.87%；轻度低温胁迫下，于低温处理第 2 天叶绿素 a 含量即降至本处理的最低水平，重度和极重度低温胁迫下，叶绿素 a 含量在低温胁迫第 5 天降至最低水平，与轻度低温胁迫相比，重度和极重度胁迫下叶绿素 a 含量下降速度较快，且持续时间较长。而抗性弱的品种 K326 在 T1、T2 和 T3 处理的 1d、2d、3d、4d、5d 叶绿素 a 含量与 CK 相比分别下降了 9.49%、13.29%、22.15%、18.99%、24.05%，8.39%、14.19%、29.03%、32.26%、38.71% 和 11.76%、23.53%、33.33%、39.87%、46.41%；轻度低温胁迫于低温处理第 5 天叶绿素 a 含量降至本处理的最低水平，而重度和极重度低温胁迫下，叶绿素 a 在试验持续的 5d 内其含量持续下降，低温胁迫的加剧导致 K326 叶绿素 a 含量快速且持续下降。

表 3-23　不同低温胁迫下叶绿素 a 含量的变化（mg/mL）

| 品种 | 处理 | 胁迫天数（d） | | | | | |
		CK	1	2	3	4	5
红花大金元	T0	1.57±0.05a	1.53±0.05a	1.55±0.05a	1.55±0.07a	1.55±0.02a	1.58±0.03a
	T1	1.55±0.06a	1.50±0.03ab	1.43±0.04b	1.45±0.03b	1.44±0.04b	1.43±0.06b
	T2	1.54±0.07a	1.44±0.05b	1.38±0.03b	1.29±0.07c	1.19±0.03d	1.18±0.02d
	T3	1.53±0.05a	1.37±0.02b	1.30±0.07b	1.21±0.04c	0.95±0.04d	0.92±0.02d
K326	T0	1.55±0.06a	1.55±0.02a	1.59±0.03a	1.56±0.04a	1.57±0.02a	1.55±0.03a
	T1	1.58±0.04a	1.43±0.04b	1.37±0.03b	1.23±0.04c	1.28±0.05c	1.20±0.08c
	T2	1.55±0.03a	1.42±0.02b	1.33±0.04c	1.10±0.03d	1.05±0.06d	0.95±0.06e
	T3	1.53±0.06a	1.35±0.04b	1.17±0.02c	1.02±0.06d	0.92±0.04e	0.82±0.03f

注：每行同一品种、同一处理中标有不同小写字母者表示处理间差异有统计学意义（$P<0.05$），下同

不同低温胁迫下叶绿素 b 含量的变化如表 3-24 所示，红花大金元和 K326 在 T1、T2 与 T3 处理下，叶绿素 b 含量随着低温胁迫天数的增加均呈下降的趋势，而 T0 处理 5d 内烟草叶片叶绿素 b 含量无显著差异。同一低温胁迫下，低温抗性弱的 K326 品种叶绿素 b 含量下降速度较低温抗性强的红花大金元快。同一品种，低温胁迫越剧烈叶绿素 b 含量下降得越快，其中抗性较强的品种红花大金元在 T1、T2 和 T3 低温胁迫处理的 1d、2d、3d、4d、5d，叶绿素 b 含量与 CK 相比分别下降了 7.09%、17.32%、14.17%、15.75%、15.74%，12.00%、20.80%、30.40%、40.08%、45.60% 和 25.20%、34.65%、55.12%、60.63%、62.20%；轻度低温胁迫下，叶绿素 b 含量降幅较小，且于低温胁迫的第 2 天叶绿素 b 含量将不再显著降低，重度低温胁迫下叶绿素 b 含量在 5d 的低温胁迫时间内持续降低，极重度低温胁迫初期，红花大金元叶片叶绿素 b 含量大幅度下降，在低温胁迫第 3 天起叶绿素 b 含量不再显著降低，维持在极低的水平；而低温抗性弱的品种 K326 在 T1、T2 和 T3 低温处理的 1d、2d、3d、4d、5d，叶绿素 b 含量与 CK 相比分别下降了 16.67%、29.55%、46.97%、46.21%、46.21%，13.08%、23.85%、46.15%、56.15%、60.00% 和 20.61%、41.98%、53.44%、67.94%、67.18%；轻度低温胁迫下，叶绿素 b 含量缓慢降低，于低温胁迫第 3 天，叶绿素 b 含量不再显著降低，重度和极重度低温胁迫下，在低温胁迫后期，叶绿素

b 含量稳定在一个较低的水平，在下降过程中极重度低温胁迫下叶绿素 b 的降幅大于重度低温胁迫。

表 3-24 不同低温胁迫下叶绿素 b 含量的变化（mg/mL）

品种	处理	胁迫天数（d）					
		CK	1	2	3	4	5
红花大金元	T0	1.26±0.07a	1.27±0.02a	1.26±0.08a	1.28±0.07a	1.26±0.03a	1.31±0.05a
	T1	1.27±0.04a	1.18±0.08ab	1.05±0.06b	1.09±0.09b	1.07±0.03b	1.07±0.11b
	T2	1.25±0.09a	1.10±0.08ab	0.99±0.05bc	0.87±0.09cd	0.74±0.10de	0.68±0.09e
	T3	1.27±0.08a	0.95±0.05b	0.83±0.02c	0.57±0.06d	0.50±0.05d	0.48±0.05d
K326	T0	1.26±0.05a	1.28±0.03a	1.25±0.03a	1.24±0.05a	1.31±0.08a	1.27±0.02a
	T1	1.32±0.07a	1.10±0.09b	0.93±0.05c	0.70±0.06d	0.71±0.13d	0.71±0.04d
	T2	1.30±0.05a	1.13±0.04b	0.99±0.05c	0.70±0.07d	0.57±0.01e	0.52±0.04e
	T3	1.31±0.09a	1.04±0.04b	0.76±0.08c	0.61±0.04d	0.42±0.01e	0.43±0.08e

不同低温胁迫下叶绿素 a+叶绿素 b 含量的变化如表 3-25 所示，结果显示，红花大金元和 K326 在三个低温处理下随着低温胁迫天数的增加，叶绿素 a+叶绿素 b 含量均呈下降的趋势，在常温处理下，随着处理时间的延长，叶绿素 a+叶绿素 b 含量无显著变化。同一低温胁迫下，低温抗性弱的 K326 品种叶绿素 a+叶绿素 b 含量下降速度较低温抗性强的红花大金元快。同一品种中，温度越低，叶绿素 a+叶绿素 b 含量下降速度越快，耐低温品种红花大金元在 T1、T2 和 T3 低温处理的 1d、2d、3d、4d、5d，叶绿素 a+叶绿素 b 含量与 CK 相比分别下降了 4.95%、11.66%、9.89%、10.95%、10.95%，8.90%、14.95%、22.78%、30.96%、33.81%和 16.73%、23.49%、36.30%、48.04%、49.82%；轻度低温胁迫下，叶绿素总量下降幅度较小，且在低温胁迫第 2 天开始，其含量无显著下降的趋势，而重度和极重度低温胁迫处理下，叶绿素总量持续下降直至低温胁迫末期，极重度低温胁迫下降幅度最大。而低温抗性弱的品种 K326 在 T1、T2 和 T3 低温处理的 1d、2d、3d、4d、5d，叶绿素 a+叶绿素 b 含量与 CK 相比分别下降了 12.67%、20.89%、33.56%、31.85%、34.25%，10.80%、18.47%、36.93%、43.21%、48.78%和 15.79%、31.93%、42.11%、52.63%、55.79%；轻度低温胁迫下，植株能快速抑制叶绿素总量下降的趋势，而重度和极重度低温胁迫下，叶绿素总量持续降低，且下降幅度较大，不利于植株维持正常的光合作用。

表 3-25 不同低温胁迫下叶绿素 a+叶绿素 b 含量的变化（mg/mL）

品种	处理	胁迫天数（d）					
		CK	1	2	3	4	5
红花大金元	T0	2.84±0.11a	2.82±0.04a	2.83±0.13a	2.84±0.03a	2.82±0.06a	2.90±0.08a
	T1	2.83±0.11a	2.69±0.08ab	2.50±0.05c	2.55±0.06bc	2.52±0.06c	2.52±0.13c
	T2	2.81±0.02a	2.56±0.03b	2.39±0.03c	2.17±0.15d	1.94±0.13e	1.86±0.07e
	T3	2.81±0.11a	2.34±0.04b	2.15±0.10c	1.79±0.03d	1.46±0.07e	1.41±0.05e
K326	T0	2.82±0.04a	2.85±0.04a	2.85±0.04a	2.82±0.05a	2.89±0.09a	2.84±0.05a
	T1	2.92±0.08a	2.55±0.10b	2.31±0.03c	1.94±0.10d	1.99±0.10d	1.92±0.07d
	T2	2.87±0.03a	2.56±0.06b	2.34±0.06c	1.81±0.07d	1.63±0.06e	1.47±0.02f
	T3	2.85±0.03a	2.40±0.08b	1.94±0.06c	1.65±0.04d	1.35±0.04e	1.26±0.11e

不同低温胁迫下叶绿素 a/叶绿素 b 值的变化如表 3-26 所示，常温连续处理 5d 内，叶绿素 a/叶绿素 b 值均保持在同一个水平，而低温胁迫下烟草叶片叶绿素 a/叶绿素 b 值呈现上升的趋势，红花大金元在轻度低温胁迫下，低温胁迫各时期叶绿素 a/叶绿素 b 值与 CK 相比均无显著变化。在重度低温胁迫的第 4 天，红花大金元叶绿素 a/叶绿素 b 值与 CK 相比显著上升，4～5d 叶绿素 a/叶绿素 b 值无显著变化，极重度低温胁迫下，于低温胁迫第 2 天叶绿素 a/叶绿素 b 值与 CK 相比显著上升，3～5d 叶绿素 a/叶绿素 b 值达到最高水平。K326 在轻度和重度低温处理下，于低温胁迫第 3 天叶绿素 a/叶绿素 b 值较 CK 显著上升，在 4～5d 均达到处理下最高水平，极重度低温处理第 2 天叶绿素 a/叶绿素 b 值即显著高于 CK，在低温胁迫第 4 天达到最大值。

表 3-26   不同低温胁迫下叶绿素 a/叶绿素 b 值的变化

品种	处理	胁迫天数（d）					
		CK	1	2	3	4	5
红花大金元	T0	1.25±0.03a	1.21±0.05a	1.24±0.04a	1.22±0.10a	1.23±0.02a	1.21±0.03a
	T1	1.22±0.01a	1.28±0.06a	1.37±0.05a	1.34±0.08a	1.35±0.03a	1.34±0.07a
	T2	1.24±0.08c	1.31±0.09c	1.40±0.06bc	1.49±0.06abc	1.63±0.10ab	1.77±0.15a
	T3	1.20±0.03c	1.45±0.05bc	1.56±0.02b	2.12±0.16a	1.93±0.14a	1.92±0.10a
K326	T0	1.23±0.09a	1.22±0.02a	1.27±0.05a	1.26±0.06a	1.20±0.06a	1.22±0.03a
	T1	1.20±0.03c	1.30±0.07c	1.46±0.05bc	1.77±0.06ab	1.85±0.22a	1.69±0.10ab
	T2	1.20±0.03c	1.26±0.02c	1.35±0.05bc	1.58±0.11ab	1.83±0.06a	1.83±0.16a
	T3	1.18±0.08e	1.30±0.01de	1.55±0.12cd	1.68±0.11bc	2.16±0.06a	1.95±0.19ab

（三）不同低温胁迫对烟草叶片相对电导率（REC）的影响

如表 3-27 所示，红花大金元和 K326 叶片 REC 值在常温处理的 5d 内，保持在稳定水平，而轻度和重度低温处理下，随低温胁迫时间的延长呈先上升后下降的趋势，在极重度处理下 REC 随胁迫天数的增加呈持续上升的趋势。同一低温处理下，低温抗性弱的品种 K326 叶片 REC 值上升幅度大于低温抗性强的品种红花大金元，而同一品种内胁迫温度越低，REC 值上升得越快，幅度越大。其中耐低温品种红花大金元在轻度、重度和极重度低温胁迫的 1～5d，各时期叶片 REC 值与 CK 处理相比，分别上升了 13.77%、19.69%、43.91%、21.89%、16.88%，35.20%、47.70%、84.96%、74.30%、59.00% 和 61.05%、102.06%、145.13%、139.36%、154.23%；轻度低温胁迫下 REC 在低温处理第 3 天达到峰值，温度胁迫第 5 天叶片 REC 降至 CK 水平，重度低温胁迫下，植株 REC 最大值出现在低温处理的第 3 天，而后 REC 值降低，极重度低温处理下，植株 REC 值在 5d 时间内不存在下降趋势，于低温胁迫第 3 天达到最高水平，随后稳定在该水平。而低温抗性弱的品种 K326 在轻度、重度和极重度低温胁迫的 1～5d，各时期叶片 REC 值与 CK 相比，分别上升了 13.83%、33.52%、64.42%、51.77%、36.30%，41.91%、65.29%、107.98%、85.87%、74.05% 和 34.39%、116.58%、145.88%、150.19%、143.58%；胁迫初期重度低温胁迫 REC 值增速大于轻度低温处理，两个处理于低温胁迫第 3 天 REC 值达到最大值，而后降低，极重度低温胁迫的 REC 峰值在低温胁迫第 4 天出现，但随着胁迫时间的延长，极重度低温处理下叶片 REC 值 5d 内未出现下降趋势。

表 3-27　不同低温胁迫下相对电导率的变化（%）

品种	处理	胁迫天数（d）					
		CK	1	2	3	4	5
红花大金元	T0	23.61±2.04a	22.72±2.28a	23.35±1.72a	23.77±1.09a	23.88±1.15a	24.42±0.78a
	T1	23.16±1.00c	26.35±0.58bc	27.72±2.00bc	33.33±3.79a	28.23±4.16b	27.07±2.65bc
	T2	23.27±2.08d	31.46±3.21c	34.37±4.73c	43.04±2.52a	40.56±1.53ab	37.00±4.00bc
	T3	21.85±2.65d	35.19±3.61c	44.15±4.36b	53.56±2.52a	52.30±1.53a	55.55±1.15a
K326	T0	22.84±1.60a	24.31±1.50a	23.2±1.40a	25.06±0.61a	24.99±2.06a	23.83±2.94a
	T1	23.72±0.58c	27.00±1.73c	31.67±3.06b	39.00±3.00a	36.00±2.65ab	32.33±2.08b
	T2	22.93±2.08d	32.54±4.16c	37.90±2.08bc	47.69±4.51a	42.62±2.08ab	39.91±2.65b
	T3	24.37±3.51d	32.75±1.53c	52.78±5.13b	59.92±1.70a	60.97±4.00a	59.36±3.51a

（四）不同低温胁迫对烟草叶片丙二醛（MDA）含量的影响

如表 3-28 所示，红花大金元和 K326 在常温下处理的 5d 内叶片 MDA 含量稳定在同一水平，轻度和重度低温胁迫下，随胁迫天数的增加，叶片 MDA 含量呈先上升后下降的趋势，在极重度低温胁迫下 MDA 含量呈上升的趋势。同一低温胁迫下，低温抗性弱的 K326 叶片 MDA 含量上升幅度大于低温抗性强的红花大金元，在同一品种内，温度越低，MDA 含量上升越快，幅度也越大。其中耐低温品种红花大金元在轻度、重度和极重度低温胁迫的 1～5d，各时期叶片 MDA 含量与 CK 处理相比，分别上升了 57.57%、107.42%、92.28%、73.89%、65.88%，73.38%、137.66%、165.26%、129.55%、108.77% 和 85.71%、166.98%、228.57%、206.35%、191.11%；轻度低温胁迫下 MDA 含量于低温处理第 2 天达到峰值，随后含量降低，重度和极重度低温胁迫下 MDA 含量峰值均出现在低温处理第 3 天，随后重度低温胁迫处理 MDA 含量降低，而极重度处理 MDA 含量维持在峰值水平。低温抗性弱的品种 K326 在轻度、重度和极重度低温胁迫的 1～5d，各时期叶片 MDA 含量与 CK 处理相比，分别上升了 93.56%、165.09%、200.34%、171.53%、166.78%，138.31%、178.90%、237.01%、206.49%、184.74% 和 164.84%、220.65%、238.71%、275.16%、282.58%；三个低温处理，大体上在胁迫第 3 天达到 MDA 含量的峰值，而后轻度和重度低温处理叶片 MDA 含量下降，极重度低温处理 MDA 含量维持在较高水平。

表 3-28　不同低温胁迫下丙二醛含量的变化（μmol/g 鲜重）

品种	处理	胁迫天数（d）					
		CK	1	2	3	4	5
红花大金元	T0	2.99±0.27a	3.04±0.30a	3.01±0.39a	3.16±0.28a	3.15±0.15a	3.04±0.26a
	T1	3.37±0.33c	5.31±0.97b	6.99±0.80a	6.48±0.76ab	5.86±0.60ab	5.59±0.05b
	T2	3.08±0.32d	5.34±0.68c	7.32±0.86ab	8.17±1.13a	7.07±0.58ab	6.43±0.35bc
	T3	3.15±0.56d	5.85±0.97c	8.41±0.91b	10.35±0.85a	9.65±0.61ab	9.17±0.63ab
K326	T0	3.09±0.37a	3.05±0.08a	3.08±0.13a	3.00±0.39a	3.03±0.40a	2.99±0.24a
	T1	2.95±0.11d	5.71±0.44c	7.82±0.58b	8.86±0.83a	8.01±0.14ab	7.87±0.65b
	T2	3.08±0.25d	7.34±0.87c	8.59±0.68bc	10.38±1.29a	9.44±0.15ab	8.77±0.26b
	T3	3.10±0.45c	8.21±1.17b	9.94±1.31ab	10.50±0.97a	11.63±0.98a	11.86±1.03a

（五）不同低温胁迫对烟草叶片抗氧化酶系统的影响

不同低温胁迫对烟草叶片超氧化物歧化酶（SOD）活性的影响如表3-29所示，红花大金元在常温培养5d内，叶片SOD活性持续稳定在同一水平，在轻度低温胁迫下，随着低温胁迫时间的延长叶片SOD活性呈先上升后趋于平稳的趋势，低温胁迫1～5d叶片SOD活性较CK显著上升，各时期酶活性分别上升了30.56%、42.64%、51.29%、53.15%、53.59%，低温处理3～5d叶片SOD活性达到最高水平。重度和极重度低温处理下，叶片SOD活性在显著高于CK水平的基础上，随胁迫天数的增加呈先上升后下降的趋势，低温胁迫1～5d叶片SOD活性与CK相比分别上升了46.05%、56.55%、62.70%、55.27%、43.76%和37.14%、62.64%、73.24%、42.63%、25.47%，两个处理分别在低温处理2～4d和2～3d酶活性达到最高水平，随后酶活性下降。低温抗性弱的烟草品种K326在轻度低温处理下，随着低温胁迫天数的增加，叶片SOD活性变化趋势与红花大金元一致，低温处理的1～5d叶片酶活性较CK分别上升了7.58%、9.95%、21.53%、33.32%、34.11%，低温处理4～5d叶片SOD活性达到最大水平。重度和极重度低温胁迫下，SOD活性随着胁迫天数的增加呈先上升后下降的趋势，低温胁迫各时期SOD活性较CK分别上升了9.90%、50.32%、61.35%、54.43%、30.15%和34.87%、58.39%、53.09%、41.60%、20.41%，各处理分别于低温处理3～4d和2～3d SOD活性达到最大水平，随后酶活性开始下降。

表3-29　不同低温胁迫下烟草叶片SOD活性的变化（U/g鲜重）

品种	处理	胁迫天数（d）					
		CK	1	2	3	4	5
红花大金元	T0	264.00±6.25a	267.33±10.07a	258.67±6.81a	266.67±3.79a	256.78±7.77a	266.45±9.29a
	T1	268.88±5.53d	351.04±9.07c	383.52±5.61b	406.78±9.66a	411.78±10.40a	412.98±11.43a
	T2	262.25±11.45c	383.02±13.43b	410.54±6.94a	426.69±6.84a	407.19±5.91a	377.00±5.60b
	T3	266.24±8.74d	365.13±20.95bc	433.02±13.79a	461.24±12.72a	379.74±3.38b	334.04±7.36c
K326	T0	257.67±11.02a	264.00±6.56a	248.46±9.00a	252.37±7.21a	252.67±9.24a	249.00±9.00a
	T1	257.28±5.81d	276.77±3.18c	282.88±15.96c	312.67±17.94b	343.00±3.84a	345.04±4.67a
	T2	242.12±10.49d	266.09±13.89cd	363.94±14.47ab	390.66±13.93a	373.91±16.01a	315.13±24.70bc
	T3	243.37±5.67d	328.23±18.25c	385.48±14.33a	372.58±10.02a	344.61±7.69b	293.04±7.69c

不同低温胁迫对烟草叶片过氧化物酶（POD）活性的影响如表3-30所示，红花大金元在轻度、重度和极重度低温胁迫下，叶片POD活性均显著上升，且随着低温胁迫时间的延长，POD活性呈先上升后下降的趋势，而常温处理叶片POD活性则持续稳定在对照水平。轻度、重度和极重度低温胁迫1～5d叶片POD活性与CK相比，各处理分别上升了22.80%、34.46%、65.42%、92.25%、60.36%，47.03%、115.57%、103.01%、76.74%、67.73%和19.16%、73.89%、100.86%、68.66%、49.23%，三个处理分别在低温胁迫第4天、2～3d和第3天达到最高活性水平。K326在轻度低温处理下，POD活性随着低温胁迫时间的延长呈先上升后趋于平稳的趋势，各时期POD增幅分别是26.54%、42.91%、52.33%、66.19%、59.71%，低温处理4～5d酶活性达到最大水平。

重度和极重度低温处理下，POD 活性随着低温胁迫时间的延长呈先上升后下降的趋势，低温处理各时期与 CK 相比 POD 活性分别上升了 37.70%、64.34%、78.12%、69.82%、39.52% 和 17.95%、69.09%、58.92%、50.05%、40.57%，T2 处理 2～4d 酶活性达到最高水平，T3 处理 POD 活性最大时是低温处理的第 2 天。

两个烟草品种在低温处理诱导下 POD 活性均能显著升高。同一品种内，各处理的 POD 活性最大增幅为：重度>极重度>轻度，低温虽然能诱导烟草叶片 POD 活性的上升，但是极重度低温处理在一定程度上限制了 POD 活性的发挥。

表 3-30　不同低温胁迫下烟草叶片 POD 活性的变化（U/g 鲜重）

品种	处理	胁迫天数（d）					
		CK	1	2	3	4	5
红花大金元	T0	5 848±357.2a	5 769±311.7a	5 763±202.5a	5 691±211.2a	5 730±227.2a	5 717±264.4a
	T1	5 873±320.5d	7 212±754.0c	7 897±132.0c	9 715±709.2b	11 291±1022.8a	9 418±428.8b
	T2	5 813±120.1d	8 547±454.2c	12 531±463.4a	11 801±1021.9a	10 274±679.6b	9 750±1 009.7bc
	T3	5 673±187.9e	6 760±376.5d	9 865±138.7b	11 395±798.5a	9 568±553.6b	8 466±610.2c
K326	T0	5 380±592.5a	5 426±460.8a	5 397±277.3a	5 546±413.2a	5 485±368.8a	5 317±510.2a
	T1	5 215±649.4d	6 599±409.6c	7 453±417.7b	7 944±264.6ab	8 667±250.9a	8 329±489.1a
	T2	5 584±458.3c	7 689±290.8b	9 177±853.4a	9 946±851.7a	9 483±676.9a	7 791±542.1b
	T3	5 309±300.0c	6 262±457.8c	8 977±776.0a	8 437±468.7ab	7 966±761.8ab	7 463±480.5b

不同低温胁迫对烟草叶片过氧化氢酶（CAT）活性的影响如表 3-31 所示，红花大金元在轻度、重度和极重度低温胁迫处理下，叶片 CAT 活性在低温的诱导下显著升高，且随着低温胁迫时间的延长整体均呈先上升后下降的趋势，而在常温处理下叶片 CAT 活性持续稳定在对照水平。轻度低温处理下，各时期 CAT 活性与 CK 相比，分别上升了 31.67%、43.27%、53.25%、32.90%、26.42%，低温胁迫第 3 天 CAT 活性达到最大值，随后酶活性开始降低。重度低温处理下各时期与 CK 相比，酶活性分别上升了 57.75%、91.41%、81.18%、78.17%、66.80%，CAT 活性于低温处理第 2 天即达到最大值，随后酶活性缓慢下降。极重度处理下各时期 CAT 活性增幅分别是 34.55%、73.73%、80.81%、64.57%、46.86%，在低温处理的 2～3d 活性保持在最高水平。K326 在轻度低温处理下，CAT 活性与 CK 相比显著上升，随着胁迫天数的增加呈先上升后趋于平稳的趋势，低温处理各时期 CAT 活性与 CK 相比分别上升了 19.02%、33.25%、46.76%、42.34%、35.80%，低温处理 3～4d 酶活性一直维持在最高水平，而重度和极重度低温处理下，CAT 活性在显著高于 CK 水平的基础上随着胁迫天数的增加呈先上升后下降的趋势，低温各时期 CAT 活性与 CK 相比，分别上升了 27.91%、67.33%、62.89%、68.26%、51.76% 和 16.42%、48.86%、61.76%、51.96%、42.25%，重度低温处理 2～4d 叶片 CAT 活性维持在最高水平，极重度低温处理第 3 天 CAT 活性最强。

两个烟草品种，低温处理能诱导烟草叶片 CAT 活性的提升，在相同低温处理下，耐低温品种的 CAT 活性增幅大于不耐低温品种。在同一品种内，各处理下 CAT 活性最大增幅比较结果显示：重度>极重度>轻度，极重度低温胁迫下 CAT 活性的发挥反而受到了抑制。

表 3-31　不同低温胁迫下烟草叶片 CAT 活性的变化 ［U/（g·min）］

品种	处理	胁迫天数（d）					
		CK	1	2	3	4	5
红花大金元	T0	341.33±13.4a	353.33±5.9a	340.67±16.8a	351.67±10.1a	354.00±6.3a	350.67±13.20a
	T1	350.71±14.1d	461.78±37.2bc	502.46±22.6ab	537.48±22.2a	466.09±25.2bc	443.35±22.7c
	T2	338.21±26.5d	533.54±33.5c	647.36±55.9a	612.77±8.5ab	602.59±14.5ab	564.12±34.7bc
	T3	334.93±21.6d	450.65±42.0c	581.88±34.6a	605.57±29.1a	551.18±46.6ab	491.88±29.6bc
K326	T0	291.33±13.7a	298.00±11.5a	301.67±13.1a	291.33±9.1a	298.23±14.7a	289.00±10.0a
	T1	291.08±6.2c	346.43±48.3b	387.86±33.8ab	427.18±17.6a	414.34±9.5a	395.28±13.0a
	T2	309.30±19.6d	395.62±24.0c	517.55±17.2a	503.83±16.6ab	520.44±22.6a	469.38±32.7b
	T3	305.96±8.5d	356.19±17.7c	455.46±23.9b	494.92±20.1a	464.93±18.7ab	435.23±9.6b

（六）不同低温胁迫对烟草叶片渗透调节物质含量的影响

不同低温胁迫对烟草叶片可溶性糖（SS）含量的影响如表 3-32 所示，红大在轻度、重度和极重度低温胁迫处理下，叶片 SS 含量均显著高于 CK，随着胁迫天数的增加，三个低温处理下 SS 含量呈先上升后下降的趋势，而常温处理下，叶片 SS 含量在处理的 5d 内无显著变化。轻度、重度和极重度低温胁迫各时期 SS 含量与 CK 相比，分别上升了 28.57%、57.14%、71.43%、57.14%、42.86%，42.85%、85.71%、85.71%、71.43%、71.43% 和 28.57%、71.43%、85.71%、71.43%、57.14%，轻度、重度和极重度低温胁迫三个处理分别于低温处理的 3d、2d 和 3d 达到 SS 含量最高水平。K326 在轻度、重度和极重度低温胁迫下，叶片 SS 含量随胁迫天数增加呈先上升后下降的趋势，常温处理下叶片 SS 含量在 5d 内仍无显著变化。轻度低温处理下，低温胁迫各时期叶片 SS 含量与 CK 相比，分别上升了 16.67%、66.67%、83.33%、50.00%、50.00%，于低温胁迫第 3 天达到最高含量。重度低温处理下，1～5d 叶片 SS 含量与 CK 相比，增幅分别是 33.33%、100.00%、100.00%、83.33%、66.67%，低温处理 2～3d 叶片 SS 含量持续稳定在最高水平，随后降低。极重度低温处理 1～5d 叶片 SS 含量较 CK 分别上升了 16.67%、50.00%、50.00%、50.00%、33.33%，低温处理 2d 后叶片 SS 含量显著上升，并且于低温处理第 3 天达到最大值。

表 3-32　不同低温胁迫下可溶性糖含量的变化（mg/mL）

品种	处理	胁迫天数（d）					
		CK	1	2	3	4	5
红花大金元	T0	0.07±0.003a	0.07±0.004a	0.07±0.003a	0.07±0.004a	0.07±0.004a	0.07±0.004a
	T1	0.07±0.004d	0.09±0.003c	0.11±0.008ab	0.12±0.002a	0.11±0.008b	0.10±0.004b
	T2	0.07±0.003e	0.10±0.005d	0.13±0.003a	0.13±0.005b	0.12±0.003c	0.12±0.004c
	T3	0.07±0.001e	0.09±0.008d	0.12±0.003b	0.13±0.002a	0.12±0.004b	0.11±0.003c
K326	T0	0.06±0.003a	0.06±0.003a	0.06±0.001a	0.06±0.002a	0.06±0.003a	0.06±0.006a
	T1	0.06±0.002c	0.07±0.005c	0.10±0.005b	0.11±0.007a	0.09±0.005b	0.09±0.003b
	T2	0.06±0.006d	0.08±0.003c	0.12±0.004a	0.12±0.004a	0.11±0.004b	0.10±0.004b
	T3	0.06±0.003d	0.07±0.003c	0.09±0.003b	0.09±0.003a	0.09±0.004ab	0.08±0.001b

低温胁迫促使烟草叶片 SS 含量升高，在轻度和重度低温胁迫处理下红花大金元与 K326 均表现出随着低温胁迫的增强，植株积累 SS 的能力增大，而在极重度低温胁迫下，两个烟草品种植株积累 SS 的能力与重度低温处理相比反而减弱，K326 品种积累 SS 的能力甚至低于轻度胁迫，植株受损更严重。

低温胁迫对烟草叶片可溶性蛋白（SP）含量的影响见表 3-33，结果表明，红花大金元和 K326 在常温下处理 5d，叶片 SP 含量与 CK 相比无显著变化，而在轻度、重度和极重度低温胁迫下，叶片 SP 含量随着低温胁迫天数的增加，均呈先上升后下降的趋势，相同低温处理下，耐低温的红花大金元 SP 含量增幅大于不耐低温的 K326 品种，对于同一烟草品种而言，植株叶片 SP 含量在重度低温胁迫下最高，极重度低温胁迫下次之，轻度低温胁迫下最低。其中耐低温的红花大金元在轻度、重度和极重度低温处理下，随着低温胁迫天数的增加，SP 含量呈先上升后下降的趋势，各处理下 1~5d SP 含量与各自 CK 相比分别上升了 11.54%、26.92%、29.81%、24.04%、16.35%，16.04%、36.79%、29.25%、23.58%、19.81% 和 4.67%、28.04%、19.63%、19.63%、9.35%，在轻度低温胁迫下，叶片 SP 含量在低温处理 2~4d 均维持在最高含量水平，随后叶片 SP 含量缓慢下降，在重度和极重度低温胁迫下，在低温处理第 2 天即达到最高含量，而后 SP 含量开始下降，在极重度低温胁迫下 SP 含量下降速度较重度低温胁迫快。K326 在轻度、重度和极重度低温处理下，随着低温胁迫天数的增加，SP 含量呈先上升后下降的趋势，各处理下 1~5d SP 含量与各自 CK 相比分别上升了 5.88%、12.75%、20.59%、22.55%、10.78%，14.14%、24.24%、31.31%、16.16%、10.10% 和 2.04%、11.22%、22.45%、17.35%、0%，各处理分别于低温胁迫的第 4 天、第 3 天和 3~4d 达到处理下 SP 含量的最高水平，而后 SP 含量下降。

表3-33　不同低温胁迫下可溶性蛋白含量的变化（mg/mL）

品种	处理	胁迫天数（d）					
		CK	1	2	3	4	5
红花大金元	T0	1.08±0.03a	1.04±0.06a	1.07±0.04a	1.08±0.06a	1.03±0.06a	1.06±0.05a
	T1	1.04±0.03c	1.16±0.04b	1.32±0.05a	1.35±0.05a	1.29±0.04a	1.21±0.03b
	T2	1.06±0.05e	1.23±0.04d	1.45±0.04a	1.37±0.04ab	1.31±0.04bc	1.27±0.06cd
	T3	1.07±0.04d	1.12±0.06cd	1.37±0.05a	1.28±0.06b	1.28±0.05b	1.17±0.03c
K326	T0	1.01±0.08a	0.92±0.03a	0.99±0.08a	1.02±0.08a	0.95±0.05a	1.05±0.08a
	T1	1.02±0.08d	1.08±0.07cd	1.15±0.08abc	1.23±0.03ab	1.25±0.05a	1.13±0.06bcd
	T2	0.99±0.07d	1.13±0.07c	1.23±0.03ab	1.30±0.04a	1.15±0.06bc	1.09±0.02c
	T3	0.98±0.03c	1.00±0.04c	1.09±0.02b	1.20±0.02a	1.15±0.03a	0.98±0.05c

（七）不同低温胁迫对烟草叶片多酚代谢的影响

低温胁迫对烟草叶片多酚氧化酶（PPO）活性的影响如表3-34所示，红花大金元在连续5d 的常温处理下，叶片 PPO 活性一直稳定在同一水平，而在轻度低温处理下，叶片 PPO 活性随低温胁迫天数的增加呈先上升后趋于平稳的趋势，各处理增幅分别为 13.11%、19.24%、27.69%、32.31%、28.12%，于低温处理第3天活性达到最高水平，且在3～5d PPO 活性变化无显著差异。T2和T3处理下，红花大金元叶片 PPO 活性均显著高于 CK，且随着胁迫天数的增加均呈先上升后下降的趋势。在重度和极重度低温处理下，各时期 PPO 活性与 CK 相比分别上升了16.40%、26.46%、51.14%、40.71%、39.14%和9.94%、37.46%、45.10%、40.58%、31.44%，在重度低温胁迫下，于低温胁迫第3天达到最大酶活性，T3处理下低温处理第4天 PPO 活性达到最高水平。K326在常温处理下，叶片PPO 活性在5d 内并未发生显著变化，而在轻度低温处理下，叶片 PPO 活性变化趋势与相同处理下的红花大金元品种相同，即先上升后趋于平稳，低温处理各时期与CK 相比 PPO 活性分别上升12.28%、21.78%、25.27%、23.45%、30.19%，于低温胁迫第5天酶活性达到最大值，随后酶活性稳定在该水平。在重度低温处理下，K326叶片 PPO活性随着低温胁迫时间的延长呈先上升后下降的趋势，低温处理各时期 PPO 活性与 CK相比分别上升了15.23%、26.23%、44.63%、39.98%、34.16%，于胁迫第3天酶活性达到最大值，随后活性降低。在极重度低温处理下 K326叶片 PPO 活性随胁迫时间延长呈缓慢上升的趋势，各时期 PPO 活性较 CK 分别增长5.41%、11.11%、27.17%、37.23%、33.20%，于低温处理第4天达到最高活性水平。

表 3-34　不同低温胁迫下烟草叶片 PPO 活性的变化（U/g 鲜重）

品种	处理	胁迫天数（d）					
		CK	1	2	3	4	5
红花大金元	T0	112.00±4.58a	115.33±3.06a	116.03±8.72a	113.33±4.04a	116.67±6.11a	116.13±6.66a
	T1	115.93±4.04c	131.13±6.07b	138.23±4.40b	148.03±5.18a	153.39±5.54a	148.53±4.62a
	T2	117.24±4.58e	136.47±5.00d	148.27±3.61c	177.20±6.58a	164.97±9.03b	163.13±5.87b
	T3	115.09±5.40d	126.53±5.87c	158.20±7.75ab	167.00±4.04a	161.80±4.13a	151.27±5.32b
K326	T0	106.00±4.58a	107.30±4.58a	108.23±3.06a	106.67±4.16a	107.33±3.06a	110.67±2.52a
	T1	104.38±3.79c	117.20±4.43b	127.12±6.14a	130.76±5.44a	128.86±4.50a	135.89±6.47a
	T2	110.34±3.00e	127.14±4.98d	139.28±5.90c	159.59±4.44a	154.45±6.42ab	148.03±5.09bc
	T3	108.71±2.60d	114.59±5.21cd	120.79±3.61c	138.25±6.64b	149.18±5.99a	144.80±4.14ab

综合分析红花大金元和 K326 在轻度、重度及极重度低温处理下的 PPO 活性变化，结果显示，同一品种内，不同处理下最高 PPO 活性水平与各自 CK 相比，增幅由大到小分别是 T2、T3 和 T1，低温激发了 PPO 更高的活性，但是在极重度低温处理下，PPO活性反而低于重度低温胁迫下的酶活性水平，极重度低温对 PPO 活性有一定的抑制作用。不同品种在相同处理下，红花大金元 PPO 活性增幅更大，上升速度更快。

低温胁迫对烟草叶片苯丙氨酸解氨酶（PAL）活性的影响如表 3-35 所示，红花大金元在连续 5d 的常温处理下，叶片PAL活性并未发生显著变化，在轻度低温处理下，叶片PAL活性在低温的诱导下活性显著升高，且随着低温胁迫时间的延长，PAL活性呈先上升后趋于平稳的趋势，低温处理各时期PAL活性与CK相比分别上升了 17.38%、29.93%、25.74%、33.27%、29.78%，在低温处理第 4 天酶活性达到最大值，随后稳定。在重度和极重度低温处理下，叶片PPO活性亦在低温诱导下显著上升，且随着低温胁迫天数的增加，各处理PAL活性均呈先上升后下降的趋势。重度低温胁迫各处理时期叶片PAL活性较CK分别上升了 28.64%、47.42%、42.57%、38.54%、27.52%，在低温胁迫第 2 天PPO

活性达到最高水平，极重度低温处理的 1～5d PAL 增幅分别是 9.78%、34.97%、39.12%、29.67%、22.96%，PAL 活性最大值于低温处理第 3 天达到。K326 在常温处理下，PAL 活性变化趋势与红花大金元品种相同，而在轻度低温胁迫下，叶片 PAL 活性较 CK 显著上升，且随着胁迫天数的增加呈先上升后趋于平稳的趋势，各时期叶片 PAL 活性较 CK 分别上升了 9.80%、9.53%、16.66%、25.68%、21.14%，低温胁迫 4～5d 即达到最高 PAL 活性水平。在重度和极重度低温处理下，PAL 活性随着胁迫天数的增加呈先上升后下降的趋势。在重度低温处理下，各时期与 CK 相比，酶活性分别上升了 21.40%、44.92%、43.46%、38.04%、29.40%，2～4d 是 PAL 活性最高水平出现的时期，在极重度低温处理下，各时期酶活性增幅分别是 11.28%、19.81%、36.64%、25.29%、24.45%，于低温胁迫第 3 天 PAL 达到最大活性。

表 3-35　不同低温胁迫下烟草叶片 PAL 活性的变化（U/g 鲜重）

品种	处理	胁迫天数（d）					
		CK	1	2	3	4	5
红花大金元	T0	32.46±4.01a	32.25±2.41a	33.71±2.51a	32.44±1.83a	32.38±2.23a	33.49±2.74a
	T1	32.91±1.04d	38.63±1.27c	42.76±0.99ab	41.38±1.16b	43.86±1.65a	42.71±0.77ab
	T2	33.76±0.91d	43.43±1.41c	49.77±1.86a	48.13±1.07ab	46.77±1.53b	43.05±1.15c
	T3	33.23±0.42e	36.48±0.99d	44.85±1.10a	46.23±0.97a	43.09±0.17b	40.86±0.92c
K326	T0	30.60±2.39a	29.18±2.41a	30.23±4.42a	29.70±2.08a	29.19±2.33a	30.51±2.81a
	T1	31.03±0.83d	34.07±1.01c	33.99±1.18c	36.20±1.16b	39.00±1.77a	37.59±0.69ab
	T2	30.10±0.81d	36.54±0.96c	43.62±1.69a	43.18±1.14a	41.55±1.35a	38.95±0.91b
	T3	29.78±1.59d	33.14±0.98c	35.68±1.62bc	40.69±1.47a	37.31±1.92b	37.06±2.29b

结果显示，在相同品种内，各处理 PAL 活性最大增幅相比较由大到小分别是重度、极重度和轻度低温胁迫处理，低温胁迫的加深在一定程度上诱导 PAL 活性的增大，但胁迫最严重的极重度低温处理下酶活性增幅却小于重度低温处理，胁迫温度过于强烈将抑制 PAL 最大活性的发挥。在相同处理下，红花大金元的增幅相对于 K326 品种较大。

低温胁迫对烟草叶片总酚含量的影响如表 3-36 所示，红花大金元在常温处理下，叶片总酚含量在 5d 内并未发生显著变化，在轻度低温处理下，随着低温胁迫时间的延长叶片总酚含量呈先上升后趋于平稳的趋势，各时期叶片总酚含量与 CK 相比分别上升了 13.98%、24.27%、20.05%、31.66%、32.45%，4～5d 是总酚含量最高的时期。在重度和极重度低温处理下，叶片总酚含量随着胁迫时间的增加均呈先上升后下降的趋势，在不同时期与各自 CK 相比分别上升了 28.61%、47.14%、54.50%、46.87%、43.87% 和 11.99%、35.15%、46.59%、39.51%、26.98%，均在低温胁迫第 3 天达到处理内的最高含量水平。常温处理 5d 内，K326 叶片总酚含量与 CK 相比不存在显著差异，轻度和重度低温处理的各时期 K326 叶片积累的总酚含量与 CK 相比均显著上升，且随着低温胁迫时间的延长，叶片总酚含量呈先上升后趋于平稳的趋势。轻度和重度低温处理下，各时期叶片总酚含量与 CK 相比分别上升了 8.98%、18.89%、24.15%、30.03%、25.39% 和 19.20%、43.03%、51.70%、50.46%、46.44%，分别于低温胁迫第 4 天和第 3 天达到处理内的最高总酚含量。在极重度低温处理下，K326 叶片总酚含量与 CK 相比显著上升，且随着胁迫天数的增加呈先上升后下降的趋势，各时期叶片总酚含量与 CK 相比分别上升了 0.30%、13.98%、42.25%、37.08%、29.18%，在低温处理第 3 天总酚含量达到最高水平，随后含量下降。

表 3-36　不同低温胁迫下总酚含量的变化（mg/g）

| 品种 | 处理 | 胁迫天数（d） | | | | | |
		CK	1	2	3	4	5
红花大金元	T0	3.64±0.15a	3.64±0.09a	3.63±0.15a	3.66±0.10a	3.66±0.18a	3.67±0.15a
	T1	3.79±0.07d	4.32±0.08c	4.71±0.06b	4.55±0.13b	4.99±0.11a	5.02±0.14a
	T2	3.67±0.12d	4.72±0.23c	5.40±0.20ab	5.67±0.22a	5.39±0.25ab	5.28±0.12b
	T3	3.67±0.08e	4.11±0.18d	4.96±0.15b	5.38±0.11a	5.12±0.08b	4.66±0.11c
K326	T0	3.20±0.10a	3.24±0.13a	3.23±0.21a	3.26±0.10a	3.26±0.07a	3.21±0.14a
	T1	3.23±0.20d	3.52±0.11c	3.84±0.07b	4.01±0.10ab	4.20±0.10a	4.05±0.18ab
	T2	3.23±0.15d	3.85±0.11c	4.62±0.17b	4.90±0.15a	4.86±0.07ab	4.73±0.14ab
	T3	3.29±0.06d	3.30±0.13d	3.75±0.06c	4.68±0.39b	4.51±0.10ab	4.25±0.05b

结果显示，同一个品种在不同温度处理下，叶片总酚含量达到本处理最高水平时，增幅相比较由大到小分别是重度、极重度和轻度低温处理，在一定温度范围内，随着温度的降低，叶片积累总酚的速度增加，含量增加，在极重度低温处理下，作为本试验中最强的胁迫处理，其总酚积累能力低于重度低温处理。

（八）抗寒性隶属函数综合分析

利用隶属函数这一表征模糊集合的数学工具，分别对红花大金元和 K326 所测得的 10 个指标进行抗寒性综合评价，以 10 个指标隶属度平均值作为该处理的耐寒性综合鉴定标准，平均值越大则抗寒性越强，越小则抗寒性越弱。隶属函数计算选择低温胁迫第 5 天的数据，结果显示：红花大金元 T1、T2 和 T3 处理隶属度平均值分别为 0.55、0.83、0.12，不同程度的低温处理 5d，重度低温胁迫处理下植株的抗寒性最强，轻度低温胁迫次之，极重度低温胁迫下抗寒性最弱。K326 品种 T1、T2 和 T3 处理下隶属度平均值分别为 0.56、0.75、0.16，各低温处理下抗寒性强弱排序与红花大金元品种一致（表 3-37）。综合结果显示，烟草在轻度、重度和极重度低温胁迫 5d，轻度至重度低温胁迫下仍然保

表 3-37　两个品种在不同低温处理下的抗寒指标隶属函数值及综合评价[1]

| 品种 | 处理 | 隶属函数值 | | | | | | | | | | 隶属度均值 | 排序 |
		REC	MDA	SOD	POD	CAT	SS	SP	PPO	PAL	总酚		
红花大金元	T1	1.00	1.00	1.00	0.74	0.00	0.00	0.38	0.00	0.84	0.57	0.55	2
	T2	0.18	0.62	0.54	1.00	1.00	1.00	1.00	1.00	1.00	1.00	0.83	1
	T3	0.00	0.00	0.00	0.00	0.40	0.65	0.00	0.19	0.00	0.00	0.12	3
K326	T1	1.00	1.00	1.00	1.00	0.00	0.37	1.00	0.00	0.28	0.00	0.56	2
	T2	0.51	0.39	0.42	0.38	1.00	1.00	0.76	1.00	1.00	1.00	0.75	1
	T3	0.00	0.00	0.00	0.00	0.54	0.00	0.00	0.73	0.00	0.29	0.16	3

---

[1] 部分引自 Gu et al.，2021，Table 1

持较强的低温抗性，植株的低温抗性随低温胁迫程度的加深而增加，在逆境加重的条件下植株通过自身代谢调节提高低温抗性，有利于减少低温对植株的伤害，而极重度低温胁迫下植株抗性最低，此时，植株内部代谢可能遭到低温的严重破坏，剧烈的低温胁迫下植株低温抗性的减弱将对植株造成严重的损伤。

（九）烟草叶片受低温生理影响的小结

综合分析红花大金元和 K326在三个低温胁迫下的变化规律，发现旺长期的烟草在10℃和16℃温度胁迫下，随着低温胁迫程度的加深植株保护性酶系统的抗氧化能力、渗透调节系统的渗透调节能力及多酚代谢系统均受到低温的诱导而逐渐增强，这样的变化有利于适时提高植株的低温抗性，以顺利地渡过低温逆境，当温度胁迫加深到4℃时，植物的保护性酶系统、渗透调节系统及多酚代谢系统的抗逆能力的发挥明显不足，并不能在10℃低温抗性的基础上持续增强，反而受到一定的抑制，植株长时间处于4℃低温环境下，两个烟草品种特别是 K326品种损伤尤为严重，不同处理下叶绿素含量、REC 值、MDA 含量的变化，以及抗寒性隶属函数结果均证实了上述结论。因此认为旺长期的烟草在4～10℃存在一个临界温度，当温度低于这个临界温度时，植株在低温逆境下的自我调节能力开始受到抑制。

二、降温对烟草幼苗的生理响应

供试材料是由玉溪中烟种子有限责任公司提供的两个烟草品种：K326和红花大金元（红大）。

试验于 2018 年 3~6 月在西南大学 2 号温室进行。将种子播种于装有经过多菌灵和敌百虫杀菌灭虫的基质（河南艾农生物科技有限公司艾禾稼烟草漂浮育苗专用基质）的育苗盘中进行漂浮育苗，按照常规育苗法进行管理。幼苗长到四片真叶时挑选长势好、大小一致的幼苗移栽于塑料盆中（盆高 17cm，直径 15cm），移栽后的烟苗放置于人工气候培养箱中，于 25℃/20℃下进行培养，待幼苗长出第 6 片叶的时候，以 24h 为单位进行降温，降温幅度为 $\Delta 1 = 2$℃（D1）、$\Delta 2 = 4$℃（D2）、$\Delta 3 = 8$℃（D3）三个处理，直至温度降低到 1℃。

（一）程序性降温对烟叶叶绿素含量的影响

由图 3-28、图 3-29 表明，在不同幅度的程序性降温过程中，叶绿素 a 含量呈下降趋势。显著性分析表明，红大在温度降至 9℃时，出现显著差异，红大叶绿素 a 含量降幅随降温幅度的增加而增加，D1、D2 和 D3 分别下降了 10.48%、15.32%、20.51%，K326在温度降至 17℃时，出现显著差异，D1、D2 和 D3 分别下降了 8.23%、14.39%、26.67%，D3 处理与 D1、D2 呈显著差异，9℃时 K326，处理 D1、D2 和 D3 叶绿素 a 含量分别下降了 9.92%、21.01%、17.17%，各处理间呈显著差异。温度降至 1℃时，两个品种叶绿素 a 含量仍然呈下降趋势，降幅趋于平缓，叶绿素含量 D1>D2>D3。在整个程序性降温过程中，经历了 25℃、17℃、9℃和 1℃的 4 个过程，随着降温幅度的增加，叶绿素 a 含量下降幅度也是呈增加的趋势。

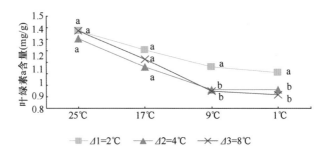

图 3-28　不同降温幅度下红大叶绿素 a 的含量变化

注：不同温度中不同字母表示三个降温幅度之间的差异显著性（$P<0.05$），各数值是 3 个重复值的平均数和标准误，下同

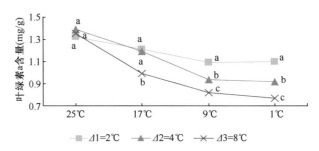

图 3-29　不同降温幅度下 K326 叶绿素 a 的含量变化

　　图 3-30、图 3-31 表明，在程序性降温过程中，红大和 K326 两个品种叶绿素 b 含量随温度的降低整体均呈下降趋势。温度降至 9℃时，叶绿素含量出现显著差异，红大品种 D1、D2 和 D3 叶绿素 b 含量比 17℃时降低了 14.71%、32.20%、51.45%，D1、D2 和 D3 各处理之间差异不显著，K326 品种 D1、D2 和 D3 处理叶绿素 b 含量较 17℃时下降 12.70%、21.15%、54.55%，降温幅度越大叶绿素 b 含量下降得越多；温度降至 1℃时，D1、D2 和 D3 处理，红大叶绿素 b 含量分别下降了 7.66%、8.83%、25.16%，D3 分别与 D1、D2 呈显著差异，K326 叶绿素 b 含量分别下降 3.64%、26.83%、12.00%，D1 分别与 D2、D3 差异显著。因此，叶绿素 b 含量随着降温幅度的增加，其降低幅度增加，温度越低叶绿素含量也就越低。

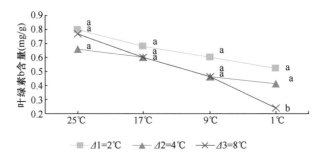

图 3-30　不同降温幅度下红大叶绿素 b 的含量变化

　　由图 3-32、图 3-33 表明，总叶绿素（叶绿素 a+叶绿素 b）含量随着降温时间的延长呈下降趋势。当温度降至 17℃时，红大 D1、D2 和 D3 处理总叶绿素含量分别下降了 17.07%、10.86%、15.12%，K326 在温度降至 17℃时，随着降温幅度的增加总叶绿素含

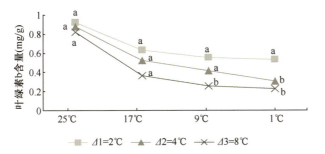

图 3-31　不同降温幅度下 K326 叶绿素 b 的含量变化

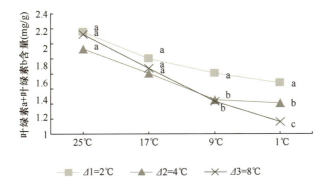

图 3-32　不同降温幅度下红大叶绿素 a+叶绿素 b 的含量变化

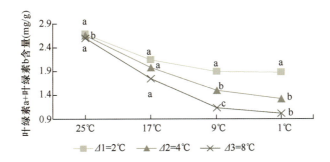

图 3-33　不同降温幅度下 K326 叶绿素 a+叶绿素 b 的含量变化

量分别下降了 18.20%、22.97%、29.03%；温度降至 9℃时，开始达显著差异，随着降温幅度的增加，红大 D1、D2 和 D3 处理总叶绿素含量分别下降了 9.81%、21.83%、31.79%，K326 总叶绿素含量分别下降了 10.38%、21.05%、29.87%，各处理间呈显著差异；温度进一步降低，总叶绿素含量下降趋于平缓，整体变化趋势随着降温幅度的增加，总叶绿素含量降低越快。

（二）程序性降温对烟叶相对电导率的影响

由图 3-34、图 3-35 表明，在程序性降温过程中，红大和 K326 在不同降温幅度处理下相对电导率总体均呈上升趋势。由正常生长温度降温至 17℃，红大品种 D1、D2 和 D3 处理相对电导率分别上升 23.63%、40.66%、42.17%，K326 相对电导率分别上升 27.47%、41.49%、52.37%，D1 与 D3 处理呈显著差异；温度降至 9℃时，随着降温幅度的增加，红大相对电导率上升了 8.63%、17.85%、17.84%，D2、D3 与 D1 处理之间均有显著差异，K326 相对电导率上升了 6.03%、15.14%、16.62%，D2、D3 与 D1 处理之间均有显著差异。温度降至 1℃时，随着降温幅度的增加，红大相对电导率分别增加了 29.85%、11.21%、8.65%，K326 相对电导率上升了 35.91%、14.23%、9.12%。

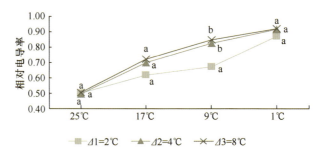

图 3-34　不同降温幅度下红大相对电导率的变化

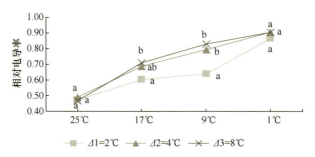

图 3-35　不同降温幅度下 K326 相对电导率的变化

（三）程序性降温对烟叶 POD 酶活性的影响

图 3-36 和图 3-37 表明，红大在不同降温幅度处理下叶片中 POD 酶活性总体呈先上升后下降的趋势，以正常生长温度分别降温至 17℃、9℃和 1℃的整个过程中，D1 处理下 POD 酶活性先升高后降低，在 17℃下达到最大值，即 POD 酶活性快速升高 118.84%，随后在 9℃和 1℃分别降低 6.12%、46.35%，在 D2 的降温幅度下酶活性先分别升高 145.79%、5.57%，再降低 23.92%，在 D3 的降温幅度下酶活性先升高 154.45%，再分别降低 59.41%、9.00%。K326 在不同降温幅度处理下叶片中 POD 酶活性总体同样呈先上升后下降的趋势，从 25℃以降温幅度 D1、D2、D3 分别降温至 17℃、9℃和 1℃时，POD 酶活性在 D1 的降温幅度下先分别升高 132.57%、12.27%，再降低 9.69%，在 D2 的降温

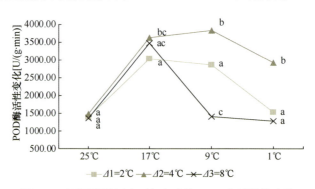

图 3-36　不同降温幅度下红大叶片 POD 酶活性的变化

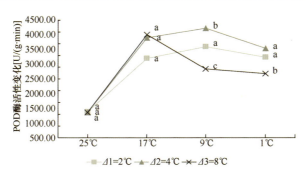

图 3-37 不同降温幅度下 K326 叶片 POD 酶活性的变化

幅度下先分别升高 188.46%、8.00%，再降低 15.93%，在 D3 的降温幅度下先升高 195.06%，再分别降低 28.98%、5.63%。

（四）程序性降温下烟叶 CAT 酶活性的变化

图 3-38、图 3-39 表明，红大在不同降温幅度处理下叶片中 CAT 酶活性总体呈先上升后下降的趋势，从 25℃以降温幅度 D1、D2、D3 分别降温至 17℃、9℃和 1℃时，其酶活性在 D1 的降温幅度下先分别升高 36.15%、8.21%，再降低 41.55%，在 D2 的降温幅度下先升高 122.17%，再分别降低 48.07%、27.87%，在 D3 的降温幅度下先升高 116.47%，再分别降低 5.31%、17.17%。K326 在不同降温幅度处理下叶片中 CAT 酶活性总体呈先上升后下降的趋势，从 25℃以降温幅度 D1、D2、D3 分别降温至 17℃、9℃和 1℃时，其酶活性在 D1 的降温幅度下先分别升高 36.81%、29.29%，再降低 62.03%，在 D2 的降温幅度下先升高 140.63%，再分别降低 42.83%、39.53%，在 D3 的降温幅度下先分别升高 133.33%、11.28%，再降低 8.97%。

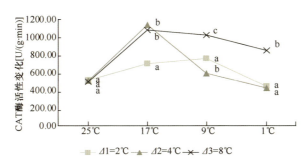

图 3-38 不同降温幅度下红大叶片 CAT 酶活性的变化

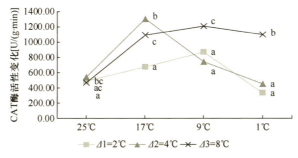

图 3-39 不同降温幅度下 K326 叶片 CAT 酶活性的变化

（五）程序性降温对烟叶 SOD 酶活性的影响

图 3-40、图 3-41 表明，红大在不同降温幅度处理下叶片中 SOD 酶活性的变化较大，从 25℃以降温幅度 D1、D2 和 D3 分别降温至 17℃、9℃和 1℃时，其酶活性在 2℃的降温幅度下分别升高 17.21%、96.30%、51.99%，在 4℃的降温幅度下分别升高 34.92%、7.84%、142.44%，在 8℃的降温幅度下先升高 134.54%、再降低 59.86%后又上升 22.31%。K326 在不同降温幅度处理下叶片中 SOD 酶活性的变化较大，从 25℃以降温幅度 2℃、4℃、8℃分别降温至 17℃、9℃和 1℃，其酶活性在 2℃的降温幅度下降低 10.71%后又分别升高 93.63%、57.77%，在 4℃的降温幅度下分别升高 16.45%、12.79%、78.11%，在 8℃的降温幅度下先升高 185.59%、再降低 60.87%后又上升 6.28%。

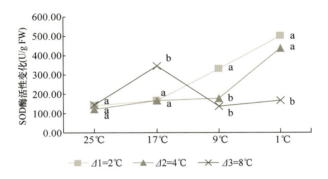

图 3-40　不同降温幅度下红大叶片 SOD 酶活性的变化

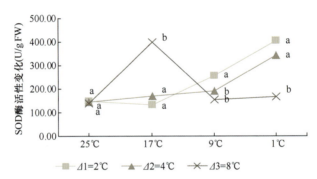

图 3-41　不同降温幅度下 K326 叶片 SOD 酶活性的变化

（六）程序性降温过程中烟草叶绿素含量及其生理响应的小结

低温对烟草叶片中叶绿体等细胞器及其他细胞结构、酶的活性造成伤害，叶绿素是植物进行光合作用的重要色素，急剧降温相对于缓慢降温对烟草叶片的光合性能降低有着更严重的影响。

本研究结果表明，不同降温幅度下叶绿素 a、叶绿素 b 和总叶绿素含量在程序性降温过程中，均有着一致的下降趋势，试验结果与晋艳等（2007）的不同低温胁迫下烟草叶绿素 a 及叶绿素 b 和总叶绿素含量的变化趋势一致，相对电导率则均呈上升趋势。在处理后期，叶绿素含量及相对电导率变化趋于平缓，但总体上随着降温幅度的增加，叶绿素 a 及叶绿素 b 和总叶绿素含量下降幅度也随之增大，相对电导率上升越明显。对于

D1 处理，刚开始的缓慢降温对其叶片伤害程度较小，直到温度降到 1℃时，相对电导率显著上升，对叶片伤害陡然增大。对于 D2、D3 处理，相对电导率在最初明显上升，17℃后上升逐渐变缓。因此，急剧降温对烟草叶片的伤害更为严重，缓慢降温在降温初期对其伤害较小，但如果持续降温，对细胞所造成的伤害和急剧降温没有显著性差异。

在程序性降温试验过程中，红大和 K326 两品种各处理 POD 与 CAT 酶活性均呈先上升后下降的趋势。在急剧降温 D3 处理中，POD 酶活性在 17℃时达到最大值，随后酶活性迅速降低至趋于平缓，最终低于 D1、D2 处理。D1、D2 处理酶活性均在 9℃时达到最大值，随后缓慢下降，但 D1 处理的酶活性始终低于 D2 处理。而 CAT 酶活性在 D3 处理下一直处于较高水平，D2 处理下在 17℃达最大值后急剧下降至最低水平，D1 处理下 CAT 酶活性先小幅度上升后下降，对于 CAT 酶活性在 D3 处理下仍维持在较高水平，这可能与其处于逆境的时间短暂有关。红大和 K326 两品种 SOD 酶活性在 D3 处理下，在 17℃达到最大值，随后降低又略微升高，D1、D2 在整个程序性降温过程中，SOD 酶活性一直呈上升趋势，D1 上升较快，D2 相对较为平缓，在 9℃后急剧上升。在急剧降温 D3 处理下，能短暂激发出 SOD 酶较高的活性，但随后则会严重降低酶活性，D2 处理酶活性随着温度的降低一直低于 D1 处理。

综合分析保护性酶活性的变化，降温幅度大但尚能维持植物生长的低温逆境温度（17℃）对保护性酶活性有着一定的激发作用，但进一步程序性降温则会导致保护性酶活性的急剧下降，从而对低温逆境的抵抗能力减弱，丧失逆境下保护植株的能力。因此，短期降温虽会导致细胞完整性受损，但在一定程度上能激发保护性酶发挥作用，但对于长期的降温，降温幅度过大，会严重破坏细胞结构，可能导致有害物质积累超过其自身清除能力，即使有保护性酶也会受到不同程度的抑制作用，使得烟叶更容易发生酶促棕色化反应，导致烟叶减产，保护酶活性的变化与烟叶挂灰的关系有待于进一步研究。

三、烤烟采烤期田间冷胁迫对烤烟挂灰烟形成的机理研究[①]

试验于 2019 年在云南省大理白族自治州剑川县老君山镇建基村（E99°33′，N26°31′，海拔 2565m）进行，试验材料为烤烟品种红花大金元，采用漂浮育苗技术育种，于 4 月 13 日进行膜下小苗移栽，行株距 120cm×60cm，6 月 10 日打顶，留叶 15～16 片，7 月 3 日开始采烤下部叶，9 月 7 日结束烘烤。供试土壤类型为壤土，pH=6.47，有机质 56.19g/kg，全氮 2.76g/kg，全磷 1.11g/kg，全钾 17.64g/kg，水溶性氮 210.8mg/kg，有效磷 91.3mg/kg，速效钾 285.5mg/kg。基肥为烟草专用复混肥，$N:P_2O_5:K_2O=12:10:25$，施用量为 150kg/hm²，施氮量为 18kg/hm²，配施腐熟农家肥 15 000kg/hm²；追肥方法为烟草专用复混肥 75kg/hm²，施氮量为 9kg/hm²，配施硫酸钾（51%）30kg/hm²，分别于移栽后 15d、30d 施用。

于烟叶打顶后设置 2 个处理：处理 1 为大棚内部，即随机选取长 10m、宽 5m 的小区，搭建钢架大棚，顶部覆盖聚氯乙烯、聚乙烯塑料用以保温、防雨和透光，大棚四周封闭 2～3 层遮阴网，达到保温和防风的效果，大棚四周设置保护行；处理 2 为自然条

---

① 部分引自 Li et al.，2021

件下的大田环境，随机选取同处理 1 相同面积的区块，四周设置保护行。2 个处理保证为同一田块，各处理保证至少有 60 株烟用以试验的正常重复。同时，棚内和棚外各放置一台 TH12R-EX 温湿度记录仪（深圳市华汉维科技有限公司）记录每日温湿度变化，棚外放置 WH-2310 无线气象站（嘉兴米速电子有限公司）记录每日温度、降水和风速等信息。此外，根据棚外自然降水量适当进行棚内烟株浇灌。

根据当地中部叶常规采收时间进行烟叶采摘、编竿，确保烟叶成熟度均衡一致、同质同竿、疏密适中，在当地密集烤房中进行烘烤。烟叶烘烤工艺主要按照当地主推烘烤模式进行（图 3-42），每竿编烟 100～120 片，每层 150～170 竿，共 3 层。所有烟叶均采摘中部叶（从下往上第 5～10 片），分别于采烤前（鲜烟叶）、烘烤过程关键期（38℃、42℃、48℃和 54℃）、初烤烟叶阶段采集样品。

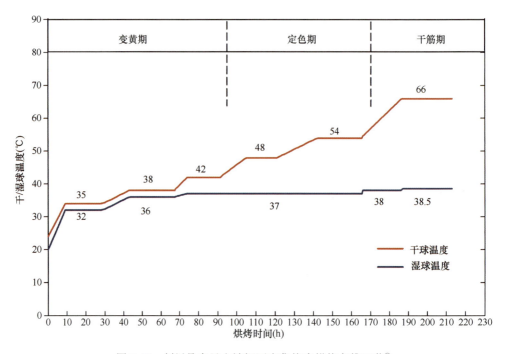

图 3-42　剑川县老君山镇烟区密集烤房烘烤主推工艺①

（一）产生田间冷胁迫的气象因素变化

由图 3-43 可知，剑川县老君山镇建基村试验地 8 月温度和降雨数值波动较大，日最高温变化范围为 21.5～41.9℃，日最低温变化范围为 9.4～17.1℃，差值范围为 12.1～24.8℃，日降雨量变化范围为 0～21.6mm。其中在 8 月 12 日出现最大昼夜温差，差值为 30.1℃，但是无降雨；8 月 1 日出现最低昼夜温差，差值为 8.7℃，降雨量为 5.9mm。当地发生田间冷胁迫的调查情况表明，8 月 16～17 日出现了大幅度降温并伴随降雨和少量冰雹的气象灾害，随后 6d 内烤烟出现大面积冷胁迫症状，以中、上部位烟叶最为严重，烟叶叶面颜色发生过渡性转变：正常绿色（冷胁迫来临前）—深绿色（1～2d 变化）—紫褐色（2～3d 变化）—深红色（3～4d 变化）—灰白色（4～6d 变化），最终叶片出

---

① 图 3-42 引自 Li et al.，2021，Figure 9

现明显大面积挂灰，烘烤可用性极差（图3-44）。

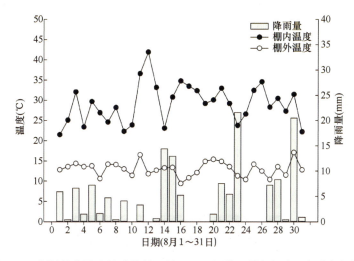

图3-43　剑川县老君山镇建基村8月1～31日降雨量与棚内、棚外气温图①

图3-44　烟叶遭受冷胁迫后的动态变化图②

　　为进一步探明冷胁迫发生的具体原因，将8月16～17日棚内和棚外的气象数据进行分析（图3-45），棚外温度（自然条件）变化范围为9.4～34.8℃，差值为25.4℃；棚内温度变化范围为12.5～36.2℃，差值为23.7℃；降温期间发生的降雨集中于16日18：00～22：00，降雨量5.2mm。于19日进行试验地棚内和棚外烟叶取样（图3-46），取样部位均为由下往上第10叶位，由图3-46可见，棚内烟叶除叶柄范围有少量赤星病以外，无明显冷胁迫症状；但棚外烟叶从叶片中部至叶柄部有明显红、紫褐色斑块，叶片整体由绿褪黄，判断棚外烟叶为受冷胁迫烟叶。

---

① 图3-43引自Li et al.，2021，Figure 1
② 图3-44引自He et al.，2020，Figure 3

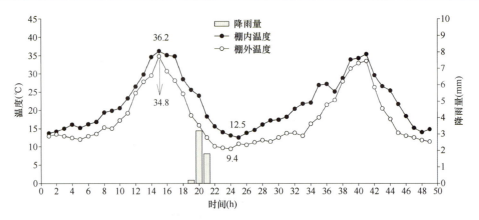

图 3-45　老君山镇建基村冷胁迫期间的棚内、外气温和降雨图（8 月 16～17 日）[1]

图 3-46　棚内和棚外鲜烟叶对比（8 月 19 日取样）[2]

（二）棚内和棚外处理鲜烟叶与切片组织结构的变化

由图 3-47 可知，棚内和棚外鲜烟叶叶片厚度、栅栏组织厚度、海绵组织厚度和栅栏组织厚度/海绵组织厚度（组织比）存在显著性差异（$P<0.05$）。

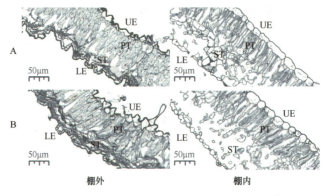

图 3-47　棚内和棚外处理的鲜烟叶组织结构[3]
A：棚内；B：棚外；UE：上表皮细胞；PT：栅栏组织；ST：海绵组织；LE：下表皮细胞

① 图 3-45 引自 Li et al.，2021，Figure 2
② 图 3-46 引自 Li et al.，2021，Figure 3
③ 图 3-47 引自 Li et al.，2021，Figure 4

由表3-38可知，鲜烟叶叶片厚度、栅栏组织厚度、海绵组织厚度及上下表皮厚度值均呈现出棚内＞棚外，差异显著，棚内比棚外分别高出151.76%、105.19%、175.90%、91.97%和222.35%。相反，栅栏组织厚度与海绵组织厚度比为棚外＞棚内，棚内比棚外低25.27%。

表 3-38　棚内和棚外处理的鲜烟叶组织结构参数[①]

处理	叶片厚度（μm）	上表皮厚度（μm）	下表皮厚度（μm）	栅栏组织厚度（μm）	海绵组织厚度（μm）	栅栏组织厚度/海绵组织厚度（组织比）
棚内	335.09A	30.37A	30.72A	110.31A	162.12A	0.68A
棚外	133.10B	15.82B	9.53B	53.76B	58.76B	0.91A

（三）棚内和棚外处理烘烤过程烟叶外观的变化

对棚内、棚外处理的烟叶进行烘烤过程中的动态追踪，由图3-48可以发现，在变黄期转定色期过程中（42～48℃）棚外处理烟叶开始明显挂灰。

图 3-48　棚内（正常烟叶）和棚外（受冷胁迫）烟叶烘烤过程烟叶外观的变化

① 表3-38 引自Li et al.，2021，Table 1

（四）冷胁迫对棚内和棚外烟叶烘烤过程含水率与失水率的影响[1]

由图 3-49 和图 3-50 可知，在不同烘烤阶段下，同一处理烟叶的失水率和含水率均存在显著性差异（$P<0.05$）；相同烘烤阶段下，仅 48℃时的棚内和棚外烟叶含水率存在显著性差异。

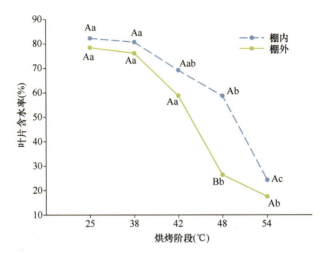

图 3-49 棚内和棚外处理各烘烤时间的含水率变化[2]

大写字母表示相同阶段不同处理间有显著性差异（$P<0.05$）；小写字母表示不同阶段相同处理间有显著性差异，下同

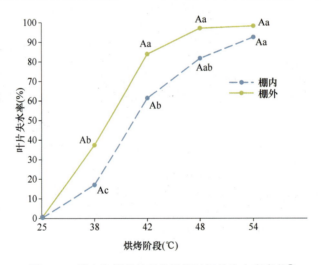

图 3-50 棚内和棚外处理各烘烤时间的失水率变化[3]

随烘烤时间推进，棚内和棚外烟叶的含水率与失水率呈现"慢—快—慢"的变化规律，棚内烟叶含水率整体高于棚外，失水率则整体低于棚外。对于含水率指标，棚内和棚外烟叶从 25℃（鲜烟叶）到 54℃的含水率变幅分别为 82.28%～24.24%和 78.42%～17.45%；其中 42～54℃烘烤过程的含水率变幅较大，棚内和棚外烟叶 42℃的含水率相

---

① 部分引自 Li et al.，2021
② 图 3-49 引自 Li et al.，2021，Figure 5
③ 图 3-50 引自 Li et al.，2021，Figure 6

比 54℃分别高出 186.60%和 236.79%；在 42℃、48℃和 54℃烘烤过程，棚内比棚外烟叶分别高出 17.80%、123.19%和 39.91%。

对于失水率指标，棚内和棚外处理烟叶从38～54℃的失水率变幅分别为17.07%～92.55%和37.38%～98.23%，棚内和棚外处理48℃时的失水率相比38℃，分别高出379.09%和159.79%；在38℃、42℃和48℃烘烤过程，棚外比棚内分别高出118.98%、36.63%和18.75%。

（五）冷胁迫对棚内和棚外烟叶烘烤过程 SPAD 值与质体色素的影响

由表 3-39 可知，棚内和棚外烟叶各烘烤阶段下的 SPAD 值与质体色素存在显著性差异（$P<0.05$）。

表 3-39　棚内和棚外处理各烘烤阶段烟叶 SPAD 值和质体色素含量[①]

处理	取样温度（℃）	持续烘烤时间（h）	SPAD	叶绿素 a 含量（μg/g）	叶绿素 b 含量（μg/g）	叶黄素含量（μg/g）	β-胡萝卜素含量（μg/g）
棚内	鲜烟叶	—	36.23Aa	286.06Aa	202.99Aa	150.30Ab	1940.38Ab
	38	23.5	14.87Ab	105.95Ab	42.72Ab	248.59Aa	3657.98Aa
	42	16.5	9.77Abc	64.20Ab	26.80Ab	297.14Aa	4127.06Aa
	48	15	8.03Abc	45.77Ab	17.01Ab	245.15Aab	4489.59Aa
	54	22.5	6.17Ac	13.33Ab	4.40Ab	206.64Aab	3524.01Aa
	初烤烟叶	—	—	43.75Ab	17.42Ab	249.00Aa	3794.68Aa
棚外	鲜烟叶	—	30.57Ba	114.91Ba	87.18Ba	93.28Aa	1207.53Aa
	38	23.5	13.40Ab	13.37Aa	7.94Ab	118.40Ba	1573.64Ba
	42	16.5	9.50Abc	5.12Aa	3.68Ab	112.31Ba	1669.27Ba
	48	15	7.77Abc	4.83Aa	3.50Ab	115.36Ba	1800.61Ba
	54	22.5	3.00Ac	3.88Aa	2.53Ab	139.42Aa	1888.94Ba
	初烤烟叶	—	—	6.74Aa	4.83Ab	122.23Ba	1783.31Ba

烘烤过程中，棚内和棚外烟叶的 SPAD 值、叶绿素 a 含量和叶绿素 b 含量均呈现棚内>棚外，其下降整体均呈现先快后慢的规律，于38℃时降解最快，随后迅速减缓并趋于稳定。SPAD 值指标下棚内分别高出棚外2.84%～105.67%，42℃时最低，54℃时最高；叶绿素 a 含量指标下棚内分别高出棚外148.94%～1153.91%，鲜烟叶时最低，42℃时最高；叶绿素 b 含量指标下棚内分别高出棚外73.91%～628.26%，54℃时最低，42℃时最高。

棚内和棚外烟叶的叶黄素与 β-胡萝卜素含量均呈现棚内>棚外，随着烘烤进程，棚内和棚外处理的叶黄素与 β-胡萝卜素含量呈现先增高后降低的趋势，棚内分别于 42℃和 48℃出现最大值，棚外均在 54℃出现最大值。叶黄素含量指标下，棚内和棚外处理的含量变化分别在 150.30～297.14μg/g 和 93.28～139.42μg/g，棚内比棚外高出48.21%～164.57%，于 54℃时最低，42℃时最高。β-胡萝卜素含量指标下，棚内和棚外处理的含量变化分别在 1940.38～4489.59μg/g 和 1207.53～1888.94μg/g，棚内比棚外高出 60.69%～149.34%，于鲜烟叶时最低，48℃时最高。

① 表3-39 引自 Li et al.，2021，Table 2

（六）冷胁迫对棚内和棚外烟叶烘烤过程常规化学成分与多酚类物质含量的影响

由表 3-40 和表 3-41 可知，棚内和棚外烟叶各常规化学成分与多酚类物质含量存在显著性差异。

表 3-40　棚内和棚外处理下各烘烤阶段烟叶常规化学成分含量[1]

处理	取样温度（℃）	烘烤时间（h）	总糖含量（%）	还原糖含量（%）	总氮含量（%）	烟碱含量（%）	氧化钾含量（%）	水溶性氯含量（%）	淀粉含量（%）	蛋白质含量（%）	糖碱比（%）	氮碱比（%）
棚内	鲜烟叶	—	9.36Ac	5.20Ab	1.81Ac	2.33Aa	1.93Ab	0.12Ab	33.00Aa	8.46Aa	4.35Aa	0.82Aab
	38	23.5	30.07Aa	16.00Ba	2.26Aab	3.44Aa	2.75Aab	0.24Aa	4.20Bb	7.10Ab	9.23Ba	0.67Aab
	42	16.5	18.79Bbc	11.53Bab	2.63Aa	3.18Aa	3.57Aa	0.14Aab	1.40Ab	7.84Aab	6.04Bb	0.83Aab
	48	15	21.65Bab	11.98Bab	2.39Aab	2.80Aa	2.98Aa	0.18Aab	2.44Ab	7.70Aab	7.84Ba	0.85Aab
	54	22.5	20.48Bab	10.18Bab	2.19Abc	3.35Aa	3.44Aa	0.14Aab	1.03Ab	7.26Aab	6.58Ba	0.66Ab
	初烤烟叶	—	21.32Aab	12.64Bab	2.32Aab	2.75Aa	3.12Aa	0.19Aab	1.27Ab	7.45Aa	7.63Ba	0.87Aa
棚外	鲜烟叶	—	7.60Ab	3.79Ab	1.53Aa	2.12Aa	1.43Ab	0.06Ab	39.94Aa	6.87Ba	3.61Ab	0.73Aa
	38	23.5	36.95Aa	25.06Aa	1.44Bb	1.89Ba	2.12Aa	0.14Aa	13.25Ab	5.41Bb	20.74Aa	0.78Aa
	42	16.5	36.07Aa	27.56Aa	1.71Bab	2.24Aa	1.70Ba	0.06Aab	8.72Abc	6.08Bab	16.74Aa	0.78Aa
	48	15	33.2Aa	23.02Aa	1.99Ba	2.86Aa	1.76Ba	0.07Ba	7.41Abc	6.56Bab	14.07Aa	0.79Aa
	54	22.5	36.31Aa	23.23Aa	1.64Bab	2.12Aa	1.73Ba	0.09Aa	5.40Ac	5.67Bab	17.55Aa	0.78Aa
	初烤烟叶	—	30.88Aa	24.42Aa	2.00Aa	2.58Aa	2.07Ba	0.06Ba	8.48Abc	6.82Aab	12.11Aab	0.79Aa

表 3-41　棚内和棚外处理下各烘烤阶段烟叶多酚类物质含量[2]

处理	取样温度（℃）	烘烤时间（h）	新绿原酸含量（mg/g）	绿原酸含量（mg/g）	咖啡酸含量（mg/g）	莨菪亭含量（mg/g）	芸香苷含量（mg/g）	山奈酚苷含量（mg/g）
棚内	鲜烟叶	—	1.56Ac	7.25Bc	0.12Aab	0.12Aab	9.69Ab	0.11Ab
	38	23.5	3.31Aab	16.04Ba	0.19Aa	0.09Ab	12.38Aab	0.32Aa
	42	16.5	2.71Ab	7.44Ac	0.05Ab	0.20Aa	8.42Ab	0.31Aa
	48	15	3.60Aab	12.35Aabc	0.23Aa	0.10Ab	11.52Aab	0.15Ab
	54	22.5	4.01Aa	14.62Aab	0.21Aa	0.16Aab	14.06Aa	0.16Ab
	初烤烟叶	—	3.43Aab	10.42Abc	0.23Aa	0.10Ab	9.59Bb	0.15Ab
棚外	鲜烟叶	—	1.30Ab	14.15Abc	0.21Aab	0.13Aab	11.1Aa	0.10Ab
	38	23.5	2.18Bab	23.20Ba	0.25Aa	0.06Ab	14.18Aa	0.19Ba
	42	16.5	1.29Bb	9.75Ac	0.10Ab	0.18Aa	10.62Aa	0.20Ba
	48	15	3.07Aa	16.73Aab	0.25Aa	0.12Aab	13.28Aa	0.08Ab
	54	22.5	2.82Ba	18.60Aab	0.19Aab	0.06Bb	12.92Aa	0.10Ab
	初烤烟叶	—	2.62Aa	15.69Ab	0.29Aa	0.11Aab	14.37Aa	0.08Ab

随着烘烤时间的推进，棚内和棚外烟叶的淀粉含量逐渐下降，鲜烟叶至 38℃下降最快；总糖、还原糖含量和糖碱比呈现先增加后降低的趋势，于 38℃出现峰值（除了棚外还原糖含量指标），除鲜烟叶时期，其他阶段各指标均为棚外>棚内。淀粉含量指标下，棚外比棚内高出 21.03%~567.72%，最低为鲜烟叶时，最高为初烤烟叶时。除鲜烟叶时期，各阶段棚外比棚内烟叶的总糖含量高出 22.88%~91.96%，还原糖含量高出 56.63%~139.03%，糖碱比高出 58.72%~177.15%。不同处理烟叶的各烘烤阶段下，氮代谢产物

---

① 表 3-40 引自 Li et al.，2021，Table 3
② 表 3-41 引自 Li et al.，2021，Table 3

指标大体上均为棚内>棚外。棚内比棚外烟叶的总氮含量高出 16.00%～56.94%，烟碱含量（除 54℃外）高出 6.59%～82.01%，蛋白质含量高出 9.24%～31.24%。

绿原酸和芸香苷含量均在棚内与棚外处理中呈现先上升后降低的趋势，且棚外>棚内。各烘烤阶段的烟叶绿原酸含量指标中，棚外高出棚内 27.22%～95.17%，于 54℃ 时最低，鲜烟叶时最高。芸香苷含量指标中，除 54℃外，棚外高出棚内 14.54%～49.84%，于 38℃ 时最低，初烤烟叶最高。

（七）冷胁迫对棚内和棚外烟叶烘烤过程抗氧化酶系统与多酚氧化酶活性的影响

由图 3-51 可知，在 SOD、POD 和 CAT 活性指标下，棚内处理整体高于棚外，且均呈现先增高后降低的变化趋势，38～42℃烘烤阶段下三种酶活性最高，随后急剧下降。

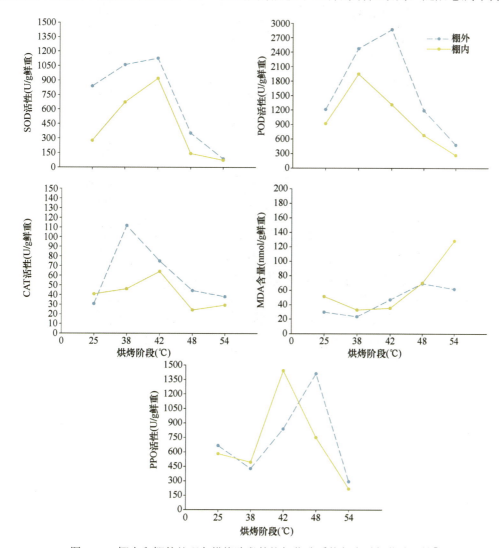

图 3-51　棚内和棚外处理各烘烤阶段的抗氧化酶系统与多酚氧化酶活性[1]

① 图 3-51 引自 Li et al.，2021，Figure 7

同时,在相同烘烤阶段下,棚内处理的 SOD、POD 和 CAT 相比棚外处理能更有效地维持高活性。棚内和棚外处理的 MDA 含量随着烘烤的进行,均呈现增高的趋势,棚外处理从 42℃后急剧增长并于 48℃时反超棚内处理。棚内和棚外处理的 PPO 活性均呈现先少量降低后急剧增高再急剧降低的趋势,棚内处理于 38~42℃陡然增高,随后急剧降低;棚外处理于 42~48℃陡然增高,随后急剧降低。

（八）冷胁迫对棚内和棚外初烤烟叶经济性状与感官评吸质量的影响

由图3-52可知,棚内和棚外初烤烟叶的外观存在明显差异,棚内烟叶色泽鲜亮,叶面开张好,无明显杂色和挂灰;棚外烟叶色泽灰暗,叶面展开较小,表面存在明显杂色和挂灰。

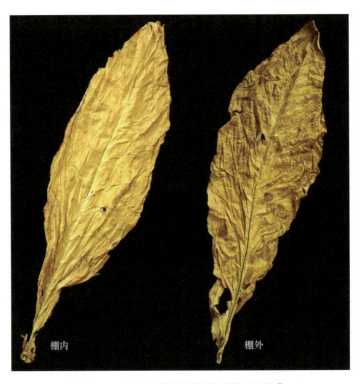

图 3-52　棚内和棚外初烤烟叶外观对比[①]

由表 3-42 可知,棚内和棚外烟叶的产量、产值、均价均存在显著性差异,各指标均呈现棚内>棚外,棚内分别比棚外高出 13.45%、47.32%、37.32%和 29.85%。由表 3-43 可知,棚内烟叶感官评吸质量总分显著高于棚外烟叶 20.44%。

表3-42　棚内和棚外初烤烟叶的经济性状[②]

处理	产量（kg/hm²）	产值（元/hm²）	中上等烟比例（%）	均价（元/kg）
棚内	2 326.8A	57 890.78A	72.71A	24.88A
棚外	2 050.95B	39 296.20B	52.95A	19.16B

① 图 3-52 引自 Li et al.，2021，Figure 8
② 表 3-42 引自 Li et al.，2021，Table 4

表 3-43　棚内和棚外初烤烟叶的感官评吸质量[①]

处理	香韵（10）	香气质（15）	香气量（15）	浓度（10）	杂气（10）	刺激性（15）	劲头（5）	干净度（10）	津润感（5）	吃味（5）	总分
棚内	8.5	12.5	13.5	7	7.5	12	5	8.5	4	4	82.5A
棚外	7.5	11.5	13	8	8	13.5	5	9	3	3.5	68.5B

（九）烤烟采烤期田间冷胁迫对烤烟挂灰烟形成的机理研究的小结

1. 云南烤烟采烤期田间冷胁迫发生的生态因素

海拔、气温和降雨是诱发烤烟采烤期田间冷胁迫的主要生态因素。云南烤烟生产具有"两头低温影响，中间高温不足"的特点，植烟区海拔集中在 1300~2000m，采烤期温度变幅为 17~22℃，8~9 月降雨量为 95~180mm，但在海拔>2000m 的植烟区，太阳辐射量增加、有效积温减小、昼夜温差加大，采烤期发生障碍型和杀伤型的冷胁迫情况十分频繁。本研究试验地海拔为 2565m，远高于云南主要植烟区海拔，采烤期月份温度变化异常剧烈，8 月气温变幅为 9.4~41.9℃，极易诱发田间冷害。试验地烤烟受到冷胁迫期间烟叶迅速发生褪绿变灰白现象，这与冷胁迫会损坏植物叶片光合系统、降低叶绿体色素含量有关。同时，在低温气候条件下山地降雨容易导致冻害和冰雹的自然灾害，试验地发生冷胁迫当天检测到少量降雨，夜间调查证实出现了冰雹，这也是直接导致烤烟遭受冷胁迫的重要原因之一。此外，较高的海拔会导致光强和光质发生明显变化，紫外线辐射增加，这可能是其与冷胁迫共同破坏烟叶光合系统的原因之一。

2. 田间冷胁迫对采烤期烤烟鲜烟叶素质的影响

冷胁迫会诱发烟叶自身增厚、失水萎蔫和光合系统损坏等。鲜烟叶素质作为决定烟叶烘烤特性甚至产质量的首要因素，体现在组织结构、水分、色素、化学成分、酶活性等方面。本研究结果表明，棚外烟叶（受冷害）的叶片、上下表皮、栅栏组织、海绵组织厚度均显著低于棚内鲜烟叶（不受冷害），说明低温胁迫破坏了叶片的组织结构，导致叶片同化能力减弱。但本研究结果中，组织比显示棚内<棚外，可能是由于冷胁迫诱导植物栅栏组织和海绵组织结构发生变化，以此提高对冷胁迫的抵御能力。棚外鲜烟叶（受冷害）的 SPAD 值和叶绿素 a、叶绿素 b 含量均显著低于棚内鲜烟叶，说明冷胁迫对于烟叶的叶绿素 a、叶绿素 b 含量具有较大影响，会严重降低香气前体物质的含量，损害烟叶品质，这与现有大量研究表明低温胁迫对烤烟的光合特性产生负向响应作用具有相似之处。

3. 田间冷胁迫对烤烟烘烤特性的影响

烘烤的主要目的是让烟叶失水与变黄协调进行，烘烤过程中烟叶变黄的原因是类胡萝卜素等黄色色素的降解速率远小于叶绿素的降解速率，所以烟叶会由绿变黄。本研究结果表明在烘烤过程中棚内和棚外烟叶的失水率呈现"慢—快—慢"的规律。其中，以 42~48℃失水最快，棚内烟叶单位时间内失水率整体低于棚外烟叶，这可能是由于棚外

[①] 表 3-43 引自 Li et al.，2021，Table 5

烟叶遭受冷胁迫后细胞质膜受到损害，自身就有轻重不一的萎蔫症状，因此失水较快。遭受冷害的烟叶叶片叶绿素含量降低，同时增厚的叶片、覆盖的蜡质层、皱缩的栅栏组织和海绵组织使得烟叶在烘烤过程中失水困难，烟叶变黄速率快于失水速率，导致烟叶定色期叶片含水量仍处于较高水平，随着进一步的温度升高，烟叶细胞破裂，胞液外流，一方面加速酶促棕色化反应的发生，另一方面使得多酚类物质与空气接触被氧化为黑色醌类物质，共同导致挂灰烟的大规模暴发。

4. 田间冷胁迫对采烤期烤烟生理生化特性的影响

冷胁迫对于鲜烟叶素质和烘烤特性的改变归因于大量产生的自由基损坏烟叶细胞质膜系统与扰乱酶活性。POD、SOD 和 CAT 作为植物体内重要的抗氧化酶，能清除植物体内过多的 H_2O_2 和氧自由基，减少活性氧在植物体内的积累，最终降低膜脂过氧化产物——MDA 含量，这些酶与抗逆性密切相关；MDA 是植物细胞膜脂过氧化反应的重要产物，反映了植物细胞膜的完整性和抵御逆境胁迫的能力。当烤烟接收到低温信号时，烟叶内部的 SOD 活性迅速升高，协同 CAT 和 POD 共同分解由冷胁迫刺激植物体内超氧化物而产生的 O_2 和 H_2O_2，随着冷害的加剧，抗氧化酶活性受到抑制，无法完成分解功能，直至细胞内积累的氧化物毒害细胞膜，对植物造成伤害。

本研究结果表明，棚内烟叶的POD、SOD和CAT活性整体高于棚外，而MDA含量和增长速率低于棚外，说明棚外烟叶遭受明显冷胁迫，导致烟叶细胞膜透性增大，生理生化环境遭受破坏。烘烤过程是人为提供的逆境胁迫环境，在相同烘烤时间下，棚内处理的SOD、POD和CAT相比棚外处理能更有效地维持高活性，作为抗活性氧自由基的主要酶类，对于缓解细胞衰老具有重要作用，能反映出棚内烟叶较之棚外烟叶具有更强的抗逆性。烤烟遭遇冷害逆境后因质膜系统受损，在烘烤过程中极易导致液泡中的多酚类物质和质体中的PPO快速结合，形成挂灰烟从而降低烟叶品质。棚内和棚外烟叶分别在 42℃ 与 48℃ 出现峰值，表明棚外烟叶在烘烤定色关键温度时期的PPO极为活跃，这可能也是遭受冷胁迫后进行烘烤的棚外烟叶相比棚内烟叶更容易发生大面积挂灰烟的重要原因之一。

5. 田间冷胁迫对采烤期烤烟产质量的影响

烟叶常规化学成分、多酚类物质和中性致香成分是决定初烤烟叶产质量的重要因素，冷胁迫会影响烘烤过程中烟叶品质的形成。本研究结果表明 42~54℃棚外烟叶碳代谢产物含量显著高于棚内烟叶，而氮代谢产物则与之相反，表明棚外烟叶在冷胁迫下碳代谢更为活跃，氮代谢反而受抑制。冷胁迫下，烟叶光合系统遭受破坏，生理生化酶活性降低，碳代谢途径受到激发，更有利于抵御逆境胁迫。正常情况下，烤烟生育后期氮代谢会受抑制，在冷胁迫下碳代谢受到促进，更加削弱了氮代谢途径，导致烤烟对氮素和其余微量元素的吸收降低，严重影响了碳氮代谢过程。棚内烟叶的绿原酸和芸香苷含量显著低于棚外，说明棚内烟叶相比棚外烟叶具有更佳的芳香吃味和烟气香味品质。棚内初烤烟叶经济性状和感官评吸质量显著高于棚外烟叶，说明田间冷胁迫对于烟叶产质量的负向影响巨大。遭受冷害后的初烤烟叶一方面由外观质量不佳出现大面积挂灰导致中上等烟比例急剧下降；另一方面由于内含物质转化不充分，感官评吸质量较差。二者综合导致了初烤烟叶产质量遭受巨大损失，老君山镇冷胁迫对烟农造成的经济损失正是由上述原因导致的。

6. 结论

云南高海拔植烟区发生断崖式降温配合降雨天气，极易发生田间冷胁迫。冷害烟叶的价值、品质都差于正常烟叶，主要原因是影响其抗氧化系统酶活性、鲜烟叶素质与烘烤特性，对植烟区烟农的经济收入产生了严重威胁。高海拔植烟区预警断崖式降温且伴随降雨的天气，有针对性地提前采烤，或者使用植物缓解剂保护植物抗氧化还原系统，有利于保证初烤烟叶产质量和降低经济损失。这个研究实例可为高海拔田间自然状态作物的冷害机理提供参考。

第四节　其他类型影响

一、田间病害对烤烟烟叶挂灰的影响

（一）烟草赤星病对烟叶挂灰的影响

烟草赤星病是烟草生长中、后期发生的一种叶部真菌性病害，是对烟草生产威胁最大的叶部病害。烟草赤星病在我国各烟区普遍发生，由于其流行具有间歇性和暴发性的特点，一般年份发病率为20%～30%，严重时发病率达90%，减少产值达50%以上，对产量、质量影响较大。烟草赤星病多发生于烟叶成熟期，主要为害叶片、茎秆、花梗、蒴果。赤星病先从烟株下部叶片开始发生，随着叶片的成熟，病斑自下而上逐步发展，最初在叶片上出现黄褐色圆形小斑点，后变成褐色（图3-53）。病斑的大小与湿度有关，

图3-53　红花大金元烟叶的赤星病症状

湿度大则病斑大，干旱则病斑小，一般来说最初斑点直径不足 0.1cm，随着病斑逐渐扩大，直径可达 1～2cm。病斑圆形或不规则圆形，褐色，有明显的同心轮纹，边缘明显，外围有淡黄色晕圈。湿度大时，病斑中心有深褐色或黑色霉状物。茎秆、蒴果上也会产生深褐色或黑色圆形、稍凹陷病斑（王佩等，2018）。

（二）烟草脉带花叶病毒病对烟叶挂灰的影响

烟草脉带花叶病毒病在中国一直是次要病害，近年来在山东、河南、安徽、云南等省份主产烟区的发生呈上升趋势。烟草脉带花叶病毒病在部分地块发病率可达 30%，影响烟叶品质和产量；如果与马铃薯 X 病毒等复合侵染，造成的损失会更严重。烟草脉带花叶病毒病在普通烟上的典型症状是在叶脉两侧形成浓绿的带状花叶（图 3-54）。侵染烟草 8d 可在叶片上引起明脉症状，14d 后可引起典型的脉带花叶症状。有些株系的致病力较弱，不引起明显的脉带花叶症状。该病害在田间与马铃薯 Y 病毒（PVY）引起的症状相似，因此在生产上常将该病与 PVY 引起的病害一起称为烟草脉斑病。烟草脉带花叶病毒主要侵染烟草、番茄和马铃薯等茄科植物，在普通烟、心叶烟、三生烟、本氏烟上引起脉带花叶症状，在番茄上引起斑驳症状，在洋酸浆、曼陀罗上引起花叶症状，在苋色黎（*Chenopodium amaranticolor*）和昆诺（*Chenopodium quinoa*）上形成枯斑，不侵染花生和油菜（刘勇，2013）。

图 3-54　烟草脉带花叶病毒病

试验于云南省大理州南涧县开展，烤烟品种为红花大金元，试验选取田间出现病害的中部烟叶（自下而上第9～11片）来进行处理和装烟烘烤，病害严重度分级参照国家标准《烟草病虫害分级及调查方法》（GB/T 23222—2008）。试验设置7个处理：处理1（CK）为正常无病害烤烟（对照），处理2（T2）为轻度赤星病感病烤烟（病情指数3级），处理3（T3）为中度赤星病感病烤烟（病情指数5级），处理4（T4）为中度赤星病感病烤烟（病情指数9级），处理5（T5）为轻度烟草脉带花叶病毒病感病烤烟（病情指数3级），处理6（T6）为中度烟草脉带花叶病毒病感病烤烟（病情指数5级），处理7（T7）为中度烟草脉带花叶病毒病感病烤烟（病情指数9级）。

配置3台电热自动控温、控湿中型密集烤箱（容量1000～2000片）进行烘烤试验，编烟装烤时每个智能控制烤烟箱装烟20～24竿，共两层，每竿编烟100片左右，确保处理间装烟密度一致，烘烤过程中严格按当地烘烤工艺曲线及时准确地升温排湿，风速调控由温控仪自动控制执行，结果如表3-44所示。

表3-44　不同病害烟叶烤后质量

处理	中上等烟比例（%）	挂灰烟比例（%）	挂灰程度	挂灰面积占比（%）
CK	61.1	7.3	1	0～20
T2	52	12.4	3	41～60
T3	38	16.5	4	61～70
T4	34	22.8	5	71以上
T5	58	10.2	1	0～20
T6	51	15.4	2	21～40
T7	45	18.7	4	61～70

由表3-44可知，各处理下烤烟均出现一定程度挂灰，挂灰烟比例由大到小排序为T4>T7>T3>T6>T2>T5>CK，且T4处理下挂灰程度为5级，挂灰面积占比为71%以上，但感病烟草挂灰情况明显要比常规烟草严重，两种病害处理下，赤星病挂灰情况比脉带花叶病毒病要严重。

二、活性玉米花粉对烤烟烟叶挂灰的影响

烤烟是比较典型的连作障碍植物，随着科学种植等优质化生产技术深入推广，烟农绿色生态意识逐步提高，烤烟的科学轮作、间套作等栽培模式已较为常见，其中烤烟-玉米轮作效果较好，目前全国各大烟区的烟农已大面积推广应用（图3-55）。

图3-55　大理地区烤烟—玉米间作现状

现有研究表明，玉米花粉对烤烟上部叶片的烘烤质量存在负面影响。湖南省郴州市宜章县黄沙镇，一般于4月开始种植玉米，6月中旬烤烟上部烟叶成熟前，早玉米开始散落花粉，花粉被自然风力带动，散落在相邻烟田的烟叶上，通过显微镜观察烟叶，叶片气孔显示有颗粒，在鲜烟叶表面出现非绿色颗粒、斑块，在烘烤过程中，斑块部分叶内物质发生棕色化反应，烘烤后的烟叶颜色呈现灰褐、灰红状态（段水明，2018）。进一步研究发现是因玉米花粉受风力传播至烤烟烟叶气孔，堵塞其水分和空气交换通路，导致叶片呼吸作用受阻，烟叶无法正常成熟，最终在烘烤环节发生棕色化反应。此外，因烟叶上散落的玉米花粉容易滋生霉菌从而诱发烟草玉米花粉病，导致叶片上特别是叶脉附近密布黑色细小的斑点。

烤烟–玉米轮作是避免烤烟连作障碍、提高农民收益的重要农作体系。玉米属C4型作物，养分需求较多，特别是氮肥和钾肥。烤烟属C3作物，对养分的需求较玉米少（刘杨舟等，2017）。二者结合不仅能解决烟粮争地矛盾，还可以节本增效，最重要的是能较好地改善并提高农田生态系统的生产潜力（朱经伟等，2017）。所以解决玉米花粉侵染烤烟导致挂灰烟形成具有重要的生产实际意义。

（一）试验设计

试验于2020年在云南省大理州南涧县开展，烤烟品种为红花大金元，处理1为无活性玉米花粉侵染烤烟，处理2为有活性玉米花粉侵染烤烟，各处理重复30株烤烟，一周侵染3次，然后取样测定不同处理烤烟鲜烟叶素质和烘烤特性的动态指标，具体为烟叶组织结构、光合系统指标、失水率、生理生化指标、灰色度等级和经济性状指标等。试验结果如图3-56和图3-57所示。

图3-56　玉米花粉侵染烤烟烟叶的田间图片

对被侵染的烤烟烟叶进行蛋白质组学分析,以期从蛋白质组学角度分析玉米花粉对烤烟烟叶的影响。采用随机取样法,选取侵染重-A、侵染轻-B 和对照(无玉米花粉侵染处理)-C 这 2 种玉米花粉侵染程度的叶片与对照烟叶作为分析材料,各 3 次重复,共 9 份样品。

图 3-57　玉米花粉侵染烤烟烟叶的初烤烟叶图片

（二）玉米花粉侵染烤烟烟叶的蛋白质组学分析

对侵染重、侵染轻和对照烤烟烟叶进行蛋白质组学分析,得到的二级图谱总数为 746 292,匹配到的图谱数量为 214 907,鉴定到的肽段的数量为 35 846,鉴定到的蛋白质数量为 6867。

在全蛋白质基础上,将生物学重复得到的蛋白质数据合并,将所获得的所有蛋白质数据中共同表达的蛋白质用于差异表达蛋白筛选。其中,在 A vs B 中,共鉴定出 183 种差异表达蛋白,其中上调 122 种($P \leqslant 0.05$,差异倍数>1.5),下调 61 种($P \leqslant 0.05$,差异倍数<0.67)(图 3-58A)。在 A vs C 中,共鉴定到差异表达蛋白种类为 217,176 种蛋白质表达上调,41 种蛋白质表达下调(图 3-58B)。在 B vs C 中,存在 198 种差异表达蛋白,136 种蛋白质表达上调,62 种蛋白质表达下调(图 3-58C)。

图 3-59A 表示侵染重与侵染轻烟叶中差异表达蛋白 GO(基因本体论)注释结果,A vs B 差异表达蛋白参与了 22 个生物过程、9 个细胞组成和 10 个分子功能;图 3-59B 表示侵染重与对照烟叶中差异表达蛋白 GO 注释结果,A vs C 差异表达蛋白参与了 23 个生物过程、11 个细胞组成和 8 个分子功能;图 3-59C 表示侵染轻与对照烟叶中差异表达蛋白 GO 注释结果,B vs C 差异表达蛋白参与了 21 个生物过程、9 个细胞组成和 9 个分子功能。以上三组比较均表现为:在生物过程分类中,代谢过程、细胞过程、对刺激

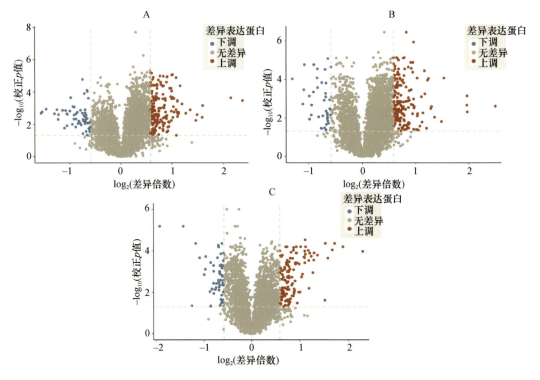

图 3-58　玉米花粉侵染烤烟烟叶的蛋白质组学表达图

的反应等过程占据较大的比例；在细胞组成分类中，大部分差异表达蛋白位于细胞、细胞组分、细胞器中；在分子功能分类中，结合和催化活性所占比例较高。

由图 3-59D 可知，在 A vs B 中，差异表达蛋白主要富集于乙苯降解（ethylbenzene degradation）、嘧啶代谢（pyrimidine metabolism）与柠檬烯和蒎烯的降解（limonene and pinene degradation）等代谢途径；由图 3-59E 可知，在 A vs C 中，差异表达蛋白主要富集在乙醛酸和二元酸代谢（glyoxylate and dicarboxylate metabolism）、光合生物的固碳作用（carbon fixation in photosynthetic organism）、嘧啶代谢（pyrimidine metabolism）等代谢通路；由图 3-59F 可知，在 B vs C 中，差异表达蛋白主要富集在光合作用（photosynthesis）、NOD（核苷酸结合寡聚化结构域）样受体信号通路（NOD-like receptor signaling pathway）、植物–病原菌相互作用（plant-pathogen interaction）、核糖体（ribosome）等代谢通路。

（三）小结

在 GO 分析中，差异表达蛋白涉及代谢过程、细胞过程和对刺激的反应等过程，存在于细胞、细胞组分等部位，有催化活性、结合等功能。KEGG（京都基因和基因组百科全书）通路分析表明，不同侵染程度烟叶差异表达蛋白主要参与乙苯降解、嘧啶代谢、光合生物的固碳作用、光合作用等代谢途径。其中，在嘧啶代谢、光合作用、光合生物的固碳作用中，下调蛋白所占比例较大，说明在玉米花粉侵染烤烟烟叶后，烤烟烟叶光合作用、光合生物的固碳作用等代谢途径代谢强度下降。

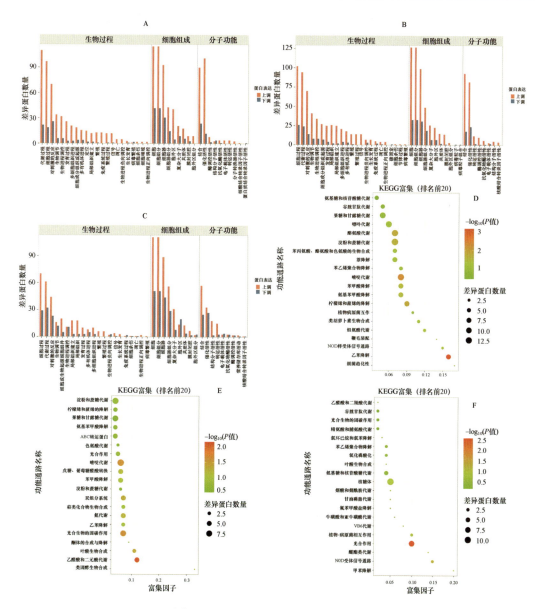

图 3-59　GO 注释结果和富集性气泡图

参 考 文 献

白羽祥, 杨焕文, 徐照丽, 等. 2017. 不同镁肥水平对烤烟光响应曲线及产量的影响. 云南农业大学学报(自然科学), 32(2): 257-262.

蔡永豪, 任可, 张宇, 等. 2019. 铝离子胁迫对烤烟农艺性状及生理指标的影响. 西南农业学报(增刊), 32: 20-25.

崔国明, 张小海, 李永平, 等. 1998. 镁对烤烟生理生化及品质和产量的影响研究. 中国烟草科学, (1): 7-9.

段水明. 2018. 玉米花粉对烤烟叶片质量的影响. 现代农业科技, (2): 3+5.

范才银. 2010. 不同施镁水平对烤烟干物质积累及烟碱含量的影响. 安徽农业科学, 38(8): 4019-4020+4023.

晋艳, 杨宇虹, 华水金, 等. 2007. 低温胁迫对烟草保护性酶类及氮和碳化合物的影响. 西南师范大学学报(自然科学版), 32(3): 74-79.

李淮源, 刘柏林, 邓世媛, 等. 2015. 铝胁迫对烤烟生长和光合特性的影响. 烟草科技, 48(9): 9-13+26.

李琦瑶, 陈爱国, 王程栋, 等. 2018. 低温胁迫对烤烟幼苗光合荧光特性及叶片结构的影响. 中国烟草学报, 24(2): 30-38.

李晓靖, 崔海军. 2018. 低温胁迫下植物光合生理研究进展. 山东林业科技, 48(6): 90-94.

李晔, 王潮, 赵秀香, 等. 2006. 铁营养对烟草幼苗生长及生理生化指标的影响. 中国农学通报, 22(9): 213-215.

刘强, 胡萍, 柳正葳, 等. 2017. 铝胁迫对烟草叶片光能利用、光保护系统及活性氧代谢的影响. 华北农学报, 32(1): 118-124.

刘杨舟, 孟军, 李显航, 等. 2017. 铜仁地区烤烟–玉米轮作不同施肥量对烤烟生长发育的影响. 现代农业科技, (23): 5-6.

刘勇, 杨华兵, 李梅云, 等. 2013. 云南省烟草品种脉带花叶病的症状与抗性. 中国烟草学报, 19(5): 62-66.

齐代华, 李旭光, 王力, 等. 2003. 模拟低温胁迫对活性氧代谢保护酶系统的影响—— 以长叶竹柏(*Podocarpus fleuryi* Hickel)幼苗为例. 西南农业大学学报(自然科学版), (5): 385-388+399.

曲留柱. 2014. 香蕉多酚氧化酶特性及其催化褐变防控的研究. 北京林业大学博士学位论文.

邵岩, 雷永, 晋艳. 1995. 烤烟水培镁临界值研究. 中国烟草学报, (2): 52-56.

宋静武, 殷德松, 赵弟广, 等. 2017. 核桃叶片内多酚黄酮类成分对低温胁迫的响应. 河北林果研究, 32(1): 34-41.

孙卫红, 陈相燕, 杜斌, 等. 2011. 过量表达番茄类囊体膜抗坏血酸过氧化物酶基因(*StAPX*)提高了烟草种苗的抗氧化能力. 植物生理学报, 47(6): 613-618.

王焕校. 2002. 污染生态学(第二版). 北京: 高等教育出版社.

王建林, 刘芷宇. 1992. 红壤根际中铁和铝的胁迫与水稻生长. 土壤通报, (1): 34-37.

王佩, 欧雅姗, 张强, 等. 2018. 烟草赤星病研究进展. 安徽农业科学, 46(21): 33-36.

王廷璞, 王静, 孙晓艳. 2011. 锰胁迫对大豆幼苗 POD 活性及其同工酶的影响. 安徽农业科学, 39(9): 5065-5067.

巫光宏, 詹福建, 罗焕亮, 等. 2002. 几种保护酶活性变化与马占相思树对低温胁迫的抵抗性的关系研究. 植物研究, 22(1): 42-42.

吴国贺, 孙立娟, 高崇, 等. 2016. 铁、锌配合施用对烟叶产量和品质的影响. 湖北农业科学, 55(10): 2577-2579.

熊静, 陈清, 刘伟. 2014. 基质栽培盐分积累成因的研究进展. 中国蔬菜, (7): 12-17.

许文博, 邵新庆, 王宇通, 等. 2011. 锰对植物的生理作用及锰中毒的研究进展. 草原与草坪, 31(3): 5-14.

张乐. 2013. 铝胁迫下丹波黑大豆醛脱氢酶基因 *GmALDH3-1* 的作用机理研究. 昆明理工大学硕士学位论文.

张旭红, 高艳玲, 林爱军, 等. 2008. 植物根系细胞壁在提高植物抵抗金属离子毒性中的作用. 生态毒理学报, 3(1): 9.

章艺, 史锋, 刘鹏, 等. 2004. 土壤中的铁及植物铁胁迫研究进展. 浙江农业学报, 16(2): 1-114.

周先学, 李涛, 王志新. 2014. 锰离子浓度对黄瓜幼苗叶片抗冷性的影响. 山东农业科学, 46(1): 47-50.

朱经伟, 石俊雄, 冉贤传, 等. 2017. 玉米秸秆施用措施对土壤肥力及烤烟产质量的影响. 中国烟草学会学术年会优秀论文集. 北京: 中国烟草学会 2017 年学术年会: 15.

朱英华, 屠乃美, 肖汉乾, 等. 2011. 镁对烤烟生长发育及养分吸收的影响. 华北农学报, 26(3): 164-167.

Awasthi R, Bhandari K, Nayyar H. 2015. Temperature stress and redox homeostasis in agricultural crops. Frontiers in Environmental Science, 3(11): 1-10.

Clairmont K B, Hagar W G, Davis E A. 1986.Manganese toxicity to chlorophyll synthesis in tobacco callus.

Plant Physiology, 80: 291-293.

Fraga C G, Oteiza P I. 2015. Iron toxicity and antioxidant nutrients. Toxicology, 180(1): 23-32.

Gu K, Hou S, Chen J, et al. 2021. The physiological response of different tobacco varieties to chilling stress during the vigorous growing period. Sci Rep, 11: 22136.

Gutteridge J M C, Halliwell B. 1990. The measurement and mechanism of lipid peroxidation in biological systems. Trends in Biochemical Sciences, 15(4): 129-135.

Hatfield J L, Prueger J H. 2015. Temperature extremes: effect on plant growth and development. Weather & Climate Extremes, 10(PA): 4-10.

Hauck M, Paul A, Gross S, et al. 2003. Manganese toxicity in epiphytic lichens: chlorophyll degradation and interaction with iron and phosphorus. Environmental & Experimental Botany, 49: 181-191.

He X, Liu T , Ren K , et al. 2020. Salicylic acid effects on flue-cured tobacco quality and curing characteristics during harvesting and curing in cold-stressed fields. Frontiers in Plant Science, 11: 580597.

Hughes D A. 2005. Plant polyphenols: modifiers of immune function and risk of cardiovascular disease. Nutrition, 21(3): 422-423.

Kenji M, Tsuyoshi F. 2013. Cold signaling and cold response in plants. International Journal of Molecular Sciences, 14(3): 5312-5337.

Li Y, Ren K, Hu M, et al. 2021. Cold stress in the harvest period: effects on tobacco leaf quality and curing characteristics. BMC Plant Biology, 21(1): 131.

Li Y, Ren K, Zou C, et al. 2019. Effects of ferrous iron toxicity on agronomic, physiological, and quality indices of flue-cured tobacco. Agronomy Journal, 111: 2193-2206.

Mcdaniel K L, Toman F R. 1994. Short term effects of manganese toxicity on ribulose 1,5 bisphosphate carboxylase in tobacco chloroplasts. Journal of Plant Nutrition, 17: 523-536.

Millaleo R, Reyes-Díaz M, Ivanov A, et al. 2010. Manganese as essential and toxic element for plants: transport, accumulation and resistance mechanisms. Journal of Soil Science and Plant Nutrition, 10: 470-481.

Ono K, Yamamoto Y, Hachiya A, et al. 1995. Synergistic inhibition of growth by aluminum and iron of tobacco (Nicotiana tabacum L.) cells in suspension culture. Plant & Cell Physiology, 36(1): 115-125.

Panigrahi S, Pradhan M K, Panda D. K et al. 2016. Diminution of photosynthesis in rice (Oryza sativa L.) seedlings under elevated CO_2 concentration and increased temperature. Photosynthetica, 54(3): 359-366.

Pradhan S, Goswami A K, Singh S K, et al. 2017. Physiological and biochemical alterations due to low temperature stress in papaya genotypes. Indian Journal of Horticulture, 74(4): 491-497.

Snowden K. 1993. Five genes induced by aluminum in wheat (Triticum aestivum L.) roots. Plant physiology, 103(3): 855-861.

Yadav S K. 2010. Cold stress tolerance mechanisms in plants. A review. Agronomy for Sustainable Development, 30(3): 515-527.

Yamaguchi Y, Yamamoto Y, Matsumoto H. 1999. Cell death process initiated by a combination of aluminium and iron in suspension-cultured tobacco cells (Nicotiana tabacum): apoptosis-like cell death mediated by calcium and proteinase. Soil Science & Plant Nutrition, 45(3): 647-657.

Zou C M, Li Y, Deng X P, et al. 2019. Manganese Stress in flue-cured tobacco: biochemical responses. Research Square, DOI:10.21203/rs.2.16312/v1.

第四章　烤烟挂灰烟生物化学、细胞学机理研究

我们探究烤烟挂灰烟形成原因与酶促棕色化反应机理，第一要点就是要探究多酚氧化酶活性口袋的配体结构，这是酶促棕色化反应的基础；第二要点就是通过模拟试验，利用烟草多酚类物质与多酚氧化酶进行试验，得出酶促棕色化反应动力学方程；第三要点是进行烤烟多酚氧化酶抑制剂的筛选与验证；第四要点是鉴定烟叶灰色物质的成分与分子结构；第五要点是利用生物信息学、基因克隆等技术对烟叶的多酚氧化酶进行克隆、提纯并进行酶活性分析；第六要点是探索烟草多酚氧化酶和酶促棕色化反应的结合机理，同时，针对"酶促棕色化反应理论"在烟叶烘烤实际中的两个必要内因（烟叶细胞质膜透性破坏、烘烤关键期烟叶失水不充分），以及反应底物的关联性，结合烟叶生产实际进行必要验证。未来研究可以考虑对多酚氧化酶进行蛋白质晶体结构分析，甚至可以利用基因编辑、突变体等技术对烟叶中的多酚氧化酶进行修饰，然后进行烘烤性状验证。

第一节　多酚氧化酶活性口袋配体结构[①]

酪氨酸酶又称多酚氧化酶，是一种广泛分布于植物、真菌、昆虫和哺乳动物中的 3 型铜酶（Olivares and Solano，2009）。它催化单酚的羟基化和邻二酚的氧化，与植物褐变、角质层形成直接相关（Gandia-Herrero et al.，2003）。酪氨酸酶也与帕金森病有关，因为它能够氧化大脑中的多巴胺从而形成黑色素。因此，开发高效的多酚氧化酶抑制剂在烟草烘烤、食品加工、生物杀虫剂开发、化妆品开发和医药相关研究等领域均具有重要意义。

酪氨酸酶的活性位点含有 6 个保守的组氨酸残基，配位两个铜离子，这对酪氨酸酶的两种催化活性都是至关重要的。在双孢蘑菇酪氨酸酶的晶体结构中，活性中心连接两个铜离子的位置确定为一个氧原子。但是，由于氢原子不能用 X 射线衍射技术测定，目前还不清楚这种桥连氧的身份是水分子还是氢氧根离子（Ismaya et al.，2011）。因此，我们基于第一性原理的量子力学/分子力学-泊松玻尔兹曼表面积（quantum mechanics/molecular mechanics-Poisson Boltzmann surface area，QM/MM-PBSA）方法及合适的热力学循环，从理论上确定活性口袋内桥连氧原子的身份。通过对 QM/MM 优化构型的分析，讨论了设计高效酪氨酸酶活性抑制剂的关键要点。

一、热力学循环

测定酪氨酸酶活性位点的桥连配体是水还是氢氧根离子的方法，与测定蛋白质中天冬氨酸残基的质子化状态的方法基本相同（图 4-1）。因此在图 4-2 中建立了一个类似的热力学循环。符号 Protein···H_2O 和 Protein···OH^- 指桥连配体分别为水或氢氧根阴离子的

---

① 部分引自 Zou et al.，2017

两种酪氨酸酶体系,而 Model 指的是结构上尽可能接近酪氨酸酶活性位点的 QM 模型系统,即图 4-3 中以木棍和球体表示所呈现的原子。图 4-2 中$\Delta G_{\text{protein}}$和$\Delta G_{\text{model}}$分别是酪氨酸酶和模型体系里桥接水变化为桥接氢氧根阴离子过程的吉布斯自由能变化。在本研究中,这两个值是通过 QM/MM-PBSA 计算得到的。考虑到模型系统的 pK_a 是由第一性原理 QM 计算确定的,所以其方程式为:

$$\Delta G_{\text{protein}}=\Delta G_{\text{protein}（\text{QM/MM–PBSA}）}-\Delta G_{\text{model}（\text{QM/MM-PBSA}）}+\Delta G_{\text{model}（\text{QM}）} \qquad (4\text{-}1)$$

其中,ΔG 的值可以用来确定桥连配体的身份。

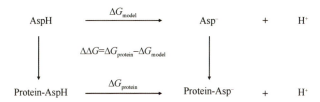

图 4-1　测定蛋白质天冬氨酸残基 pK_a 的热力学循环

双自由能差$\Delta\Delta G$用于 pK_a 移位分析[①];AspH. 质子化态的天冬氨酸;Asp⁻. 天冬氨酸离子;
Protein-AspH. 蛋白质里的天冬氨酸残基,质子化态;Protein-Asp⁻. 蛋白质里的天冬氨酸残基,离子态

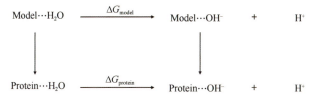

图 4-2　确定桥接氧的性质的热力学循环

确定酶活性部位的桥氧是水还是氢氧根阴离子[②]

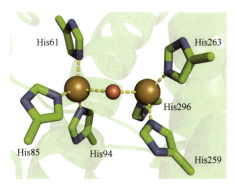

图 4-3　双孢蘑菇酪氨酸酶晶体结构的活性位点（PDB ID 2Y9W）[③]

组氨酸残基的侧链呈棒状,而铜离子和桥连氧呈球状。本研究中的 Model 系统包括
图中球棍表示的原子。碳原子、氮原子、氧原子和铜原子分别用绿色、蓝色、红色与棕色标出

二、QM/MM-PBSA 的计算

在 QM/MM-PBSA 方法中,自由能的计算公式如下:

---

① 图 4-1 引自 Zou et al.，2017，Figure 2
② 图 4-2 引自 Zou et al.，2017，Figure 3
③ 图 4-3 引自 Zou et al.，2017，Figure 1

$$G=E_{QM/MM}+G_{PBSA}-TS_{QM/MM} \tag{4-2}$$

式中，$E_{QM/MM}$ 为 QM/MM 的势能；G_{PBSA} 为溶剂化能，由通过求解泊松玻尔兹曼（Poisson Boltzmann）方程得到的极性溶剂化能，和通过溶剂可及表面积（solvent accessible surface area）得到的非极性溶剂化能组成而得；T 是室温；$S_{QM/MM}$ 可由下式估算：

$$S_{QM/MM}=S_{QM}+S_{MM}+S_{QM-MM} \tag{4-3}$$

式中，S_{QM} 和 S_{MM} 分别是 QM 与 MM 系统的熵项。S_{QM-MM} 是 QM 和 MM 系统之间的耦合项。

采用 PDB ID 2Y9W 的晶体结构制备由 QM/MM 计算的初始结构。QM 系统定义为图 4-3 中由球棍表示的原子，包括两个铜离子，铜离子周围编号为 61、85、94、259、263 和 296 的组氨酸残基的侧链及桥连配体（水分子或氢氧根阴离子）。其余的原子被定义为 MM 系统，边界原子采用氢原子（Senn and Thiel，2009）。

QM/MM 计算是在 B3LYP/6-31+G*：AMBER 级别上进行的，使用的是 AMBER16（Case et al.，2016）的 QM/MM 接口程序。其中 QM 系统由 Gaussian 09 程序（Frisch et al.，2009）在 B3LYP/6-31+G*理论级别上处理，MM 系统则采用 AMBER14SB 力场描述。在所有的 QM/MM 计算中，只有在以两个铜离子为中心的 15Å 之内的原子才可以移动，该范围之外的所有其他原子则不移动。

几何构型优化采用的是 Limited-memory Broyden-Fletcher-Goldfarb-Shanno（LBFGS）算法（Liu and Nocedal，1989），使用的是 AMBER16 中的 Sander 程序。收敛标准为能量梯度的均方根偏差小于 0.01kcal/（mol·Å）（1cal=4.1868J）。在几何优化收敛完成后，利用 AMBER16 中的 PBSA 程序开展 PBSA 计算，其中所需的电荷取自 QM 系统的约束静电势电荷（RESP 电荷）（Cieplak et al.，1995）和 MM 电荷。

QM/MM 计算和 PBSA 计算可以分别生成公式（4-2）中的第一项与第二项。对于第三项 S_{QM-MM} 的计算，我们依据公式（4-3）忽略了 S_{MM} 的贡献，因为两种状态下蛋白质的熵不太可能有大的差别。同样的，在本体系中，S_{QM-MM} 主要来源于 QM-MM 之间静电相互作用的贡献，因此 QM-MM 之间的键连项和范德瓦耳斯项对熵的贡献也可以忽略。在具体的实现方案上，我们采用 Gaussian 09 程序开展了频率简谐振动分析，以 MM 点电荷作为背景电荷，计算了 QM 系统的熵项。为了消除理论方法的系统误差，我们对蛋白质体系和 Model 系统均进行了 QM/MM-PBSA 计算。由于 Model 系统的定义与 QM 系统的定义完全相同，因此 Model 系统的计算基本上是在没有 MM 背景电荷的 QM 系统上进行的，这可以在最大程度上抵消理论方法的系统误差。

三、pK_a 测定的 QM 计算

通过第一性原理的 QM 计算，并采用连续介质溶剂化模型/水分子簇模型，可准确确定 pK_a。有研究表明，在第一溶剂化层内加入三个显式水分子，采用基于等密度面的明尼苏达溶剂化模型（solvation model density，SMD），对于含有羟基和氢过氧基的分子可显著提高 pK_a 计算的精度（Thapa and Schlegel，2017）。在本研究中，桥连配体的氧与两个铜离子配位，这样的情况下桥连配体上的氢会指向活性位点的外部。对于桥连配体可能是水的情况，我们在第一溶剂化层中加入两个水分子，而对于桥连配体可能是氢氧

根离子的情况，我们在第一溶剂化层中加入一个水分子。为了使计算出的能量可靠且具有可比性，我们在第二溶剂化层中也加入了水分子。按照这个策略，桥连配体的两种情况（即为水的体系，或为氢氧根离子的体系）分别都加入了三个水分子。这样加入的水分子称为显性水分子。为了获得这三个显式水分子的合理构象，我们对模型系统进行了约束分子动力学（molecular dynamics，MD）模拟。由于模型系统的定义与QM/MM计算中的QM系统相同，我们在MD模拟中使用了QM系统的RESP电荷。为了模拟体系在水溶液中的情况，我们将模型系统溶解在TIP3P水分子为溶剂的矩形盒中，溶质到盒子边缘的最小距离为8Å。在进行MD模拟之前要进行能量最小化，以消除原子间可能存在的导致极高能量的不良接触。然后在温度从10K–273.15℃=0K逐渐增加到300K的情况下，进行40ps（picosecond，皮秒）的平衡阶段模拟，随后在NPT系综（即等温-等压系综）中在300K下进行50ps的模拟。MD模拟中的时间步长为2fs（飞秒）。值得注意的是，分子力场并不能很好地描述铜离子的中心，而这里MD模拟的目的仅仅是获得三个显式水分子的合理位置，因此MD模拟中需要维持模型系统在晶体结构中的构象，仅优化水分子和氢原子的位置。具体实施方案是，在能量最小化和MD模拟时，我们仅允许水分子和氢原子移动，而让所有剩余的原子保持固定在其晶体结构位置。MD模拟完成后，我们从MD模拟的最后一帧构象中选择了与桥连配体较紧密接触的三个水分子。此后，通过SMD溶剂化方法，使用高斯09程序在B3LYP/6-31+G*理论水平对模型系统的两个状态（分别为桥连配体作为水分子或氢氧根离子）进行了几何构型优化，并通过频率振动分析确认优化得到的几何构型是势能面上的稳定点。然后，在B3LYP/6-311++G**理论水平上进行单点能计算，进一步精炼这两种状态的能量。

质子在水溶液中的自由能计算为：

$$G_{aq,H^+} = G_{gas,H^+}^{1atm} + \Delta G^{1atm \to 1M} + G_{solv,H^+}^{1M} \qquad (4\text{-}4)$$

式中，1M（即1mol/L）和1atm（即1个标准大气压）分别是指水溶液与气相的标准状态。G_{gas,H^+}是质子的气相自由能，在1atm标准状态和298.15K时的值为–6.28kcal/mol（Thapa and Schlegel，2017）。$\Delta G^{1atm \to 1M}$是从标准状态1atm到1M的自由能变化，其值为1.89kcal/mol（Bryantsev et al.，2008）。$\Delta G_{solv,H^+}$是质子在1M标准状态和298.15K时的水合能量，其值为–265.9kcal/mol（Zhan and Dixon，2001；Bryantsev et al.，2008）。因此，在标准状态下的1M和298.15K，质子在水溶液中的自由能为–270.3kcal/mol。最后，通过式（4-5）计算模型系统从桥接水变为桥接氢氧根离子的自由能差，将其转换为pK_a的公式：

$$\Delta G_{model(QM)} = G_{model(氢氧根离子)} + G_{aq,H^+} - G_{model(水)} \qquad (4\text{-}5)$$

$$pK_a = \frac{\Delta G_{model(QM)}}{RT\ln 10} \qquad (4\text{-}6)$$

四、铜离子的电荷状态

多酚氧化酶中的两个铜离子可能带有两种可能的电荷状态（Casanola-Martin et al.，

2014），即对应于单重态的+1 形式电荷和对应于三重态的+2 形式电荷，我们用 Cu（Ⅰ）和 Cu（Ⅱ）分别表示铜离子的这两种电荷状态。将这两种电荷状态与桥连配体的两种可能性结合起来，有 4 种多酚氧化酶活性位点的可能结构。我们将这些结构在 B3LY/6-31+G*：AMBER 理论水平上进行了 QM/MM 优化。图 4-4 是这 4 个 QM/MM 优化后的结构与 2Y9W 晶体结构之间的比较。图 4-4A 显示，桥接的水分子无法与两个 Cu（Ⅰ）离子结合。图 4-4B 是桥连配体为氢氧根离子的情况。如图 4-4 所示，虽然经由 QM/MM 优化后的稳定结构表明桥连配体可以与两个 Cu（Ⅰ）离子结合，但这个 QM/MM 优化后的结构与晶体结构有显著不同。在晶体结构中，右侧铜离子与 His263 侧链 ε 位的氮原子配位，它们之间的距离是 2.1Å；在 QM/MM 优化后的结构中，这个距离变为 3.3Å，表明铜离子与 His263 的配位丢失。显然，当两个铜离子为 Cu（Ⅰ）时，无论桥连配体是什么都不能保持铜离子的配位，这表明晶体结构 2Y9W 中的铜离子不是 Cu（Ⅰ）。与之对应的，从图 4-4C、D 可知，当铜离子处于三重态时，不管桥连配体是水还是氢氧根离子，铜离子均保持了原本的配位模式。除此之外，在图 4-4B 中也就是铜离子为 Cu（Ⅰ）时，我们观察到 His263 和 His295 侧链之间形成了氢键，这意味着右侧 Cu（Ⅰ）的配位模式被破坏了，而在图 4-4D 中也就是铜离子为 Cu（Ⅱ）的情况，我们并没有观察到这样的情况发生。综上所述，晶体结构 2Y9W 中的铜离子应为 Cu（Ⅱ）。

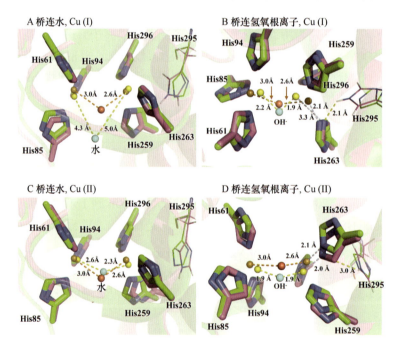

图 4-4　4 种可能的 QM/MM 优化的活性位点结构与 2Y9W 晶体结构的比较[①]

A. 桥连配体是水，铜离子是 Cu（Ⅰ）；B. 桥连配体是氢氧根离子，铜离子是 Cu（Ⅰ）；C. 桥连配体是水，铜离子是 Cu（Ⅱ）；D. 桥连配体是氢氧根离子，铜离子是 Cu（Ⅱ）。对于 2Y9W 晶体结构，碳、氮、氧和铜原子分别用绿色、蓝色、红色与棕色来着色，而对于 QM/MM 优化的结构，这些原子则分别用洋红色、蓝色、青色和橙色着色。为了易于辨识，将铜离子和桥连氧按比例缩小为小球体

---

① 图 4-4 引自 Zou et al.，2017，Figure 4

五、桥连配体身份的确定

我们采用 SMD 溶剂化模型，并应用 3 个显式水分子到体系中，在 B3LYP/ 6-311++G**//B3LYP/6-31+G* 理论水平下，计算了模型体系从桥连配体为水的状态变化到桥连配体为氢氧根离子状态这个过程的自由能差。这两种状态优化后的结构如图 4-5 所示，它们的自由能差$\Delta G_{model（QM）}$ 在表 4-1 中列出，为 2.8kcal/mol，对应的 pK_a 为 2.1。这说明在 pH 为中性的条件下，模型体系中的桥连配体为氢氧根离子。我们的目的是确定蛋白质中桥连氧的身份，根据式（4-1），我们还需要$\Delta G_{protein（QM/MM-PBSA）}$ 和$\Delta G_{model（QM/MM-PBSA）}$ 这两项的数值。因此，我们对蛋白质和模型系统均在 B3LYP/6-311++G*/B3LYP/6-31+G* 理论水平进行了 QM/MM-PBSA 计算。表 4-2 给出了这两项的计算结果，其值分别为 295.3kcal/mol 和 260.9kcal/mol。根据式（4-2），桥连配体从水转变为氢氧根离子这一过程的自由能差ΔG 为 37.1kcal/mol，即桥连水的自由能更低，比桥连氢氧根离子要稳定得多。显然，在蛋白质中桥连配体应该是水分子，而不是氢氧根离子。我们通过比较晶体结构和 QM/MM 优化的结构，进一步证实了这个结论。如图 4-6 所示，在 2Y9W 晶体结构中，两个铜离子之间的距离为 4.5Å，当桥连配体是水分子时，计算结果中这一距离与晶体结构相比仅发生了微小的变化。但是，如果桥连配体是氢氧根离子，则铜离子之间的距离会显著变化至 3.6Å。此外，如果桥连配体是水分子，两个铜离子与桥连氧之间的距离分别从 3.0Å 和 2.6Å 略微变化至 2.5Å 和 2.2 Å。而当桥连配体为氢氧根离子时，这两个距离都显著减小至 1.9 Å。显然，当桥连配体为水分子时，经 QM/MM 优化后的活性中心的结构非常接近晶体结构中活性中心的结构，这也与我们 QM/MM-PBSA 的自由能计算结果一致。因此，多酚氧化酶活性位点中的桥连配体的身份被确定为水分子。

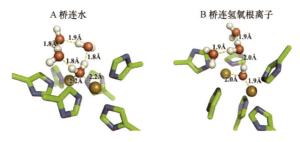

图 4-5　在 B3LYP/6-31+G* 的理论水平下优化得到的模型系统两种状态的结构[①]
A. 桥连配体是水；B. 桥连配体是氢氧根离子。在桥连配体的第一溶剂化层和第二溶剂化层中，显式添加了三个水分子，以进行可靠的溶剂化效应计算，并获得可比较的能量

表 4-1　$\Delta G_{model（QM）}$[a] 的计算值[②]

	E_{QM}[b]	dG_{QM}[c]	G_{QM}[d]
水	−3 250 650.30	389.7	−3 250 260.6
氢氧根离子	−3 250 365.70	378.2	−3 249 985.3
质子	N/A	N/A	−270.3[e]

注：a. $\Delta G_{model(QM)}=G_{model（氢氧根离子）}+G_{aq,H^+}-G_{model（水）}=2.8$ kcal/mol。所有能量均以 kcal/mol 为单位，并以 B3LYP/6-311++G*/B3LYP/6-31+G* 理论水平计算；b. E_{QM} 是电子能量；c. dG_{QM} 是对吉布斯自由能的热力学校正；d. G_{QM} 是每个物种的吉布斯自由能，其值为 E_{QM} 与 dG_{QM} 之和；e. 质子在水溶液中的吉布斯自由能根据式（4-4）计算而来。N/A 表示未做此项计算

① 图 4-5 引自 Zou et al.，2017，Figure 5
② 表 4-1 引自 Zou et al.，2017，Table 1

表 4-2　$\Delta G_{\text{protein (QM/MM-PBSA)}}$ 和 $\Delta G_{\text{model (QM/MM-PBSA)}}$ [a] 的计算值[①]

		$E_{\text{QM/MM}}$ [b]	$dG_{\text{QM/MM}}$ [c]	E_{PBSA} [d]	$G_{\text{QM/MM-PBSA}}$ [e]	$\Delta G_{\text{(QM/MM-PBSA)}}$ [f]
蛋白质	水	−3 111 906.7	354.99	−4 967.8	−3 116 519.6	295.3
	氢氧根离子	−3 111 396.4	357.44	−5 185.3	−3 116 224.3	
模型	水	−3 105 710.4	350.11	−463.6	−3 105 823.9	260.9
	氢氧根离子	−3 105 646.3	344.33	−260.9	−3 105 563.0	

注：a. 所有能量均以 kcal/mol 为单位，并以 B3LYP/6-31+G*：AMBER 理论水平计算；b. $E_{\text{QM/MM}}$ 为电子能量；c. $dG_{\text{QM/MM}}$ 是带有 MM 背景电荷的 QM 系统的吉布斯自由能的热力学校正；d. E_{PBSA} 是通过 PBSA 方法计算得到的溶剂化能；e. $G_{\text{QM/MM-PBSA}}$ 是每种物种的吉布斯自由能，其值为 $E_{\text{QM/MM}}$、$dG_{\text{QM/MM}}$ 与 E_{PBSA} 的和；f. $\Delta G_{\text{(QM/MM-PBSA)}}$ 的计算公式为 $G_{\text{氢氧根离子 (QM/MM-PBSA)}} - G_{\text{水 (QM/MM-PBSA)}}$

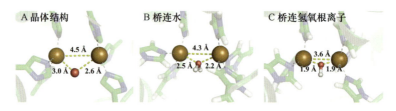

图 4-6　多酚氧化酶活性中心的三种结构[②]
A. 晶体结构（2Y9W）中活性中心的结构；B. 桥连配体为水时 QM/MM 优化后活性中心的结构；C. 桥连配体为氢氧根离子时 QM/MM 优化后活性中心的结构。结构优化使用了 B3LYP/6-31+G*：AMBER 理论水平的 QM/MM 方法

六、对多酚氧化酶抑制剂设计的意义

最近的一项虚拟筛选研究表示（Choi et al.，2016），四唑基对多酚氧化酶的抑制活性是必不可少的。该研究测试的分子中包括一些具有羧基的分子，但即使如此，具有最强抑制活性的仍是一个具有四唑基的分子。这是一个非常有趣的发现，因为带正电的铜离子也是抑制剂的结合位点，其对带负电的羧基的亲和力应高于对中性四唑基的亲和力。如图 4-6 所示，在图 4-6B 中的桥连水失去氢离子成为图 4-6C 中的氢氧根离子之后，桥连氧更靠近铜离子，表明铜离子与氢氧根离子之间的静电相互作用较其与水之间的静电相互作用强得多。这种强大的相互作用还使得两个铜离子更靠近彼此，从而导致活性中心结构与晶体结构不同，说明这个结构具有更高的能量。显然，尽管从结构上看，带负电荷的分子可能与铜离子结合更加紧密，但这会导致总能量增加，结果仍然是不利于抑制剂与酶结合。因此，与中性化合物相比，具有羧基的分子应具有较低的结合亲和力。另一个例子是邻苯二甲酸（PA）和肉桂酸（CA），在 pH=7 的条件下它们的电荷分别为−2 和−1。关于这两个分子的动力学数据显示，PA 对多酚氧化酶的抑制活性远低于 CA（Hassani et al.，2016），这表明太多的负电荷会降低抑制活性。因此，要设计出高效的多酚氧化酶的活性抑制剂，该分子必须对铜离子具有亲和力及电荷为中性。

①　表 4-2 引自 Zou et al.，2017，Table 2
②　图 4-6 引自 Zou et al.，2017，Figure 6

七、多酚氧化酶活性口袋配体结构的小结

QM/MM-PBSA 计算结果有力地支持了双孢蘑菇多酚氧化酶晶体结构活性中心的桥连配体是水分子而不是氢氧根离子的结论。虽然从结构上看氢氧根离子与铜离子结合得更紧密，但它显著改变了多酚氧化酶活性位点的结构，并导致总能量的增加。水和氢氧根离子之间不同的结合行为可能解释了带有羧基或带过多负电荷的分子抑制活性较低的原因。有鉴于此，设计高效的多酚氧化酶活性抑制剂既要满足对铜离子的亲和性，又要满足整个分子的电荷为中性。

第二节　多酚氧化酶的动力学规律[①]

多酚类物质广泛存在于植物中，由磷酸戊糖、莽草酸和苯丙烷途径产生的大量次生代谢物组成。多酚类物质的组成和数量由多种遗传与环境因素决定。酚酸的主要类别是羟基肉桂酸和羟基苯甲酸。羟基肉桂酸的主要多酚代表是绿原酸和咖啡酸（Nabavi et al.，2017）。根据奎宁酯化位点的不同，4-O-咖啡酰基奎宁（隐绿原酸）和 5-O-咖啡酰基奎宁（新绿原酸）是绿原酸的两个重要异构体（田海英等，2012）。绿原酸、隐绿原酸、新绿原酸、咖啡酸等多酚类化合物广泛存在于水果、蔬菜及烟草中，具有广泛的生物活性。

多酚氧化酶是一种含铜的单加氧酶，广泛分布于植物、微生物和哺乳动物中（Gheibi et al.，2015）。多酚氧化酶主要分为 3 类：单酚单氧化酶（酪氨酸酶，tyrosinase，EC.1.14.18.1）、双酚氧化酶（儿茶酚氧化酶，catechol oxidase，EC.1.10.3.1）和漆酶（laccase，EC.1.10.3.2）。其中，酪氨酸酶催化两种类型的反应，单酚和邻二酚分别被氧化成邻二酚与邻苯二酚（García-Jiménez et al.，2018）。酪氨酸酶在引发酶促褐变反应中的作用在食品工业中已经得到了很好的证实。据报道，绿原酸是从苹果和茴香（*Anethum graveolens*）中提取的多酚氧化酶的底物。茴香衍生的多酚氧化酶对绿原酸的亲和力比邻苯二酚和多巴胺更高（Sakiroglu et al.，2008）。然而，酪氨酸酶催化氧化 4 种多酚的机理尚不清楚。因此，在本节研究中，我们研究的多酚氧化酶主要聚焦于酪氨酸酶，建立 3-甲基-2-苯并噻唑啉酮腙（MBTH）测定邻苯二酚不稳定产物的分析方法，考察其催化氧化不同多酚的动力学性质，为食品工业和医疗保健相关的酶学特性提供数据支持。

一、实验过程及方法

（一）材料与仪器

酪氨酸酶（2687U/mg）、新鲜烟叶、磷酸氢二钠、磷酸二氢钠、左旋多巴、绿原酸、隐绿原酸、新绿原酸、咖啡酸、聚乙烯吡咯烷酮、3-甲基-2-苯并噻唑啉酮腙盐酸盐-水化物、二甲基甲酰胺（DMF），所有试剂均为分析纯。

UV-2100 紫外全波长分光光度计、酶标仪、真空冷冻干燥机、高速冷冻离心机、pH计、组织高能粉碎机、透析袋、磁力搅拌器。

[①] 部分引自 Liu et al.，2020

（二）多酚氧化酶提取

1. 匀浆法制粗酶液

新鲜烟草用清水洗净，分袋装好后扎洞，放入真空冷冻干燥机内干燥 3d，干燥好的烟草放入–20℃冰箱中备用。称取 10g 干燥烟草放入组织高能粉碎机内，加入 200mL 冰水，捣碎 5min（进行两次，中间停 3min），然后进行抽滤，滤渣用冰水反复淋洗，洗至洗出液无色为止，将滤渣放在通风处，挥发其中残留的水分。将所得的滤渣置于冰箱中备用。称取 10g 滤渣于研钵中，加入 1.7g 聚乙烯吡咯烷酮、0.02mol/L 预冷的磷酸缓冲液（pH=7.2）80mL 和少许石英砂，在冰浴下研磨 20min 至匀浆，用双层纱布过滤，挤压得棕黄色液体，在 9000×g、4℃条件下冷冻离心 25min，上清液即为粗酶液。

2. 硫酸铵分步盐析

制得的粗酶液装于小烧杯中，冰浴下按硫酸铵饱和度比例缓慢加入磨碎后的硫酸铵粉末，至饱和度为 20%。搅拌使其均匀溶解，4℃下静置 5h，12 000×g 下离心 25min。分别收集沉淀和上清液，上清液定容，沉淀物用缓冲液溶解。分别测定上清液和沉淀的酶活性。以 20% 为基准，用同样的方法，继续向上清液中加入硫酸铵粉末，至硫酸铵饱和度为 40%、60%、85%，用同样的方法收集沉淀和上清液，并分别测定酶活性，进而确定硫酸铵沉淀法的饱和度范围。

3. 透析

先将透析袋用 2%（m/V）的碳酸氢钠和 1mmol/L EDTA-Na$_2$（pH=8.0）煮沸 10min，用蒸馏水彻底清洗透析袋，再放入 500mL 的 1mmol/L EDTA-Na$_2$（pH=8.0）中将之煮沸 10min。用蒸馏水彻底清洗透析袋。在 4℃条件下，将处理后的酶液在蒸馏水中透析 48h，每 4h 换一次水。

（三）多酚氧化酶活性测定

1. 反应产物最大吸收波长确定

反应体系（提前在 37℃条件下保温 20min）为 3mL，包含提取酶液 1mL、0.02mol/L 磷酸缓冲液 1mL（pH=7.2），加入 0.5mol/L 左旋多巴溶液 1mL 启动反应。反应产物用可见分光光度计在 200～800nm 进行全波长扫描，最大吸收峰处的波长确定为检测波长 λ_{max}。以缓冲液代替左旋多巴作为对照组。

2. 酶活性测定

反应体系为 200μL，含酶液 50μL，0.02mol/L 磷酸缓冲液 100μL，37℃条件下保温 20min，加入 0.5mol/L 左旋多巴溶液 50μL 启动反应，酶标仪上在产物的最大吸收波长下监测反应 20min。酶活性以单位体积酶液进行反应，其产物于 λ_{max} 处每分钟吸光度（OD）增加 0.001 为一个 PPO 活性单位（U）。

（四）多酚氧化酶与底物反应的最大吸收波长监测

在比色皿中加入 750μL 底物溶液、750μL 24mmol/L 的 MBTH 溶液、750μL 100mmol/L

的 PB 溶液（pH=7.2，内含 8% DMF）于 37℃预孵育 10min。随后往体系中加入 750μL 100U/mL 的酶溶液启动反应。使用紫外分光光度计全波长段连续监测反应 20min 以上，每隔 1min 读数一次。确定反应产物最大吸收波长，制作吸光度–浓度标准曲线。

（五）反应时间优化

取 50μL 底物溶液、50μL 24mmol/L 的 MBTH 和 50μL 由分析缓冲液组成的反应混合物预孵育 10min（分析缓冲液由含 8% DMF 的 100mmol/L 磷酸盐缓冲液组成）。往体系中加入酶溶液启动反应，酶标仪每隔 30s 在 λ_{max} 下测定吸光度，获得最适反应时间。

（六）反应温度优化

反应体系同上，加入酶溶液启动反应，通过循环水浴控制温度，考察 4℃、25℃、37℃、55℃等不同温度条件对酶活性的影响。根据上述各底物最适反应时间，加入 200μL 冰乙腈终止反应。涡旋离心，取 200μL 上清液，用酶标仪测定混合体系的吸光度，然后根据吸光度–浓度标准曲线进行换算。

（七）反应 pH 优化

反应体系同上，根据上述各底物最适反应时间及温度，加入酶溶液启动反应，在 pH 4.5～7.5 条件下研究 pH 对酶活性的影响。同样采用冰乙腈终止反应，根据吸光度–浓度标准曲线进行换算。

（八）酶浓度对反应的影响

反应体系同上，根据上述各底物最适反应时间、温度及 pH，加入浓度分别为 0U/mL、0.5U/mL、2.5U/mL、5U/mL、10U/mL、25U/mL、50U/mL、100U/mL 的酶溶液启动反应，后续操作同上。

（九）酶动力学特性研究

在上述优化的反应条件下，考察 4 种多酚类物质的动力学特性及底物特异性。50μL 24mmol/L 的 MBTH、50μL 的分析缓冲液及 50μL 酶溶液组成的反应混合物预孵育 10min，加入 50μL 底物溶液启动反应，反应后加入 200μL 冰乙腈终止反应。分别在 0.025～5mmol/L 和 0.1～10mmol/L 浓度下测定了绿原酸和其他 3 种底物的动力学特性。采用 Graphpad（版本：7.0）处理数据，按 Lineweaver-Burk 双倒数作图，求出 K_m、V_{max}、K_{cat}。

二、代谢产物定量分析方法

所选 4 种底物均为烟草中含量较高的多酚类物质，由图 4-7 和表 4-3 结果可知，绿原酸、隐绿原酸、新绿原酸和咖啡酸 4 种多酚类物质与酶反应体系的颜色发生改变，均发生氧化反应，4 种多酚类物质与多酚氧化酶反应的代谢产物最大吸收波长分别在 521nm、526nm、530nm、516nm。4 种多酚类物质与过量的酶反应，在 0～100μmol/L 和 0～250μmol/L 的浓度下，新绿原酸和其他 3 种底物的标准曲线分别呈线性关系（图 4-8）。

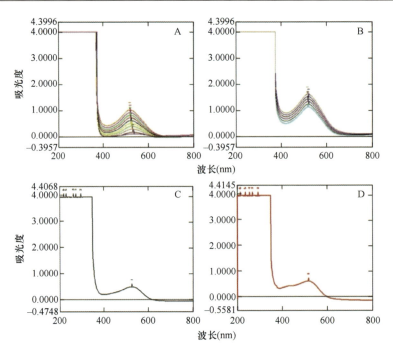

图 4-7　不同多酚类物质与 PPO 反应的最大吸收波长[①]

A. 绿原酸；B. 隐绿原酸；C. 新绿原酸；D. 咖啡酸

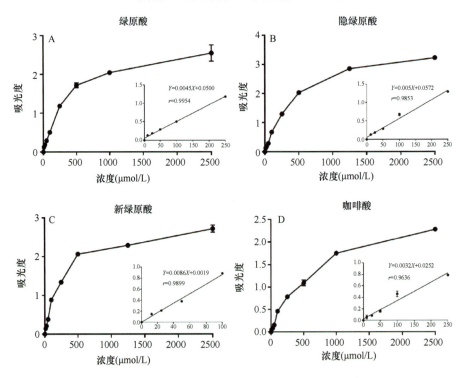

图 4-8　4 种多酚类物质与过量酶反应的校正曲线[②]

A. 绿原酸；B. 隐绿原酸；C. 新绿原酸；D. 咖啡酸

---

① 图 4-7 引自 Liu et al.，2020，Figure 1
② 图 4-8 引自 Liu et al.，2020，Figure 2

表 4-3　不同多酚类物质与 PPO 反应的最大吸收波长

底物	绿原酸	隐绿原酸	新绿原酸	咖啡酸
最大吸收波长（nm）	521	526	530	516

三、反应时间优化分析

从图 4-9 可知，绿原酸、隐绿原酸、新绿原酸和咖啡酸与多酚氧化酶分别反应 15min、80min、30min 和 10min 左右时，反应吸收曲线呈良好的线性关系。4 种多酚类底物最适反应时间相差较大，可能与底物结构差异及酶亲和力不同有关。

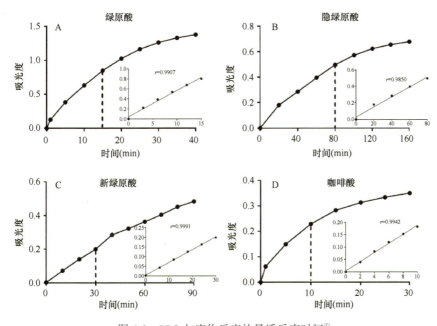

图 4-9　PPO 与底物反应的最适反应时间[1]

四、反应温度优化分析

酶作为一种生物催化剂，其活化分子数随着反应温度的升高而增加，催化效率提高，酶促反应速度加快，但随着温度的逐渐增加，酶蛋白变性程度加深，此时酶会逐步丧失其催化活性。由图 4-10 可知，绿原酸、隐绿原酸和咖啡酸在 4～37℃时随着温度的升高，酶活性逐渐增加，温度为 37℃时活性最大，可能是温度在一定范围内的升高，可使酶朝着有利于与底物发生作用的催化构象改变，温度继续升高，酶的活性构象被破坏，酶活性降低。新绿原酸在 25℃时的酶活性与 37℃时相比略高，因此，绿原酸、隐绿原酸、咖啡酸与 PPO 反应的最适温度为 37℃，新绿原酸与 PPO 反应的最适温度为 25℃。

五、反应 pH 优化分析

多酚氧化酶是一种含铜离子的蛋白质，不适合的 pH 会导致 Cu^{2+} 及蛋白质的变性，

---

[1] 图 4-9 引自 Liu et al.，2020，Figure 3

从而使 PPO 失活。绿原酸和隐绿原酸分别在 pH 小于 5.5 和大于 6.5 的条件下显示出较高的酶活性。综上，绿原酸、隐绿原酸及咖啡酸与多酚氧化酶反应的最适 pH 选择 6.0，新绿原酸与酶反应的最适 pH 选择 5.5（图 4-11）。

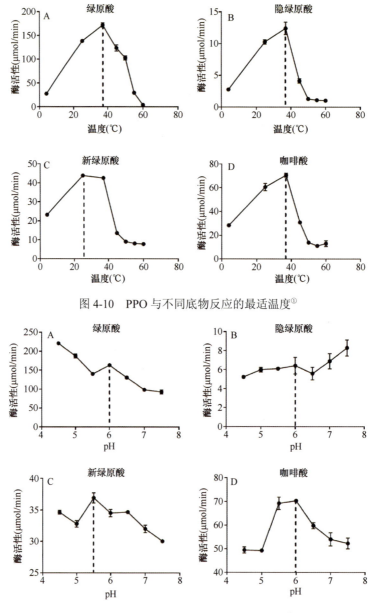

图 4-10　PPO 与不同底物反应的最适温度[①]

图 4-11　PPO 与不同底物反应的最适 pH[②]

六、酶浓度依赖性试验

由图 4-12 可知，酶浓度较低时，随着酶浓度的增加，酶活性值在显著升高，酶浓度

① 图 4-10 引自 Liu et al., 2020, Figure 5
② 图 4-11 引自 Liu et al., 2020, Figure 4

到达一定值时，酶浓度与酶活力的线性关系发生改变。原因可能是在酶浓度较低时，底物过量，随着酶浓度的增加，越来越多的酶分子与底物结合。但是，酶浓度过量后，酶催化底物的活性不随酶浓度增加而增加。不同浓度的酶溶液在与绿原酸、隐绿原酸、新绿原酸和咖啡酸反应时，分别在 0～100U/mL、0～75U/mL、0～100U/mL、0～100U/mL 达到良好的线性关系。

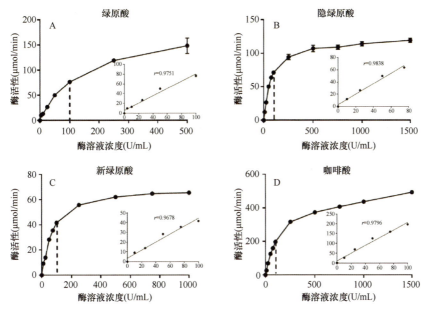

图 4-12　不同酶浓度对反应的影响[①]

七、酶动力学特性的研究

多酚氧化酶的底物不同，酶动力学参数的结果不一致（图 4-13）。米氏常数 K_m 是表示酶与底物亲和力大小的一个特征常数。K_m 值大时，说明酶和底物的亲和力小；K_m 值小时，则说明酶和底物的亲和力大。从表 4-4 可知，多酚氧化酶与绿原酸作用时，其 K_m 值是最小的，说明酶与绿原酸的亲和力最强，其他三种多酚类物质与多酚氧化酶作用的亲和力次之。4 种底物与多酚氧化酶作用的 K_m、V_{max}、k_{cat} 值见表 4-4。从催化效率 k_{cat}/K_m 看，该酶对绿原酸的催化效率是其他 3 个底物的 10～50 倍。此外，绿原酸在烟草中含量较多，可以推测烟叶褐化过程中绿原酸与多酚氧化酶的反应可能占主要因素。

表 4-4　PPO 氧化底物的动力学[②]

	绿原酸	隐绿原酸	新绿原酸	咖啡酸
V_{max}[mmol/（L·min）]	0.20	0.18	0.41	0.95
K_m（mmol/L）	0.06	0.29	0.21	0.31
V_{max}/K_m（min^{-1}）	3.27	0.06	0.20	0.31
k_{cat}（min^{-1}）	6 335.48	589.35	1 330.97	3 059.03
k_{cat}/K_m [L/（mmol·min）]	105 591.33	2 032.24	6 337.95	9 867.83

① 图 4-12 引自 Liu et al.，2020，Figure 6
② 表 4-4 引自 Liu et al.，2020，Table 1

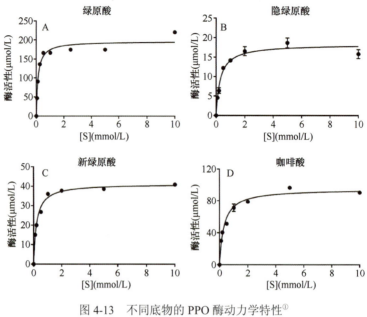

图 4-13　不同底物的 PPO 酶动力学特性[①]
[S]表示底物浓度

由表 4-4 数据可得，当底物浓度较低时，绿原酸与多酚氧化酶的反应动力学方程为 $r=1.67c$。由经典过渡态理论计算可得活化能约为 82.0kJ/mol，若忽略活化能随温度的变化，可得温度为 T 时的动力学方程为：

$$r = e^{\ln 1.67 - \frac{82.0}{R}\left(\frac{1}{T} - \frac{1}{298}\right)} \times c \qquad (4\text{-}7)$$

式中，c 为绿原酸浓度，在烘烤过程中 c 的数值也与烤房湿度有关。当湿度较小时，叶片内水分挥发加快，c 值变大，酶促棕色化反应速率变快。R 表示气体常数，其值为 8.314J/(mol·K)。

八、底物与多酚氧化酶的结合模式研究

绿原酸与隐绿原酸、新绿原酸是同分异构体，而咖啡酸则是绿原酸中与铜离子活性中心结合的关键部分。但是，这些结构高度相似的多酚类化合物却表现出不同的动力学特性。我们使用分子对接方法，对绿原酸等底物在多酚氧化酶中的结合模式进行了研究。

如图 4-14 所示，绿原酸等 4 个多酚类化合物均以咖啡酸基团朝向铜离子，其中绿原酸与铜离子最近，结合力最强。此外，绿原酸的喹啉基团外周结合位点有 4 个氢键，而隐绿原酸、新绿原酸外周结合位点仅有 2 个氢键。显然，绿原酸同酶的结合力最强，这与表 4-4 中的 K_m 数据是一致的。我们进一步对结合模式中咖啡酸基团中的羧酸氧原子与铜离子之间的距离作了分析，结果表明绿原酸应具有更快的催化反应速率，这与表 4-4 中的 k_{cat} 数据也是一致的。综上，多酚氧化酶与绿原酸具有更强的特异性结合力，主要是由于绿原酸可在外周位点结合且与铜离子中心更近。

---

① 图 4-13 引自 Liu et al.，2020，Figure 7

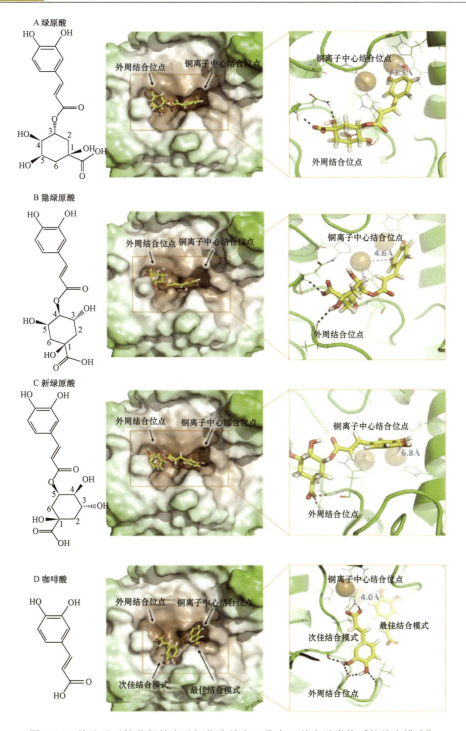

图 4-14　从分子对接获得的多酚氧化酶结合口袋中 4 种多酚类物质的结合模式[①]
A. 绿原酸，B. 隐绿原酸，C. 新绿原酸，D. 咖啡酸。蛋白质和配体的碳原子分别用绿色与黄色表示；
铜、氧、氮和氢原子分别用棕色、红色、蓝色与白色表示；氢键由黑色虚线表示；酚羟基的氧原子
和最接近的铜离子之间的距离用蓝色虚线标记

① 图 4-14 引自 Liu et al.，2020，Figure 8

九、多酚氧化酶动力学规律的小结

通过选用烟草中含量较多的 4 种多酚类物质（绿原酸、隐绿原酸、新绿原酸、咖啡酸）作为底物，对不同底物与多酚氧化酶反应时的酶学性质进行了探究。研究结果表明，4 种多酚类物质（绿原酸、隐绿原酸、新绿原酸、咖啡酸）与多酚氧化酶反应时，在温度 37℃、pH 5.5～6.0、酶浓度 75～100U/ml 时所表现的酶活性较高。在米氏常数的测定结果中，我们发现多酚氧化酶与绿原酸的亲和力最强，K_m 为 0.06mmol/L，k_{cat} 为 6335.48/min。由于该酶对绿原酸亲和力强，催化效率最高，且绿原酸在烟草中含量较多，可以推测烟叶褐化过程中，绿原酸与多酚氧化酶的反应可能占主要因素。分子对接结果亦表明，多酚氧化酶与绿原酸结合的特异性可能与铜离子及其外周位点的结合特性有关。绿原酸与多酚氧化酶的反应动力学方程为 $r = 1.67c$。温度为 T 时的动力学方程为 $r = e^{\ln 1.67 - \frac{82.0}{R}\left(\frac{1}{T} - \frac{1}{298}\right)} \times c$，其中 c 为绿原酸浓度，在烘烤过程中 c 的数值也与烤房湿度有关。

第三节　烤烟多酚氧化酶抑制剂筛选与验证[①]

挂灰烟是我国烤烟烘烤过程中极易产生的一类烤坏烟叶。它也是烟叶烘烤过程中无法避免的烤坏烟叶类型之一。尽管挂灰烟形成的因素复杂，既有栽培条件的复杂性，也有烟叶烘烤过程的复杂性，但从烤烟烘烤过程中的分子层面来看，烘烤过程中发生的酶促棕色化反应是发生挂灰的根本原因。在多酚氧化酶的作用下，烟叶中的多酚类物质经氧化产生淡红色至黑褐色的醌类物质，使烟叶颜色由黄转变为不同程度的褐色，从而导致烤烟挂灰。因此，抑制多酚氧化酶的活性，筛选出多酚氧化酶抑制剂对降低烤烟挂灰发生、提高烟叶品质具有重要的实际意义。

传统的抑制剂筛选方法主要依赖大量的合成剂生物活性测试，成本较高。本节研究打破传统的抑制剂筛选方法，利用计算机将抑制剂的筛选过程在计算机上模拟，对化合物可能的活性作出预测，进而筛选多酚氧化酶的潜在抑制剂，成本低、速度快、效率高。

一、实验过程及方法

1. 分子描述符和数据集

分子描述符用于定量描述分子的结构和物理化学特征。描述一个分子的特征越多，越有利于进行机器学习。使用 PaDEL 程序对每一个分子生成 2000 多个描述符。多酚氧化酶相关的化合物数据收集自 ChEMBL 数据库，用于筛选的数据集收集自 Target Molecule 公司提供的虚拟筛选数据库。

2. 训练预测模型

从 ChEMBL 数据库获取已知的多酚氧化酶相关抑制剂信息作为训练模型的数据集，

---

① 部分引自邹聪明等，2018

共计 1114 个化合物。以 $IC_{50}=10\mu mol/L$ 为分类标准，小于该值的为活性化合物，共计 310 个，大于该值的为非活性化合物，共计 804 个。然后利用 Open Babel 程序生成每个分子的 3D 坐标，进而用 PaDEL 程序计算每个分子的分子描述符。在此基础上，将活性化合物和非活性化合物分别导入 LibSVM 训练模型，并使用 5 倍交叉验证（five-cross validation）对训练模型进行自身验证，保证模型的准确性。

3. 准备虚拟筛选数据库

我们采用 Target Molecule 公司提供的用于虚拟药物筛选的数据库。该数据库包括 FDA 批准的药物、常用的各类酶的常见抑制剂等。利用 PaDEL 程序，我们对该数据库中共 15 212 个化合物生成了其分子描述符。

4. 预测活性化合物

将虚拟筛选数据库中每个分子的分子描述符数据导入预测模型，依次预测每个化合物对多酚氧化酶的抑制活性。

5. 活性测试

多酚氧化酶催化产物易聚集，故不采用色谱法，同时多酚氧化酶催化产物本身具有颜色，故使用分光光度计测试吸光度的方法测试抑制剂活性。

本实验中以左旋多巴作为底物，以 $100\mu mol/L$ 作为抑制剂浓度，将 $20\mu L$ 抑制剂溶液、$20\mu L$ 2500U/mL 双孢蘑菇酪氨酸酶和 $140\mu L$ 磷酸钾缓冲液（pH=5.5）混合并加入到 96 孔板的每个孔中，在 37℃下孵育 10min。此外，本实验通过酶标仪在 475nm 下对体系进行测定，共反应 10min，每 30s 记录一次吸光度，根据吸光度筛选高活性抑制剂。本实验使用曲酸在相同条件下作为阳性对照。

在 $1\mu mol/L$、$5\mu mol/L$、$50\mu mol/L$、$100\mu mol/L$、$125\mu mol/L$、$150\mu mol/L$、$200\mu mol/L$ 的浓度梯度下，对高活性抑制剂进行测试，获取各浓度抑制剂下体系的吸光度，并绘制曲线，得到多酚氧化酶活性值。

$$多酚氧化酶活性(\%)=\frac{(S-B)}{C}\times100 \tag{4-8}$$

多酚氧化酶活性按式（4-8）计算：式中，S 表示 OD_{475} 试验体系的吸光度，B 是 OD_{475} 空白的吸光度，C 表示 OD_{475} 控制组的吸光度。每种浓度有三个平行样本，测定多个浓度的抑制剂抑制效果以确定测试化合物的 IC_{50}。

二、烤烟多酚氧化酶抑制剂的筛选

本研究以 ChEMBL 数据库中获取的多酚氧化酶相关抑制剂信息作为训练集，通过支持向量机（support vector machine，SVM）机器学习算法，训练得到多酚氧化酶抑制剂的活性预测模型，从 15 212 个化合物中共筛选出 57 种具有潜在活性的化合物，综合各化合物结构、性质、实用性及价格等因素，我们最终挑选出 7 个化合物以测试其抑制活性，结果如表 4-5 所示，其中曲酸作为阳性对照。

表 4-5　多酚氧化酶抑制剂的 IC_{50}

TargetMol 编号	化合物名称	相对分子质量	IC_{50}（$\mu mol/L$）
T1161	丙酰胺	180.27	8.94
T3043	鲁索替尼	404.36	67.08
T0725	异甘草素	256.25	169.3
T2748	皮质酮	346.47	259.8
T4000	雌马酚	242.3	600.8
T3001	和厚朴酚	266.32	9 006
T1335	霉酚酸	320.34	20 119
	曲酸	142.11	180.9

在这 7 个化合物中，有 3 个结果比阳性对照物曲酸的 IC_{50} 值要更低，意味着这 3 个化合物的活性强于曲酸。其中 T1161 表现出了最好的抑制活性（IC_{50}=8.94$\mu mol/L$）。我们发现 T1161 在其他文献中已经测过对多酚氧化酶的抑制活性，其 IC_{50} 值为 4.5$\mu mol/L$。该文献中还测量了一系列 T1161 类似物的活性，其中与 T1161 结构最相似的是乙硫异烟胺（Ethionamide），其活性数据为 4$\mu mol/L$。我们以前的研究表明，抑制剂与多酚氧化酶活性中心铜原子的结合需要满足两个条件：①与铜离子结合的基团带负电荷；②该基团所含负电荷越少则其抑制效果越佳。于是我们在 B3LYP/6-311++G** 理论级别上用自然键轨道（natural bond orbital，NBO）方法计算了这两个分子的 NBO 部分电荷。结果如图 4-15 所示，两个分子与铜离子结合的是 S 原子，量子化学计算结果表明 Ethionamide 和 T1161 中的 S 原子均为负电荷，分别为–0.238 52 和–0.238 72，其中 T1161 中 S 原子的部分电荷比 Ethionamide 中的稍小。显然这个发现与我们之前的研究结论也是一致的（图 4-15）。

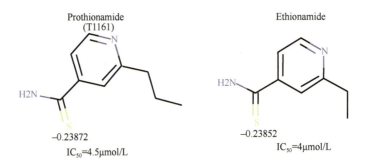

图 4-15　T1161 与 Ethionamide 的结构图及 S 原子的 NBO 部分电荷
分子在 B3LYP/6-311++G** 理论级别下优化并计算 NBO 部分电荷

三、烤烟多酚氧化酶抑制剂筛选的小结

通过对机器学习虚拟筛选烤烟多酚氧化酶抑制剂的研究可知，采用 SVM 机器学习算法训练得到活性预测模型，能高效地筛选到多酚氧化酶抑制剂。通过生物活性试验，我们筛选得到的几个多酚氧化酶的潜在抑制剂包括 Prothionamide（丙硫异烟胺）、Ruxolitinib（芦可替尼）、Isoliquiritigenin（异甘草甙元）等。进一步的量子化学计算支持了我们前期提出的多酚氧化酶抑制剂的设计方案,即高活性抑制剂的设计应同时满足负电荷基团结合铜离子及负电荷不能太强这两个条件。

第四节　云南烤烟挂灰物质基础鉴定与分析[①]

20世纪40年代，Roberts（1941）提出烘烤过程中挂灰烟的出现是由酶促褐变反应引起的。与正常烟叶相比，挂灰烟叶中总糖和还原糖的含量显著降低，而烟碱、蛋白质和总氮的含量则显著增加，导致化学成分不协调，糖碱比低（肖振杰等，2014），严重影响烟叶品质。烟叶中多酚类物质的含量与烟叶的质量、香气、口感呈正相关，绿原酸和芦丁是其中影响显著的多酚类物质。在烘烤过程中，酶促棕色化反应是造成烟叶中多酚类物质含量降低的原因之一。一旦烟叶完全褐变，多酚类物质的含量会下降85%，从而使烟叶的香气和口感变差，烟叶中恶臭成分的数量和浓度增加（Nagasawa，2008）。

烟叶烘烤过程中挂灰烟的出现也与鲜烟叶素质密切相关。例如，当土壤中的Fe^{2+}和Mn^{2+}含量较高时，烟草中过量积累的Fe^{2+}和Mn^{2+}会导致物理中毒，从而产生带有灰色斑点的烟叶（何伟等，2007）。烤烟成熟期温度骤降造成的冷害烟草与过熟烟草、带病烟草和机械伤害烟草在烤烟过程中也容易产生灰斑。虽然多年来人们已经提出了挂灰烟的形成机理，但这种褐变反应产生的灰质的化学成分和结构尚未见报道。在本节研究中，我们通过比较不同挂灰程度对不同品种、不同部位烟叶工业可用性的影响，以及挂灰烟叶灰质成分的结构确定，探讨挂灰烟的褐变机理，以期丰富烤烟烘烤过程中的酶促棕色化机理，为降低烘烤过程中烟叶灰斑发生率、实施烟农增收策略、促进烟草产业可持续发展提供理论依据。

试验材料为K326烟叶，取样于云南省玉溪市江川区九溪镇（E102º38′，N24º18′，海拔1730m）烟区，植烟土壤为红壤。密集烘烤试验在云南省玉溪市红塔区研究和试验基地（E102º29′，N24º14′，海拔1635m）进行。

K326烟叶按优质高效栽培技术进行生产，以栽出营养均衡、生长发育正常、能分层落黄成熟的鲜烟叶为目标。到8月，栽后90～95d，打顶后35～40d，烟叶呈现浅黄色，叶面落黄8成，主脉全白发亮，支脉变白，叶尖、叶缘下卷，叶面起皱时，采收各部位的成熟烟叶，按试验设计的要求在气流下降式三台密集烤房进行烘烤。

全炉选择鲜烟叶素质一致的烟叶进行烘烤，然后利用烘烤过程中突然降温的方式来制造不同挂灰程度，试验处理见表4-6。将烟样一部分送至云南省烟草农业科学研究院进行烟叶物理指标测定及内在化学成分分析，另一部分送至云南中烟技术中心进行评吸打分。同时，收集不同处理烟样上的灰色物质，送至华中科技大学进行成分鉴定。

表4-6　不同挂灰程度和部位的K326烟叶

编号	部位	挂灰程度	编号	部位	挂灰程度	编号	部位	挂灰程度
B10%	上部叶	10%	C10%	中部叶	10%	X10%	下部叶	10%
B30%	上部叶	30%	C30%	中部叶	30%	X30%	下部叶	30%
B50%	上部叶	50%	C50%	中部叶	50%	X50%	下部叶	50%
B80%	上部叶	80%	C80%	中部叶	80%	X80%	下部叶	80%

[①] 部分引自 Chen et al.，2019

一、挂灰烟粗提灰色物质的成分分析

图 4-16 为上部叶落灰 10%、30%、50% 和 80% 的乙醇粗提物在 205nm 吸收处的紫外吸收分析图，在 80% 落灰样品中 80～85min 明显多出一系列峰，图 4-17 显示该组峰只在 205nm 处有吸收，而且洗脱溶剂为 100% 甲醇，很可能落灰为极性很小的化合物。

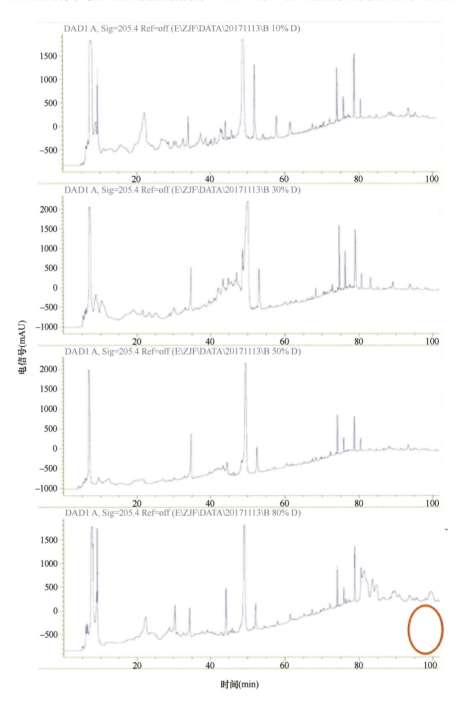

图 4-16　烟草上部叶落灰 10%、30%、50% 和 80% 的乙醇提取物在 205nm 处紫外吸收分析图

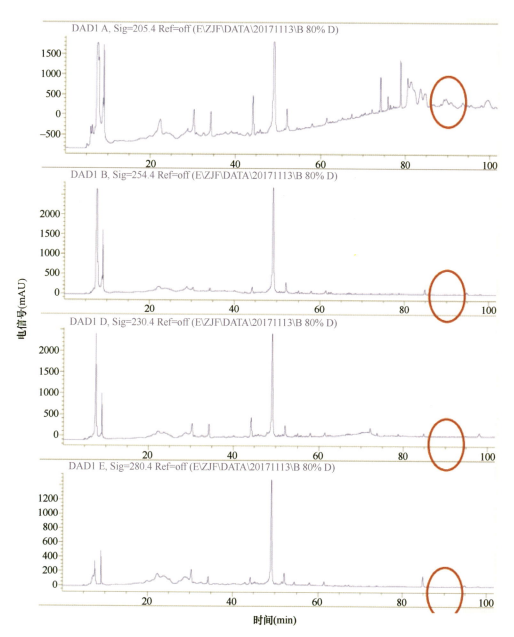

图 4-17　烟草上部叶落灰 80%的乙醇提取物在 205nm、230nm、254nm 和 280nm 处紫外吸收分析图

　　图 4-18 为中部叶落灰 10%、30%、50%和 80%的乙醇粗提物在 205nm 吸收处的分析图，在 50%和 80%落灰样品中 93～99 min 明显多出一组吸收峰，且 80%落灰样品中该峰面积明显大于 50%落灰的样品；图 4-19 显示该组峰只在 205nm 处有吸收，而且洗脱比例为 100%甲醇，很可能落灰为极性很小的化合物。

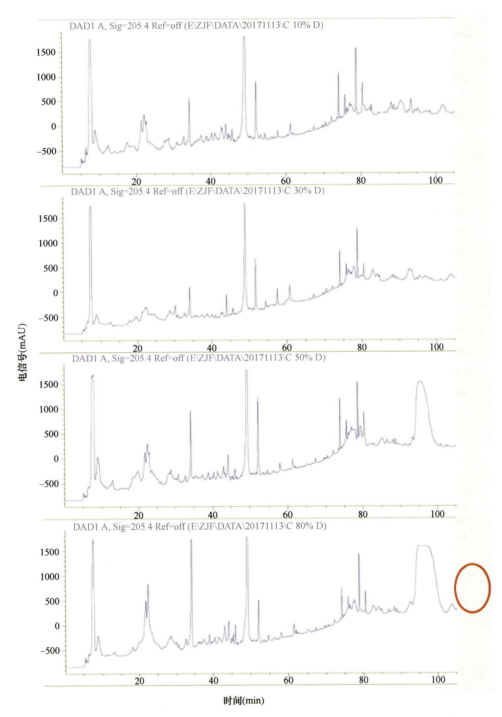

图 4-18　烟草中部叶落灰 10%、30%、50% 和 80% 的乙醇提取物在 205nm 处紫外吸收分析图

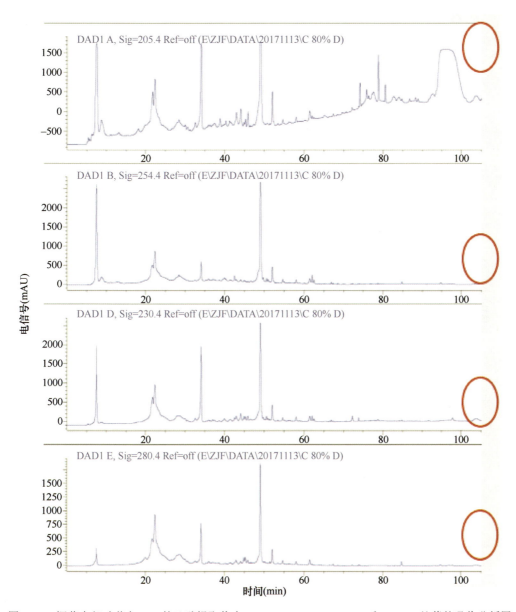

图 4-19 烟草中部叶落灰 80%的乙醇提取物在 205nm、254nm、230nm 和 280nm 处紫外吸收分析图

　　图 4-20 为下部叶落灰 10%、30%、50%和 80%的乙醇提取物在 205nm 吸收处的分析图，在 80%落灰样品中 90~94 min 明显多出一组吸收峰；图 4-21 显示该组峰只在 205nm 处有吸收，而且洗脱比例为 100%甲醇，很可能落灰为极性很小的化合物。

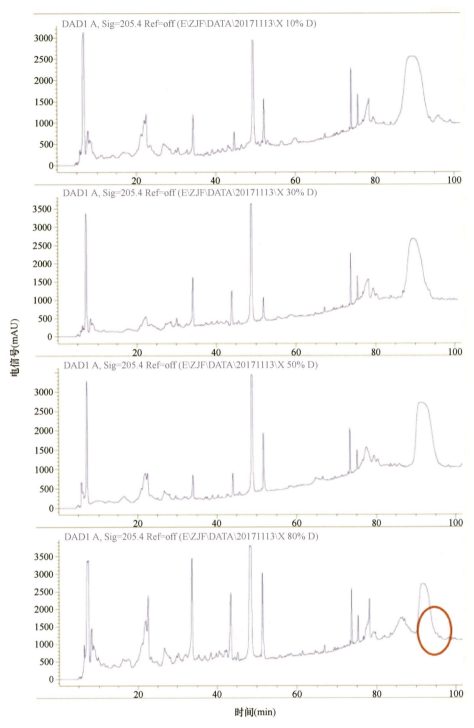

图 4-20 烟草中部叶落灰 10%、30%、50% 和 80% 的乙醇提取物在 205nm 处紫外吸收分析图

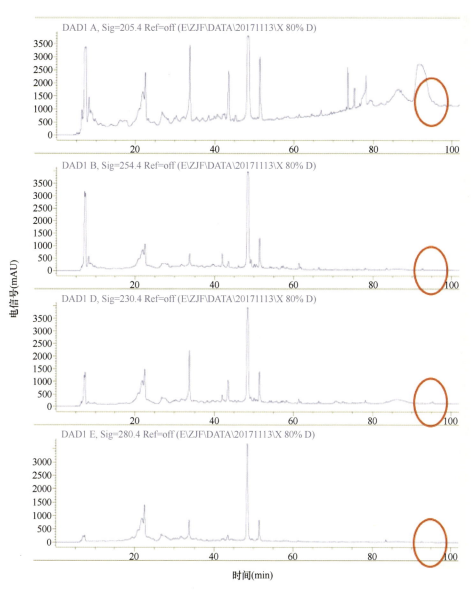

图 4-21　烟草下部叶落灰 80% 的乙醇提取物在 205nm、254nm、230nm 和 280nm 处紫外吸收分析图

二、挂灰烟精提灰色物质的薄层色谱和主要成分分析[①]

　　将挂灰部样品和未挂灰部样品的提取液用薄层色谱法分析，在展板条件为二氯甲烷：甲醇=5：1 和二氯甲烷：甲醇：甲酸=5：1：0.1 的情况下，乙醇提取物以二氯甲烷/甲醇体系分离划段，最后经过凝胶 LH-20 分离纯化得到组分 Fr.Ab1a（220mg）（图 4-22），通过对比分析可知未挂灰部位和挂灰部位成分不同（图 4-23），并确定挂灰成分为图 4-23 中红圈所示。样品 Fr.Ab1a 经过高效液相（安捷伦 1200 紫外检测器，YMC-pack ODS-A 柱 5μm，10mm × 250mm）用 35% MeCN/H$_2$O 系统在 2mL/min 流速下分离得到挂灰成

---

① 部分引自 Chen et al.，2019

分 YC-ZJF（9.7mg，t_R=20min）（图 4-24）。

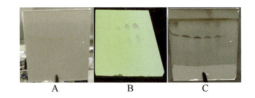

图 4-22　组分 Fr.Ab1a 的薄层色谱分析图[①]

展板条件为二氯甲烷∶甲醇∶甲酸=5∶1∶0.1，其中 A 为未用 H_2SO_4-EtOH 显示的薄层色谱分析图，
B 为在紫外光 254nm 处显示的薄层色谱分析图，C 为已经用 H_2SO_4-EtOH 显示的薄层色谱分析图

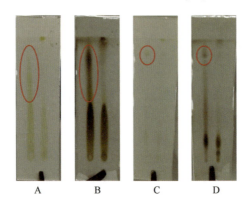

图 4-23　烟草挂灰和未挂灰样品的薄层色谱分析图[②]

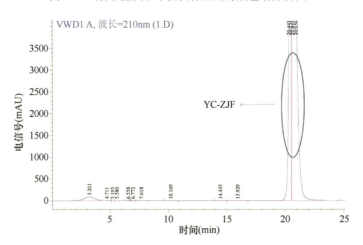

图 4-24　组分 Fr.Ab1a 的液相色谱分析图[③]

YMC-pack ODS-A 柱 5μm，10mm × 250mm，35% MeCN/H_2O，2mL/min

图 4-23 中左侧均为挂灰样品，右侧均为未挂灰样品。其中 A 和 C 为未用 H_2SO_4-EtOH 显示的薄层色谱分析图，B 和 D 为已经用 H_2SO_4-EtOH 显示的薄层色谱分析图。A 和 B 展板条件为二氯甲烷∶甲醇=5∶1，C 和 D 展板条件为二氯甲烷∶甲醇∶甲酸=5∶1∶

---

① 图 4-22 引自 Chen et al.，2019，Figure 15
② 图 4-23 引自 Chen et al.，2019，Figure 16
③ 图 4-24 引自 Chen et al.，2019，Figure 2

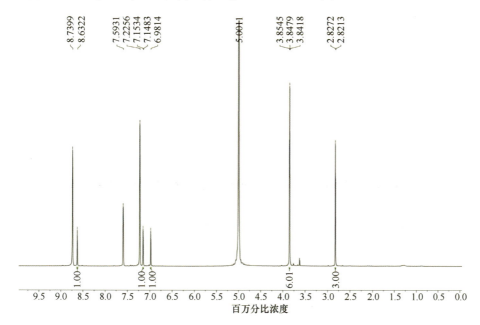

0.1。图 4-23 说明挂灰成分本身具有紫外发色，经过对挂灰烟的提取分离，利用高效液相纯化样品 Fr.Ab1a，分离得到了挂灰烟的主要化学成分 YC-ZJF（9.7mg）。通过综合分析样品 YC-ZJF 的 1 维和 2 维核磁共振（NMR）谱图（图 4-25～图 4-31），可以确定该化合物结构为：3-乙酰基-6,7-二甲氧基香豆素（YC-ZJF）（图 4-32）。

图 4-25　挂灰成分 YC-ZJF 的 ^{1}H NMR 谱图（400MHz，吡啶-d_5）[1]

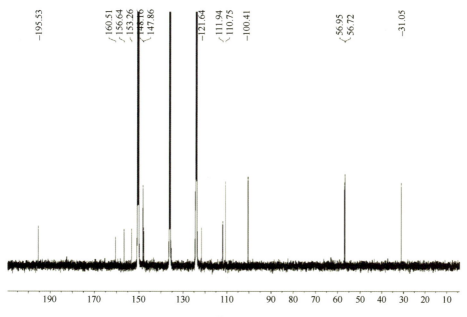

图 4-26　挂灰成分 YC-ZJF 的 ^{13}C NMR 谱图（100MHz，吡啶-d_5）[2]

---

① 图 4-25 引自 Chen et al.，2019，Figure 18
② 图 4-26 引自 Chen et al.，2019，Figure 19

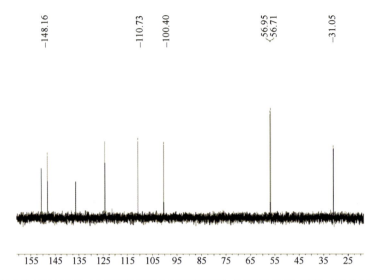

图 4-27 挂灰成分 YC-ZJF 的 135°无畸变极化转移增强谱（DEPT-135）谱图（100MHz，吡啶-d_5）[1]

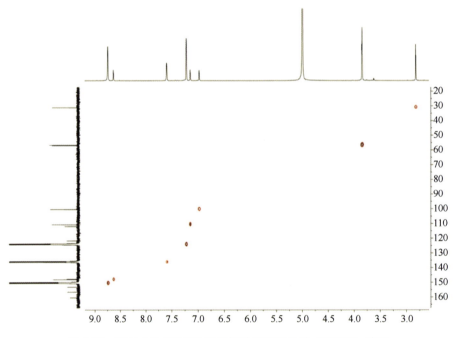

图 4-28 挂灰成分 YC-ZJF 的异核单量子相关谱（HSQC）谱图
（^{1}H：400MHz，^{13}C：100MHz，吡啶-d_5）[2]

① 图 4-27 引自 Chen et al.，2019，Figure 20
② 图 4-28 引自 Chen et al.，2019，Figure 21

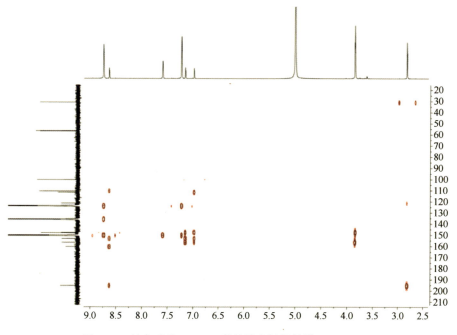

图 4-29　挂灰成分 YC-ZJF 的异核多键相关谱（HMBC）
谱图（^{1}H：400MHz，^{13}C：100MHz，吡啶-d_5）[1]

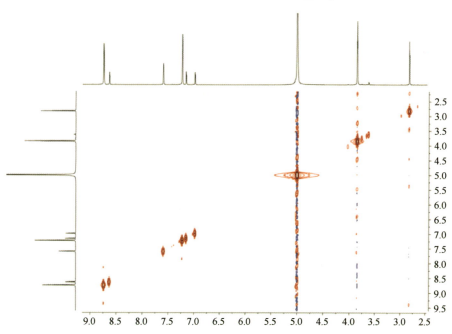

图 4-30　挂灰成分 YC-ZJF 的 ^{1}H-^{1}H 化学位移相关谱（COSY）
谱图（^{1}H：400MHz，吡啶-d_5）[2]

① 图 4-29 引自 Chen et al.，2019，Figure 22
② 图 4-30 引自 Chen et al.，2019，Figure 23

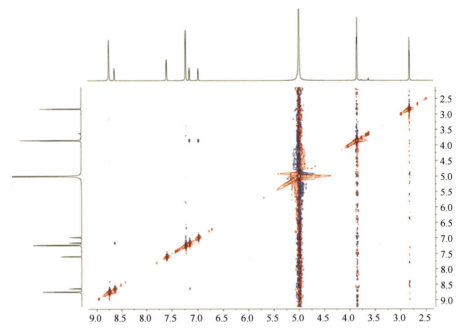

图 4-31　挂灰成分 YC-ZJF 的二维核欧沃豪斯效应谱（NOESY）
谱图（^{1}H：400MHz，吡啶-d_5）[①]

图 4-32　YC-ZJF 结构图[②]

3-乙酰基-6,7-二甲氧基香豆素（YC-ZJF），黄色粉末，^{1}H NMR（400MHz，C_5D_5N）δ_H：8.63（单峰 s，H-4），7.15（s，H-5），6.98（s，H-8），2.83（s，CH_3-10），3.85（s，6-OCH_3），3.86（s，7-OCH_3）。^{13}C NMR（100MHz，C_5D_5N）δ_C：160.5（C-2），121.6（C-3），148.2（C-4），111.9（C-4a），110.8（C-5），147.9（C-6），156.6（C-7），100.4（C-8），153.3（C-8a），195.5（C-9），31.1（C-10），56.7（C-11），57.0（C-12）

三、挂灰物质的化学成分鉴定的小结

　　前人对引起挂灰原因的研究主要集中在多酚氧化酶及多酚类物质方面，人们从烟草中纯化出一种名为 PPO II 的新型多酚氧化酶，并证明它积累在烟叶的受伤部位。新鲜烟叶的不良素质也是引起烟叶挂灰的原因之一，若新鲜烟叶病害较重，烟叶内积累大量多酚氧化酶，在烘烤过程中更容易形成挂灰烟。本试验鉴定出了挂灰物质的化合物结构为：3-乙酰基-6,7-二甲氧基香豆素（YC-ZJF），这对进一步探明挂灰烟发生机理有着重要意义，同时根据鉴定出的挂灰物质结构，可以针对性地研究相应的消减挂灰物质的成分，对减少挂灰烟的形成有很大推动作用。从挂灰物质粗提液的成分分析来看，在烟草的不同部位其成分略有区别，而且挂灰成分不尽相同。进一步分析液相色谱图可以发现，落灰样品色素较深，且在 100%甲醇洗脱的条件下高落灰样品会多出一系列峰，该系列峰只

①　图 4-31 引自 Chen et al.，2019，Figure 24
②　图 4-32 引自 Chen et al.，2019，Figure 17

在 205nm 处有吸收，很有可能是一系列极性很小的成分。更重要的是，烟草挂灰的主要成分被确定为 3-乙酰基-6,7-甲氧基香豆素。

第五节　烟草多酚氧化酶生物学研究

植物多酚氧化酶是一种含铜的氧化还原酶，不仅参与植物的生长发育、抗病虫害等生理活动，同时还是酶促棕色化反应的关键酶。据研究发现，为改善作物的褐变现象，提高作物品质，在某些农作物中已经利用分子技术来降低作物的 PPO 活性。目前，已从土豆、拟南芥、番茄、杨树、香蕉等多种植物中克隆到 PPO 基因。

烟草是重要的经济作物，多酚类物质不仅是烟叶香气成分的重要前体物质，同时也是酶促棕色化反应的底物。多酚氧化酶将多酚类物质氧化成黑褐色的醌类物质，不仅降低了烟叶中致香成分的含量，还使烟叶产生了不同程度的褐变，降低了烟叶的经济价值。而随着 PPO 酶活性调控范畴的发展，使用分子技术调节 PPO 的表达已经成为多酚氧化酶研究的崭新领域。利用现代分子技术探索 PPO 基因表达不仅对明确挂灰烟产生机理、改善烟叶品质具有重要的影响，同时对其他一些农作物品质的改善也具有重要意义。

一、烟草多酚氧化酶基因的生物学分析

1. 烟草多酚氧化酶基因家族序列的获得

使用已经报道的土豆、拟南芥和杨树的 PPO 的编码区（CDS）序列作为待比对序列（query），使用烟草基因组预测的氨基酸序列作为数据库（database），进行蛋白质序列与核酸序列库比对（tblastn），得到了 14 条烟草 PPO 的候选序列。将这 14 条序列提交到 NCBI 进行结构域分析发现都包含了典型的 PPO 催化结构域。

2. PPO 细胞定位分析

细胞化学和细胞免疫化学分析表明，PPO 是一种质体酶，存在于正常细胞的光合组织质体（如叶绿体类囊体的囊泡）和非光合组织质体（如马铃薯块茎细胞的造粉体）中。在马铃薯、玉米和杂交杨等植物中的研究表明，PPO 前体是在细胞质中合成的，由 N 端第一段导肽导入叶绿体质体基质，然后基质中的金属型内肽酶 SSP 切除导肽；如果有光，则由 N 端第二段导肽导入类囊体成为成熟的具有潜在酶活性的酶蛋白。由于对同为茄科的马铃薯和番茄的 PPO 酶研究比较透彻，通过同源比对发现烟草的两条 PPO 序列在 N 端（N region）和疏水性类囊体转运区域（thylakoid transfer domain）高度相似。

3. 基于转录组的烟草多酚氧化酶基因家族表达分析

随后，对烟草 PPO 基因进行了相对表达量分析，发现其中只有 3 个基因在烟草叶片中有表达，因此将其作为进一步分析的候选基因，继续设计基因特异性引物进行后续研究。

二、烟草多酚氧化酶的组织表达谱分析

（一）烟草总 RNA 的提取

通过选取烟草不同器官组织，分离核酸蛋白质复合物，离心获取上清液，加入氯仿，再次离心获取水相，加入无水乙醇离心转移到吸附柱 CR3，加入蛋白质液离心，加入漂洗液 RW 离心等步骤，最后通过琼脂糖凝胶电泳判断 RNA 的完整性，利用 NanoDrop2000 超微量紫外分光光度计，检测获得两个参数（RNA 浓度和 A260/A280 的值）来判断提取的 RNA 的浓度与纯度。

（二）烟草 RNA 反转录为 cDNA

根据 FastQuant RT Kit（with gDNAase）的说明书进行 RNA 的反转录过程。

（三）荧光定量 PCR

根据 iTaq™ Universal SYBR® Green Supermix 试剂盒的说明书进行定量聚合酶链反应（qPCR）。

（四）烟草多酚氧化酶的组织表达谱结果分析

最终测试各植株的器官组织基因的相对表达水平，判断其表达量。

三、烟草多酚氧化酶的酶活性分析

多酚氧化酶（polyphenol oxidase，PPO）又称酪氨酸酶、儿茶酚酶、酚酶等，是自然界中分布极广的一种含铜氧化酶。多酚氧化酶在一定的温度、pH 条件下，有氧存在时，能催化邻苯二酚氧化生成有色物质，单位时间内有色物质在 410nm 处反应的吸光度与酶活性强弱呈正相关，在分光光度计 410nm 处使反应体系的 OD 值产生变化，通过 OD 值的变化确定 PPO 的酶活性大小。郑楚楚（2009）研究了不同茶树品种 PPO 基因的克隆，并将部分基因进行了原核表达。刘敬卫等（2010）虽然成功将形成包涵体的 PPO 通过变性、复性得到具有活性的茶树 PPO，但对于 PPO 包涵体复性后活性能否得以提升，存在着不稳定性。甘玉迪等（2018）通过去除前导肽并用可溶性强的 pMAL-c5X 载体成功表达了茶树 PPO 蛋白，因此本研究将通过直接切除转移肽构建 pMAL-c5X 载体来表达烟草 PPO 蛋白，进一步做酶活实验。

（一）烟草 PPO 基因克隆

利用野生型烟草幼苗的新鲜叶片组织、大肠杆菌菌株 DH5α、大肠杆菌 Rossta、质粒 PMALC5X 等材料和菌种，进行生物信息、氨基酸序列比对，找到目标基因对应的两个转移肽位点进行切割，然后对酶切产物进行回收，将酶切回收后的基因和质粒进行连接，随后连接产物转化 DH5α 感受态细胞。使用针对基因编码区设计的上下游基因特异性引物进行 PCR 检测来筛选阳性克隆子，并使用试剂盒提取质粒。提出的质粒送生物公司测序，测序结果使用 Vector NTI 11.5 的 Launch Molecule Viewer 功能查看。

（二）目的基因的蛋白质表达及纯化

通过蛋白质的梯度诱导、蛋白质的纯化、麦芽糖结合蛋白（MBP）标签蛋白过柱纯化，使用超滤管超滤蛋白进行目的基因的蛋白质表达及纯化。

（三）烟草 PPO 酶活性测定的方法

烟草 PPO 酶活性测定所涉及的试剂包括磷酸氢二钠-柠檬酸缓冲液、邻苯二酚、脯氨酸。

以洗脱缓冲液和水作为对照。按照表 4-7 加入磷酸氢二钠-柠檬酸缓冲液、邻苯二酚，最后加入对应的烟草 PPO 蛋白。同时立即开始计时并测 410nm 处的吸光度，以 0min 时的吸光度作为初始值，每隔 10s 测一次波长 410nm 处吸光度，连续测定，至少获取 30 个点的数据。

表 4-7　酶活性检测试剂表

	磷酸缓冲液（μL）	邻苯二酚（μL）	反应液（μL）
洗脱缓冲液对照	115	65	200
多酚氧化酶组	115	65	200
水对照	115	65	200

（四）烟草多酚氧化酶活性结果分析

1. 多酚氧化酶基因转移肽分析

首先利用软件对蛋白质的氨基酸序列与茶树 CsPPO 及葡萄 DIPPO 进行氨基酸序列比对，找到蛋白质的转移肽位置。

2. 蛋白质表达菌株

我们通过 PCR 成功扩增了烟草 PPO 基因，再通过酶切连接成功连接到 pMAL-c5X 载体上，转入 Rossta 菌株后检测其阳性菌株。

3. 蛋白质小诱导结果

利用其阳性 Rossta 菌株进行蛋白质的小诱导，进行 SDS 聚丙烯酰胺凝胶电泳（SDS-PAGE）。

4. 蛋白质纯化

通过 MBP 柱子成功纯化得到带有 MBP 标签的蛋白质，进一步超滤后用于后续的酶活实验。

5. 蛋白酶活性测试

对比以间苯二酚为底物的吸光度曲线和相对蛋白酶活性。

四、烟草多酚氧化酶的结构分析

（一）烟草 PPO 酶活性测定

按照如下反应体系依次加入磷酸氢二钠-柠檬酸缓冲液、1.5%邻苯二酚，加入待检测的含铜离子（+Cu，来源于硫酸铜）的烟草 PPO 蛋白。立即用酶标仪检测 410nm 处吸光度，以 0min 时的吸光度作为初始值，每隔 10s 测一次，连续测定 120 次用于酶活性分析。以无铜离子（–Cu）的 PPO 蛋白作为对照（PPO 蛋白终浓度为 4 μmol/L）。

反应体系（200μL）如下。

磷酸氢二钠-柠檬酸缓冲液：115μL

1.5%邻苯二酚：65μL

含铜或无铜 PPO 蛋白：20μL

按照以上方法检测烟草 PPO 的酶活性。

（二）烟草 PPO 蛋白的晶体制备与结构解析

可溶性蛋白质的结晶主要是利用气相扩散法（vapor diffusion method）的原理来完成，即将符合结晶条件的蛋白质溶液按照一定的比例加入到适当溶剂中形成液滴。在密闭环境下，液滴与样品池之间的挥发性组分达到气相平衡，缓慢降低蛋白质的溶解度，使其逐渐接近自身饱和临界点，产生自发性的沉淀，形成晶核并围绕晶核逐渐堆积成规则的晶体。气相扩散法具体分为坐滴法（sitting drop method）和悬滴法（hanging drop method）。样品池中的溶液通常含有结晶所需的特定 pH 的缓冲液、沉淀剂和盐。蛋白质所在液滴的溶液和样品池液按照一定比例混合而成，含有较低浓度的沉淀剂，通过封闭膜或玻璃片密封使液滴与样品池形成密闭的环境，含水量更高的液滴中的水逐渐挥发并被池液吸收，沉淀剂浓度也随之增大到适合蛋白质结晶的水平，逐渐到达平衡状态，形成并维持晶体生长的最佳条件。坐滴法和悬滴法的主要区别在于液滴在容器中的位置不同，坐滴法中液滴位于样品池上方底座的凹槽内，悬滴法中液滴则被悬挂盖玻片上。

筛选使用的是机械臂（ARI Crystal Gryphon Robot）配合 96 孔坐滴板进行晶体条件初筛，需要将浓缩好的蛋白质样品 PPO853（120-end）和 PPO854（86-end）在低温离心机以 13 000r/min 离心 10min，取上清为制备晶体所需的最终样品。将纯化的 PPO853（51aa-end）蛋白进行浓缩，浓缩至 10～15mg/mL，用于晶体筛选。设置 Phoenix 机器臂程序，吸取 0.2μL 蛋白质溶液与 0.2μL 样品池液混合成小液滴，用封闭膜密封后将晶体板放入温度为 20℃的恒温晶体培养箱或温度为 4℃的恒温冷库培养，随后每天监测并实时记录晶体的生长状况。筛选条件用 Qiagen 公司和 Hampton Research 公司的试剂盒作为晶体生长条件的初筛。

初筛不同的样品池液条件，然后获取晶体 X 射线衍射的晶体衍射数据，解析出晶体结构，但是目前结果：PPO853 是孪晶，而 PPO854 是盐晶，以后需要进一步优化条件。

五、烟草多酚氧化酶基因表达的小结

利用现代分子手段,通过烟草基因组明确了在烟叶中表达的三个 PPO 基因(PB.29182.1

命名为 *853*；PB.29189.1 命名为 *854*；PB.32182.1 命名为 *855*），通过克隆，我们发现 *855* 基因可能是由基因组注释错误导致的假基因。因此，我们对 *853* 和 *854* 基因进行了组织表达谱分析和多酚氧化酶的活性分析，最后发现在相对短的时间内 PPO854 蛋白的相对活性明显高于 PPO853 蛋白的相对活性，但是在长时间来说结果是相反的。

第六节 烟草多酚氧化酶和酶促棕色化反应的结合机理

由 PPO 与多酚结合产生的醌可以进行自发多聚化反应或与氨基酸或蛋白质中的自由基反应，导致形成深色的沉淀，这个过程被称为"酶促棕色化反应"，是导致很多植物产品质量下降的重要原因。我们对烤烟挂灰烟机理的推论也基于此，我们提出正常状态的 PPO 通常在绿叶体当中，而多酚类物质在液泡当中，由于细胞正常的选择透性，两者处于相对平衡状态，没有更多机会进行生化反应。因此，正常鲜烟叶不会发生挂灰现象，以及烘烤过程中失水状态正常的烟叶没有多余水分作为反应溶剂也不会发现挂灰现象。综上，PPO 在烟草当中的亚细胞定位及发生胁迫（高温）情况下，其位置变化将很好地阐明多酚氧化酶参与酶促棕色化反应的核心机理。

一、烟草多酚氧化酶的亚细胞定位

长期以来人们都认为 PPO 参与了酶促棕色化反应，但是 PPO 到底在其中扮演了什么样的角色，是直接导致酶促棕色化反应的原因还是酶促棕色化反应是其他代谢反应的次生结果。另外一个值得注意的地方是 PPO 的亚细胞定位，这关系到 PPO 非常有意思的两个特点：①研究人员发现有的 PPO 不是一经合成就有催化活性，而是植物可能把合成的 PPO 以无活性的形式储藏起来以备应对胁迫。早在 1992 年，Rathjen 和 Robinson（1992）就发现葡萄浆果中的 PPO 可能以分子质量为 60kDa 而不是预期的 40kDa 的形式积累。他们认为，变色葡萄中的 PPO 是作为一种前体蛋白被合成的，然后被加工成较低分子质量的形式。后来，Sommer 等（1994）详细研究了植物 PPO 的合成、靶向和加工，发现 PPO 在内质网合成之后，被定位到叶绿体中分两步完成：前体 PPO 通过一个依赖 ATP 的步骤被导入叶绿体的基质，然后它被基质肽酶剪切加工形成分子质量略小的形式，再经依赖于光的运输方式进入腔体，进一步剪切形成成熟的 PPO 形式。②虽然多数情况下植物的 PPO 定位于质体中，但是其亚细胞定位并非一成不变的。Partington 和 Bolwell（1996）发现在土豆块茎受到物理伤害后 PPO 的转录水平和蛋白质水平都不会显著提高，但其亚细胞定位会从定位于质体变成整个细胞都有分布，甚至在液泡中也能发现 PPO 的存在。Ono 等（2006）报道了一个参与黄酮类化合物金鱼草素生物合成的 PPO，其亚细胞定位既不是在叶绿体也不是在内质网，而是定位于液泡。以上结果表明 PPO 的定位与其功能相关，虽然多数植物的 PPO 定位于质体，但是其亚细胞定位常因发挥功能的需要而改变。为了研究烟草 PPO 参与酶促棕色化反应的机理，本研究先进行了烟草 PPO 的亚细胞定位分析（图 4-33）。

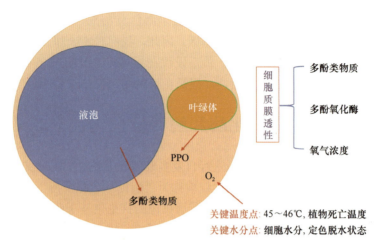

图 4-33　参与酶促棕色化反应过程的细胞器和关键要素示意图

二、烟草多酚氧化酶基因亚细胞定位载体的构建

1. 烟草多酚氧化酶 PPO853 和 PPO854 的克隆

具体内容见第四章第五节。

2. 载体构建

由于多数植物 PPO 的定位前导肽位于 N 端，并且会被切割，因此本研究将绿色荧光蛋白融合到 PPO 基因的 C 端。经过生物公司测序确认之后转入到农杆菌 GV3101 中，获得工程菌 PPO853-GFP-GV3101 和 PPO854-GFP-GV3101 以用于后续的实验（图 4-34）。

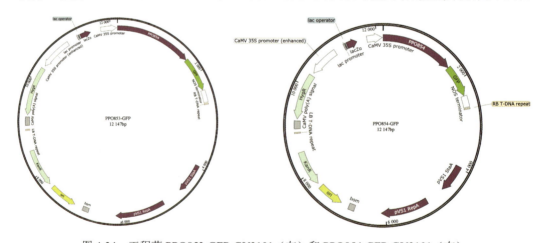

图 4-34　工程菌 PPO853-GFP-GV3101（左）和 PPO854-GFP-GV3101（右）

3. 烟草瞬时转化与荧光信号的观察

1）选取在人工气候室中正常生长且平展的烟草叶片进行烟草瞬时转化实验。

2）将已经转入了目的质粒的农杆菌接种于含有抗性的 10mL YEP 液体培养基中，28℃、220r/min 摇菌扩大培养。

3）待菌液过夜培养至浑浊状态，4000r/min 离心 5min，收集菌体。

4）使用 MS 液体培养基重悬菌体，并调节 OD$_{600}$ 值至 0.6。

5）在菌液中加入终浓度为 200μmol/L 的 AS 和 10mmol/L 的 2-吗啉乙磺酸（2-morpholineethanesulfonic acid，MES，pH=5.6），室温放置 3h。

6）使用一次性注射器将混合好的农杆菌注射于烟草叶片背面，将侵染好的烟草放于弱光处培养 48～72h 后，可用于后续实验。

7）剪取指甲盖大小的注射好的烟草叶片，放置于激光共聚焦显微镜下观察绿色荧光信号。

4. PPO853 和 PPO854 亚细胞定位结果分析

PPO853 和 PPO854 的亚细胞定位结果如图 4-35 所示。

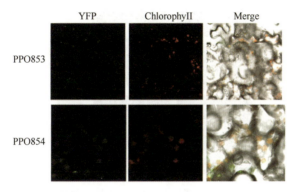

图 4-35　PPO854 和 PPO853 在正常条件下的亚细胞定位
YFP 代表绿色荧光蛋白信号通道；Chlorophyll 代表叶绿素自发荧光信号通道；
Merge 代表将白光通道，YFP 通道和 Chlorophyll 通道叠加在一起的结果。下同

PPO853 和 PPO854 融合 YFP 蛋白所产生的荧光信号在正常状态下与叶绿体自发荧光信号高度重合，表明 PPO853 和 PPO854 的亚细胞定位与预测一致，定位于叶绿体中。

为了进一步研究烟草 PPO 在胁迫条件下的亚细胞定位，我们在使用激光共聚焦显微镜观察之前 30min，使用高温 45℃处理烟草叶片，再进行观察发现 PPO853 和 PPO854 的亚细胞定位情况明显变化（图 4-36）：与正常状态下 PPO853 和 PPO854 融合 YFP 蛋白的荧光信号与叶绿素自发荧光信号高度重合不同，经过高温处理之后 PPO853 和 PPO854 融合 YFP 蛋白的荧光信号明显分布在叶绿体周围，表明胁迫导致了 PPO853 和

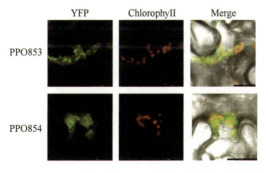

图 4-36　PPO854 和 PPO853 在胁迫条件下的亚细胞定位

PPO854 亚细胞定位的改变，从叶绿体渗漏到了周围。这也暗示在烤烟过程中烟草叶片质膜透性和完整性的改变可能导致 PPO 蛋白渗漏到细胞质或液泡中，从而产生强烈的酶促棕色化反应，进而导致挂灰烟。

为了进一步确认实验结果，我们采用原生质体重复了上述实验。因为成熟叶肉细胞制备的原生质体中叶绿体更便于观察和确认。实验所用质粒和农杆菌与上文一样。

在原生质体中的实验结果与在烟草叶片中的结果一致，高温胁迫都导致了烟草 PPO 亚细胞定位的改变，PPO 开始从叶绿体移动到了液泡位置上。图 4-37 为正常生长条件下原生质体中的 PPO853 和 PPO854 亚细胞定位情况，两者都定位于叶绿体中；图 4-38 为高温胁迫之后的原生质体中的 PPO853 和 PPO854 亚细胞定位情况，两个蛋白融合 YFP 蛋白的荧光信号。

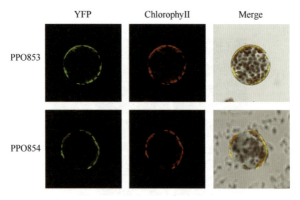

图 4-37　PPO854 和 PPO853 在正常状态下原生质体中的亚细胞定位

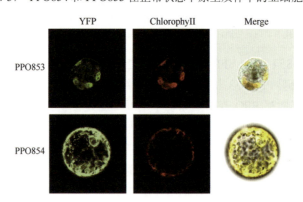

图 4-38　PPO854 和 PPO853 在高温胁迫之后原生质体中的亚细胞定位

第七节　理论验证：细胞质膜透性与烤烟挂灰的相关性研究

本研究基于前期试验基础和成果，进一步开展了不同鲜烟叶素质、不同烘烤工艺烟叶细胞质膜透性与烤后挂灰程度的相关性研究，拟通过建立烟叶细胞质膜透性与烤后挂灰程度的相关性，验证烟叶细胞质膜透性与酶促棕色化反应底物之间的相关性。具体内容如下。

一、营养因素

通过设计亚铁离子和锰离子中毒试验，检测并记录两种金属离子中毒的鲜烟叶相对电导率与初烤烟叶灰色度情况，通过相关性分析得到亚铁离子和锰离子改变烤烟鲜烟叶素质从而导致初烤烟叶挂灰的关系（表4-8）。由表4-8可知，亚铁离子和锰离子中毒烟叶的相对电导率与初烤烟叶灰色度情况均存在极显著正相关关系。

表4-8　亚铁离子和锰离子中毒烟叶相对电导率与初烤烟叶灰色度的相关性

亚铁离子中毒试验		锰离子中毒试验	
相关系数	P值	相关系数	P值
0.652 12	<0.001	0.823 06	<0.001

进一步设计过熟烟叶（成熟度）、过度施氮肥（施氮量）、亚铁离子和锰离子中毒（金属离子中毒）因素改变K326烟叶细胞膜透性从而导致烘烤过程中烟叶挂灰的试验。动态化监测鲜烟叶、38℃、42℃、45℃、48℃、52℃各阶段的细胞质膜透性与挂灰程度，建立细胞质膜透性与挂灰程度的相关性（表4-9）。由表4-9可知，不同处理的初烤烟叶挂灰程度存在差异，具体为亚铁离子和锰离子中毒（金属离子中毒）>过度施氮肥（施氮量）>过熟烟叶（成熟度）>正常烟叶。进一步分析烘烤过程中相关性的变化情况发现，在烘烤阶段38℃和42℃，亚铁离子和锰离子中毒（金属离子中毒）的细胞质膜透性（用相对电导率表示）与挂灰程度的正相关性较其他处理更高，这也是导致其初烤烟叶挂灰程度更严重的重要原因之一。

表4-9　不同因素影响下烟叶相对电导率与烟叶灰色度的相关性

	鲜烟叶	38℃	42℃	45℃	48℃	52℃	挂灰程度	挂灰面积占比（%）
正常烟叶（正常）	0.23±0.02c	0.31±0.01c	0.73±0.09b	0.91±0.03a	0.71±0.10b	0.88±0.05a	1	0～20
过熟烟叶（过熟）	0.22±0.03c	0.29±0.04c	0.89±0.04a	0.87±0.10a	0.73±0.17b	0.84±0.03a	3	41～60
老悉烟叶（过度施氮肥）	0.17±0.03c	0.31±0.02c	0.66±0.07b	0.72±0.04b	0.92±0.01a	0.90±0.05a	2	21～40
亚铁离子中毒烟叶（Fe）	0.32±0.02b	0.63±0.08b	0.94±0.04a	0.90±0.07a	0.77±0.07b	0.59±0.10b	4	61～70
锰离子中毒烟叶（Mn）	0.44±0.07a	0.75±0.03a	0.89±0.02a	0.91±0.02a	0.79±0.04b	0.49±0.01b	4	61～70

此外，本研究还进行了过熟烟叶（成熟度）、过度施氮肥（施氮量）、亚铁离子和锰离子中毒（金属离子中毒）因素改变K326烟叶氧自由基（OFR）含量与多酚氧化酶（PPO）活性从而导致烘烤过程烟叶挂灰的试验，动态化监测鲜烟叶、38℃、42℃、45℃、48℃、52℃各阶段的烟叶氧自由基含量（图4-39）和多酚氧化酶活性（图4-40）。由图4-39、图4-40可知，在烘烤阶段38℃、42℃、45℃，亚铁离子和锰离子中毒（金属离子中毒）与过熟烟叶（成熟度）的氧自由基含量及多酚氧化酶活性较其他处理更高，结合前人研究和本项目已有的研究表明，38～45℃是酶促棕色化反应发生的最关键温度时期，这一过程细胞质膜透性遭到破坏或多酚氧化酶活性过高，会直接导致挂灰烟大面积暴发。即亚铁离子和锰离子中毒（金属离子中毒）与过熟烟叶（成熟度）更容易导致挂灰烟的发生。

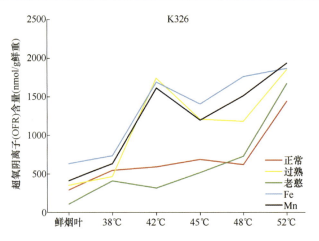

图 4-39　不同因素影响下烟叶烘烤过程中氧自由基（OFR）含量的变化

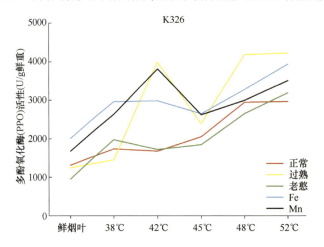

图 4-40　不同因素影响下烟叶烘烤过程中多酚氧化酶（PPO）活性的变化

二、烘烤工艺

1. 冷挂灰工艺的试验处理

当干球温度升到 42～45℃时，在稳温阶段快速降温，亦可以在此阶段打开烤房门制造冷挂灰烟叶的形成条件（图 4-41）。通过试验发现，在 42～45℃时，降温 5℃、持续 2h，就会出现明显挂灰（图 4-42）。

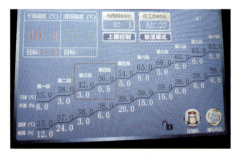

图 4-41　冷挂灰烘烤工艺图

图 4-42　冷挂灰烘烤过程变化图

2. 热挂灰工艺的试验处理

当干球温度升到 42～45℃时，在稳温阶段快速升温（图 4-43）。通过试验发现，在 42～45℃时，升温 8℃、持续 2h，就会出现明显挂灰（图 4-44）。

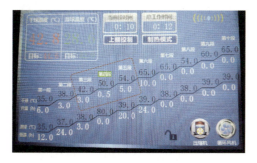

图 4-43　热挂灰烘烤工艺图

图 4-44　热挂灰烘烤过程变化图

3. 硬变黄工艺的试验处理

在变黄期干湿球未能出现温差：在 42～45℃时，干湿球温差未能扩大到 4℃ 以上，出现硬变黄；进一步在 46℃升温到 48℃，持续 1h，出现明显挂灰（图 4-45 和 4-46）。

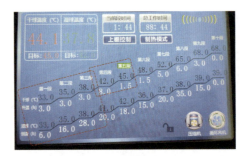

图 4-45　硬变黄烘烤工艺图

图 4-46　硬变黄烘烤过程变化图

4. 不同烘烤工艺烟叶细胞质膜透性与烤后挂灰程度的相关性研究

烟叶相对电导率可以作为烤烟生理生化改变导致烟叶挂灰的重要指标,由表 4-10 可以发现,与常规烘烤工艺相比,冷挂灰在 38~40℃、热挂灰在 50~56℃、硬变黄在 42℃时烟叶相对电导率均有明显增加,烟叶挂灰程度增加。由此可发现,挂灰烟产生的核心原因是:烟叶相对电导率(细胞质膜透性)增加,且烟叶相对电导率与挂灰程度呈显著正相关。

表 4-10　不同烘烤工艺烟叶细胞质膜透性与烤后挂灰程度的相关性研究数据

	鲜烟叶	38℃	38~40℃	42℃	45℃	48℃	52℃	50~56℃	60℃	挂灰程度	挂灰面积占比(%)
常规	0.23	0.36		0.53	0.83	0.74	0.81	0.76	0.71	1	0~20
冷挂灰	0.26	0.34	0.76	0.52	0.95	0.63	0.90			4	61~70
热挂灰	0.27	0.36		0.56				0.84	0.88	5	71 以上
硬变黄	0.26	0.34		0.88	0.97	0.89	0.88			5	71 以上

三、田间冷害[①]

云南地处低纬度高原,具有明显的山地气候和季风气候,低温冷害对云南农业的影响较为明显。烤烟作为云南重要的经济支撑作物,对低温冷害较为敏感,特别是在海拔 >2000m 的植烟区,日常昼夜温差较大,冷害天气来势迅猛,往往伴随山区降雨,夜间易

---

① 部分引自 Li et al.，2021

发生断崖式降温，往往会导致在烤烟烘烤过程中甚至在田间未采收前极易发生挂灰情况，对烤烟生产造成极大的产质量损失。

通过设计棚内（正常烟叶）和棚外（冷胁迫烟叶）试验，动态追踪田间冷胁迫烟叶和正常烟叶烘烤过程中的外观变化情况（图 4-47）。对棚内、棚外处理的烘烤过程中烟叶细胞质膜透性（相对电导率）检测并进行相关性分析（表4-11），由表4-11可知，冷胁迫烟叶在 42～48℃时细胞质膜透性与烤后挂灰烟相关性高于正常烟叶。进一步对棚内、棚外处理的烘烤过程烟叶抗氧化酶活性进行分析（图4-48），从图4-48 中可知在相同烘烤阶段下，SOD、POD、CAT 活性呈现棚内>棚外，MDA 含量呈现棚外>棚内，定色期 PPO 活性呈现棚外>棚内。

最终我们得出结论，冷胁迫通过破坏烤烟的细胞质膜完整性和抗氧化酶系统从而导致了挂灰烟的发生。

表4-11　田间冷胁迫烟叶细胞质膜透性与烤后挂灰程度的相关性研究数据

	鲜烟叶	38℃	38～40℃	42℃	45℃	48℃	52℃	挂灰程度	挂灰面积占比（%）
棚内（正常烟叶）	0.17	0.25		0.21	0.47	0.35	0.46	1	0～20
棚外（冷胁迫烟叶）	0.35	0.54	0.49	0.84	0.92	0.69	0.77	4	61～70

图 4-47　棚内（正常烟叶）和棚外（受冷胁迫烟叶）烘烤过程中烟叶外观变化

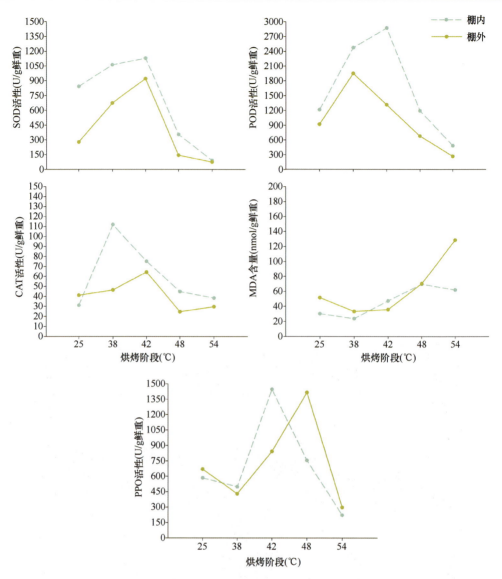

图 4-48　棚内（正常烟叶）和棚外（受冷胁迫烟叶）烘烤过程中烟叶抗氧化酶系统的变化[①]

四、其他因素

（一）田间病害胁迫烟叶细胞质膜透性与烤后挂灰程度的相关性研究

烟草赤星病是烟草生长中、后期发生的一种叶部真菌性病害，是对烟草生产威胁最大的叶部病害。烟草赤星病在我国各烟区普遍发生，由于其流行具有间歇性和暴发性的特点，一般年份发病率为 20%～30%，严重时发病率达 90%，减少产值达 50% 以上，对产量、质量影响较大。烟草脉带花叶病毒病在中国一直是次要病害，在部分地块发病率可达 30%，影响烟叶品质和产量。

试验于云南省大理州南涧县开展，烤烟品种为红花大金元，试验选取田间出现病害

[①] 图 4-48 引自 Li et al.，2021，Figure 7

的中部烟叶（自下而上第 9～11 片）来进行处理和装烟烘烤。试验设置 5 个处理：处理 1（CK）为正常无病害烤烟（对照），处理 2（T2）为轻度赤星病感病烤烟（病情指数 3 级），处理 3（T3）为重度赤星病感病烤烟（病情指数 9 级），处理 4（T4）为轻度烟草脉带花叶病毒病感病烤烟（病情指数 3 级），处理 5（T5）为重度烟草脉带花叶病毒病感病烤烟（病情指数 9 级），病害严重度分级参照国家标准《烟草病虫害分级及调查方法》（GB/T 23222—2008）。

配置 3 台电热自动控温、控湿中型密集烤箱（容量 1000～2000 片）进行烘烤试验，编烟装烤时每个智能控制烤烟箱装烟 20～24 竿，共两层，每竿编烟 100 片左右，确保处理间装烟密度一致，烘烤过程中严格按当地常规烘烤工艺及时准确地升温排湿，风速调控由温控仪自动控制执行。动态化监测鲜烟叶、38℃、42℃、45℃、48℃、52℃各阶段的细胞质膜透性与挂灰程度，建立细胞质膜透性与挂灰程度的相关性（表 4-12）。

表 4-12 不同病害烟叶细胞质膜透性与烤后挂灰程度的相关性研究数据

处理	鲜烟叶	38℃	42℃	45℃	48℃	52℃	挂灰程度	挂灰面积占比（%）
CK	0.23	0.36	0.53	0.83	0.74	0.81	1	0～20
T2	0.28	0.42	0.81	0.85	0.82	0.83	2	21～40
T3	0.34	0.35	0.93	0.97	0.94	0.74	5	71 以上
T4	0.32	0.45	0.85	0.89	0.82	0.63	2	21～40
T5	0.43	0.37	0.93	0.76	0.76	0.57	4	61～70

（二）花粉侵染胁迫烟叶细胞质膜透性与烤后挂灰程度的相关性研究

现有研究表明，玉米花粉对烤烟上部叶片的烘烤质量存在负面影响。由于烤烟–玉米轮作是避免烤烟连作障碍、提高农民收益的重要农作体系，解决玉米花粉侵染烤烟导致挂灰烟形成具有重要的生产实际意义。

试验于云南省大理州南涧县开展，烤烟品种为红花大金元，设置三个处理：处理 1 为正常无花粉侵染烤烟（对照），处理 2 为轻度玉米花粉侵染烤烟，处理 3 为重度玉米花粉侵染烤烟，各处理重复 30 株烤烟，一周侵染 3 次，然后取样测定不同处理烤烟的鲜烟叶素质和烘烤特性的动态指标，具体为烟叶组织结构、光合系统指标、失水率、生理生化指标、灰色度评级和经济性状等。动态化监测鲜烟叶、38℃、42℃、45℃、48℃、52℃各阶段的细胞质膜透性与挂灰程度，建立细胞质膜透性与挂灰程度的相关性（表 4-13）。

表 4-13 不同花粉侵染程度烟叶细胞质膜透性与烤后挂灰程度的相关性研究

	鲜烟叶	38℃	42℃	45℃	48℃	52℃	挂灰程度	挂灰面积比例（%）
正常	0.24	0.29	0.42	0.71	0.81	0.79	1	0～10
轻度花粉侵染	0.32	0.40	0.58	0.86	0.88	0.92	3	35～50
重度花粉侵染	0.45	0.52	0.75	0.91	0.9	0.88	5	60 以上

第八节　理论验证：细胞质膜透性与酶促棕色化反应底物的相关性研究

一、细胞相对电导率与酶促棕色化反应底物的相关性验证

（一）烤烟烟叶细胞相对电导率的测定与结论分析

采用相对电导率法：将选取的待测叶片剪下，装入密封袋内置于冰盒中带回实验室。将取回的叶样先用自来水冲洗，除去表面杂物，再用去离子水冲洗 2 次，用滤纸轻轻吸干叶片表面水分。称取 0.2g 并剪成宽度约为 5mm 的细丝，放入 50mL 带塞试管中，加入 20mL 去离子水，室温下浸没样品 5h，随即用 Mettler Toledo Five Easy 型电导仪测其电导率 $E1$。然后将试管沸水浴 15min，冷却至室温时，测得电导率为 $E2$，以 $E1/E2$ 的值作为相对电导率来表示细胞质膜透性的大小。

各温度点 K326、云 87 和红大三个品种烟叶的相对电导率如表 4-14 所示。由表 4-14 可知，各品种鲜烟叶的相对电导率差距不大。而在烘烤过程中，各品种烟叶在烘烤温度达到 45℃时叶片的相对电导率达到最大值，表明在该温度点前后植物叶片细胞遭受的损害最大，细胞结构开始解体，膜结构的选择透过性丧失，造成细胞内电解质和酶类物质的大量流出，从而引起相对电导率的增大。

表 4-14　K326、云 87 和红大三个品种的叶片相对电导率

品种	鲜烟叶	38℃	42℃	45℃	48℃	52℃
K326	0.24	0.24	0.73	0.91	0.78	0.87
云 87	0.23	0.37	0.45	0.96	0.76	0.66
红大	0.21	0.62	0.85	0.86	0.74	0.86

（二）烤烟烟叶细胞内氧浓度的测定与结论分析

采用活性氧荧光探针（DCFH-DA）法：DCFH-DA 本身没有荧光，可以自由穿过细胞膜，进入细胞内后，可以被细胞内的酯酶水解生成 2',7'-二氯二氢荧光素（DCFH）。而 DCFH 不能通过细胞膜，从而使探针很容易被标记到细胞内。在活性氧存在的条件下，DCFH 被氧化生成荧光物质 2',7'-二氯荧光素（DCF），绿色荧光强度与细胞内活性氧水平成正比，检测 DCF 的荧光就可以知道细胞内活性氧的水平。在激发波长 502nm、发射波长 530nm 附近，使用荧光显微镜、激光共聚焦显微镜、荧光分光光度计、荧光酶标仪、流式细胞仪等检测 DCF 荧光，从而测定细胞内活性氧水平。

1. 抗坏血酸过氧化物酶（APX）活性

由表 4-15 可知，K326 品种鲜烟叶 APX 活性最小，云 87 次之，红大品种最大，而在烘烤过程中，随着温度的升高，K326 和云 87 品种的 APX 活性呈现出先升高后降低的趋势，而红大品种则呈现逐渐增大的趋势。APX 是植物体内清除活性氧的重要抗氧化酶之一，也是抗坏血酸代谢的关键酶之一，其活性的大小能够反应植物体内活性氧的多

少。在本试验中发现，在烘烤阶段中，红大品种的 APX 活性在 52℃有最大值且远远高于其他两个品种，表明相比于其他品种而言，红大品种对温度胁迫的耐受性要高于其他两个品种。

表 4-15 鲜烟叶及不同烘烤温度点下各品种烟叶抗坏血酸过氧化物酶（APX）的活性[*]（U/g 鲜重）

品种	鲜烟叶	38℃	42℃	45℃	48℃	52℃
K326	2.84	7.05	7.29	12.1	6.88	2.59
云 87	5.76	7.90	7.40	9.68	6.19	5.52
红大	6.47	5.45	4.26	19.5	26.2	27.1

[*] 单位定义：每克样本每分钟氧化 1μmol 抗坏血酸（AsA）为 1 个酶活力单位

2. 过氧化氢（H_2O_2）含量

鲜烟叶及烘烤关键温度点下 K326、云 87 和红大三个品种的过氧化氢含量如表 4-16 所示。三个品种鲜烟叶的过氧化氢含量基本一致，而在烘烤过程中，K326 品种在 48～52℃的过程中，过氧化氢含量剧增并在 52℃达到最大值。对于云 87 和红大品种而言，过氧化氢含量呈现出先增加后降低的趋势，并在 45℃处有 H_2O_2 最大值。过氧化氢作为细胞内膜脂过氧化的重要产物，也是活性氧的重要组成部分，其含量的大小能够反应植物叶片内环境的稳定状态。本试验中，从 38～48℃的过程中，K326 品种过氧化氢含量变化很小，随后剧增，而其他品种呈现出先增加后降低的趋势。

表 4-16 鲜烟叶及不同烘烤温度点下不同品种烟叶过氧化氢含量（μmol/g 鲜重）

品种	鲜烟叶	38℃	42℃	45℃	48℃	52℃
K326	12.2	9.12	12.5	7.87	7.30	42.2
云 87	15.1	15.6	21.5	34.5	15.8	9.0
红大	13.5	34.8	38.0	44.8	39.1	10.4

3. 丙二醛（MDA）含量

如表 4-17 所示，三个品种鲜烟叶 MDA 含量由高到低的顺序分别为 K326>云 87>红大。在烘烤过程中，随着温度的增加，三个品种的 MDA 含量呈现逐渐增加的趋势。在逆境条件下，植物体内氧自由基的增加会作用于细胞膜系统，引起膜脂过氧化，而 MDA 作为膜脂过氧化的重要产物之一，其含量的多少能够表征植物叶片的受损程度。在试验中，温度的升高造成细胞膜脂过氧化。在三个品种中，云 87 品种在 52℃时的丙二醛含量远高于其他品种。

表 4-17 K326、云 87 和红大三个品种的 MDA 含量（nmol/g 鲜重）

品种	鲜烟叶	38℃	42℃	45℃	48℃	52℃
K326	201	58.9	86.5	110	155	158
云 87	174	165	214	270	251	358
红大	68.5	71.1	86.7	99.5	147	183

4. 氧自由基（OFR）含量

从表 4-18 可知，鲜烟叶中红大品种的 OFR 含量远大于 K326 和云 87 品种，而在烘烤过程中三个品种的 OFR 含量随温度的增加而呈现出逐渐增加的趋势，表明烘烤过程所引起的逆境增加了植物体内的活性氧含量。结果表明，云 87 品种在烘烤前后 OFR 含量增加的绝对值要大于 K326 和红大品种，表明其在烘烤过程中积累了更多的氧自由基，并对细胞膜和生物大分子造成破坏，从而影响了细胞结构的完整性。

表 4-18　K326、云 87 和红大三个品种的 OFR 含量（nmol/g 鲜重）

品种	鲜烟叶	38℃	42℃	45℃	48℃	52℃
K326	585	1091	1182	1374	1240	2885
云 87	606	958	1171	1585	1895	3113
红大	904	1250	1147	2351	3207	2709

5. 过氧化物酶（POD）活性

不同品种鲜烟叶烘烤过程中过氧化物酶活性如表 4-19 所示，在鲜烟叶状态下，K326 品种的 POD 活性最大，红大次之，云 87 最小。在烘烤过程中，三个品种的 POD 活性均呈现先增加后降低的趋势。

表 4-19　K326、云 87 和红大三个品种的 POD 活性[*]（U/g 鲜重）

品种	鲜烟叶	38℃	42℃	45℃	48℃	52℃
K326	6 071	7 342	13 470	27 133	8 505	11 631
云 87	1 562	11 171	15 380	57 930	19 895	13 020
红大	3 276	5 440	7 216	33 292	11 310	23 582

* 单位定义：每克组织每毫升反应体系中每分钟 A_{470} 变化 0.005 定义为一个酶活力单位

6. 超氧化物歧化酶（SOD）活性

各个温度下 K326、云 87 和红大三个品种的超氧化物歧化酶活性如表 4-20 所示。由表 4-20 可以看出各品种鲜烟叶的 SOD 活性差异不大，而在烘烤过程中，K326 品种各温度点下的 SOD 活性均小于鲜烟叶，云 87 和红大品种在 38℃处有最大酶活性，随后有所降低，表明 SOD 酶活性受到了温度的明显影响，高温影响了酶活性，从而导致酶活性的逐渐降低。对于 K326 品种，鲜烟叶的 SOD 活性最高，在烘烤过程中呈先升后降趋势，在 45℃时出现最大值。

表 4-20　K326、云 87 和红大三个品种的 SOD 活性[*]（U/g 鲜重）

品种	鲜烟叶	38℃	42℃	45℃	48℃	52℃
K326	15 008	7 342	7 137	10 652	6 281	4 981
云 87	17 833	30 372	7 315	3 791	4 960	9 431
红大	16 358	29 792	22 118	7 809	11 714	7 814

* 单位定义：在黄嘌呤氧化偶联反应体系中抑制百分率为 50% 时，反应体系中的 SOD 酶活力定义为一个酶活力单位

（三）烤烟烟叶细胞内多酚类物质的测定与结论分析

多酚类物质的粗提取：先在研钵中将烤烟烟叶研磨成细粉待用，加入 55%乙醇作为萃取液，按照料液比为 1∶25，在超声波粉碎仪中超声 1.5h（超声功率 400W，超声 2次，温度在 60℃以下）。然后 4500r/min 离心 10min，取上清液，得含总多酚的提取液，置 4℃冰箱待用。

采用福林-酚（Folin-Ciocateu）法进行烟叶多酚含量的测定。制备 400μg/mL 没食子酸标准品溶液：准确称量没食子酸标准品 200mg，加入适量 70%乙醇使其溶解，再用 70%乙醇定容至 100mL，摇匀，静置。移液器移取 20mL，然后用 70%乙醇定容至 100mL，摇匀，待用。

总多酚含量的计算：取 100μL 多酚提取液，加入 2mL 蒸馏水与 20μL 的福林-酚试剂，再加入 900μL 20%的碳酸氢钠溶液混匀，避光放置，反应 2h。在 725nm 处测定吸光度。计算总多酚的含量。

各个温度下 K326、云 87 和红大三个品种的多酚类物质的含量如表 4-21 所示。红大品种鲜烟叶中的多酚类物质含量高于 K326 和云 87 品种。在烘烤过程中（38～52℃），K326 和云 87 品种的多酚类物质含量总体呈逐渐增加趋势，而红大则呈现先降低后增加、再降低再增加的趋势，但均高于同温度下的其他品种。表明红大相比 K326 和云 87 更容易发生酶促棕色化反应，后期产生烟叶挂灰的可能性会更高。

表 4-21　K326、云 87 和红大三个品种的多酚类物质的含量（mg/g）

品种	鲜烟叶	38℃	42℃	45℃	48℃	52℃
K326	2.05	6.18	5.58	15.21	12.07	17.51
云 87	4.68	1.49	3.40	7.20	16.88	17.60
红大	45.02	24.07	11.81	46.22	20.07	34.50

（四）烤烟烟叶细胞内多酚氧化酶（PPO）的测定与结论分析

多酚氧化酶活性检测的具体步骤如下。

粗酶液的制备：称取待测叶片 5g 于研钵中，加入 0.5g 不溶性聚乙烯吡咯烷酮和 100mL、0.1mol/L、pH=6.5 的磷酸缓冲液，磨成匀浆，用双层纱布袋过滤，滤液加入 30%饱和度的硫酸铵，离心除沉淀，上清液再加硫酸铵使其达到 60%饱和度，离心收集沉淀。将所得沉淀溶于 2～3mL、0.01mol/L、pH 6.5 的磷酸缓冲液中，此即为粗酶液。

酶活性的测定：在试管中加入 3.9mL 浓度为 0.05mol/L、pH 5.5 的磷酸缓冲液，1.0mL浓度为 0.1mol/L 的儿茶酚，置于 37℃恒温水浴中保温 10min，然后加入 0.5mL 酶液（可视酶活性增减用量），迅速摇匀，倒入比色杯内，于 525nm 波长处以时间扫描方式，在 1～2min 测定吸光度变化（A）。最后，按照相关公式计算出多酚氧化酶活性。

各个温度下 K326、云 87 和红大三个品种的 PPO 活性如表 4-22 所示。云 87 品种鲜烟叶中的 PPO 活性最强，K326 次之，红大最小。在烘烤过程中，各品种达到 PPO 活性最大值的温度分别为 48℃、42℃和 52℃。多酚氧化酶是一种广泛存在于植物体内的氧化酶，能够使液泡中流出的一元酚和二元酚氧化产生醌，从而引起褐化。本研究中不同品种达到最大 PPO 活性的温度不同，表明在该温度下，液泡膜结构发生损伤，引起酚类物质扩散到细胞质中被氧化，说明在对应的温度点下，各品种容易引发褐化反应。

表4-22 K326、云87和红大三个品种的PPO活性*（U/g鲜重）

品种	鲜烟叶	38℃	42℃	45℃	48℃	52℃
K326	254	215	295	456	542	175
云87	488	791	1011	514	893	258
红大	167	123	273	199	268	325

* 单位定义：每分钟每克组织在每毫升反应体系中使410nm处吸光值变化0.005定义为一个酶活力单位

二、不同烟叶素质下细胞质膜透性与酶促棕色化反应底物的相关性验证

（一）不同烟叶素质条件下细胞相对电导率的测定与结论分析

如表4-23所示，总体上看各品种老憨处理鲜烟叶的相对电导率均低于对照（正常），而铁、锰、过熟处理则高于对照，表明老憨处理增加了叶片细胞结构的完整性，细胞结构致密。而铁、锰、过熟处理造成了细胞结构的部分损坏，引起细胞内电解质的外渗，从而增加了细胞的相对电导率。

表4-23 K326、云87和红大三个品种的不同素质烟叶的相对电导率

品种	烟叶素质	鲜烟叶	38℃	42℃	45℃	48℃	52℃
K326	Fe	0.32	0.63	0.81	0.78	0.67	0.68
	Mn	0.50	0.59	0.83	0.82	0.70	0.63
	老憨	0.20	0.28	0.44	0.49	0.62	0.87
	过熟	0.22	0.29	0.89	0.87	0.73	0.65
	正常	0.24	0.24	0.73	0.91	0.78	0.87
云87	Fe	0.26	0.26	0.66	0.98	0.64	0.89
	Mn	0.38	0.56	0.71	0.89	0.81	0.89
	老憨	0.17	0.13	0.28	0.56	0.79	0.87
	过熟	0.19	0.40	0.82	0.67	0.79	0.77
	正常	0.23	0.37	0.45	0.96	0.76	0.66
红大	Fe	0.36	0.73	0.64	0.90	0.87	0.86
	Mn	0.63	0.73	0.72	0.86	0.87	0.91
	老憨	0.17	0.34	0.40	0.45	0.77	0.79
	过熟	0.21	0.70	0.99	0.98	0.77	0.91
	正常	0.21	0.62	0.85	0.86	0.74	0.86

在不同的烘烤温度点，随着烘烤温度的不断提高，各烤烟品种老憨处理叶片的相对电导率呈现出逐渐增加的趋势，而其他处理则呈现出先增加后降低的趋势。K326品种铁、锰、过熟处理均在42℃时有最大相对电导率，而对照在45℃有最大值。云87与红大品种铁、正常处理在45℃有最大值，而过熟处理在42℃有最大值。结果表明，与对照相比，铁、锰、过熟处理通过胁迫改变了细胞结构，进而降低了细胞对温度的耐受能

力，表现在烘烤过程中容易造成灰色烟的形成。

（二）不同烟叶素质条件下细胞内氧浓度的测定与结论分析

1. 抗坏血酸过氧化物酶（APX）活性

不同素质烟叶的抗坏血酸过氧化物酶活性如表 4-24 所示。K326 品种各处理的鲜烟叶 APX 活性与正常处理相比明显增加，其中铁、锰处理的 APX 活性较高。在烘烤过程中，铁、锰处理分别在 42℃和 48℃处有 APX 最大活性，而过熟和老憨处理在 52℃有最大值，结果表明，不同素质烟叶增加了烟叶细胞内过氧化物的含量，对烘烤后烟叶的品质造成不良影响。对于云 87 和红大品种，烘烤过程中各处理的 APX 活性大体上随温度的增加呈现出逐渐增加的趋势，在 52℃处有最大酶活性，且在该温度下正常处理的酶活性低于其他处理。

表 4-24　K326、云 87 和红大三个品种不同素质烟叶的抗坏血酸过氧化物酶（APX）活性[*]（U/g 鲜重）

品种	烟叶素质	鲜烟叶	38℃	42℃	45℃	48℃	52℃
K326	Fe	9.50	15.3	33.4	25.7	25.6	24.0
	Mn	7.11	24.3	27.8	31.9	65.8	53.8
	老憨	3.68	9.45	8.17	5.33	5.35	14.5
	过熟	3.91	14.6	15.0	26.4	52.6	57.9
	正常	2.84	7.05	7.29	12.1	6.88	2.59
云 87	Fe	15.2	29.1	38.3	21.0	34.3	48.4
	Mn	14.3	18.7	37.7	33.2	41.2	86.9
	老憨	4.67	12.7	14.0	19.2	16.7	55.4
	过熟	15.2	28.5	29.4	18.3	22.4	34.6
	正常	5.76	7.90	7.40	9.68	6.19	5.52
红大	Fe	12.6	25.8	31.7	9.84	25.3	74.7
	Mn	14.3	26.3	26.7	7.64	45.2	47.0
	老憨	1.88	17.3	14.7	18.2	26.1	42.9
	过熟	15.2	24.9	32.6	34.5	49.8	60.8
	正常	6.47	5.45	4.26	19.5	26.2	27.1

* 单位定义：每克样本每分钟氧化 1μmol 抗坏血酸（AsA）为 1 个酶活力单位

2. 过氧化氢（H_2O_2）含量

不同素质烟叶的过氧化氢含量如表 4-25 所示。总体上三个品种铁、锰、过熟处理鲜烟叶、42℃、45℃和 48℃时的过氧化氢含量均高于对照，而老憨处理则低于对照。结果表明：金属亚铁、锰离子胁迫及过熟处理引起了植物体内活性氧含量的增加，过量的 H_2O_2 不仅能够氧化细胞内核酸、蛋白质等生物大分子，还会引起细胞质膜系统的膜脂过氧化，造成细胞质膜结构和功能上的损害，从而加速细胞的衰老和解体。

随着烘烤温度的增加，各处理叶片过氧化氢的含量呈现出先增加后降低的趋势。K326 品种正常处理在 52℃有最大值，而其他处理在 45℃时有最大值，云 87 品种的铁处理在 42℃有最大值，而锰、老憨、过熟和正常处理在 45℃有最大值。对于红大品种，各处理均在45℃时有过氧化氢含量最大值，且不同素质烟叶的过氧化氢含量明显高于对照。结果表明：在烘烤过程中，45℃是烟叶细胞内过氧化反应最剧烈的时候，由温度和不同处理所造成的烟叶素质的改变，导致叶片细胞内环境的稳态被破坏，细胞遭受生理上的胁迫，引起膜结构的破坏，在烘烤过程中容易造成灰色烟的形成。

表 4-25　K326、云 87 和红大三个品种的不同素质烟叶的过氧化氢含量（µmol/g 鲜重）

品种	烟叶素质	鲜烟叶	38℃	42℃	45℃	48℃	52℃
K326	Fe	34.4	15.6	25.4	57.2	26.6	10.2
	Mn	24.2	16.5	13.5	27.1	16.0	11.2
	老憨	10.9	10.7	17.6	32.2	26.1	23.8
	过熟	18.8	6.84	28.1	40.4	21.2	11.1
	正常	12.2	9.12	12.5	7.87	7.30	42.2
云 87	Fe	26.1	19.5	88.5	19.2	13.4	7.8
	Mn	28.9	37.3	8.92	97.5	11.1	7.1
	老憨	12.1	12.1	23.0	39.7	11.7	6.2
	过熟	19.1	11.5	11.1	22.6	17.1	19.5
	正常	15.1	15.6	21.5	34.5	15.8	9.0
红大	Fe	26.4	22.9	10.7	76.9	7.8	9.6
	Mn	27.8	23.6	30.5	52.5	7.8	8.6
	老憨	12.5	21.6	16.1	97.2	39.7	6.5
	过熟	15.4	26.0	33.0	66.2	41.7	11.6
	正常	13.5	34.8	38.0	44.8	39.1	10.4

3. 丙二醛（MDA）含量

如表 4-26 所示，与对照相比，K326 和云 87 品种铁、锰处理的鲜烟叶 MDA 含量明显低于对照，而老憨处理明显高于对照，过熟处理与对照相比，MDA 含量差异不大。随着烘烤过程的不断进行，三个品种铁、锰处理的 MDA 含量随着温度的增加呈现出先增加后降低的趋势，并在 48℃有最大值，而老憨、过熟、正常处理则大体上呈现逐渐增加的趋势。丙二醛作为细胞膜脂过氧化的重要产物之一，其含量的多少在一定程度上能够反映细胞内环境遭受胁迫的程度大小。本试验中，云 87 品种铁、锰处理的 MDA 含量显著高于 K326 和红大品种，表明铁、锰离子对云 87 的毒害远大于其他品种。相比于其他处理，老憨处理的 MDA 含量明显低于其他处理，表明老憨烟处理的叶肉细胞遭受逆境的程度较低，能够维持内环境的相对稳定。但在烘烤中可能表现出不易变色、难脱水、叶片发青等症状，造成烟叶品质的降低。

4. 氧自由基（OFR）含量

与 MDA 含量类似，K326、云 87 和红大品种的鲜烟叶氧自由基含量也呈现出铁、锰、过熟处理高于正常处理，而老憨处理低于正常处理的变化规律（表 4-27）。在烘烤过程中，随着烘烤温度的不断增加，各个处理叶肉细胞内 OFR 含量不断增加，在烘烤48~52℃时达到 OFR 含量最大值。老憨处理的 OFR 在 48~52℃有一个跃增，表明导致老憨处理发生膜脂过氧化的温度在该区间之内，同时反映出：相比于正常处理而言，老憨烟的发生增加了烟叶烘烤难度。而铁、锰和过熟处理对膜脂造成破坏，导致在不同烘烤阶段所发生的化学变化有所提前，极易造成灰色烟的产生。

表 4-26　K326、云 87 和红大三个品种的不同素质烟叶的丙二醛含量（nmol/g 鲜重）

品种	烟叶素质	鲜烟叶	38℃	42℃	45℃	48℃	52℃
	Fe	65.8	65.4	81.0	161	220	183
	Mn	61.4	92.5	161	118	303	194
K326	老憨	271	75.2	44.9	55.9	60.8	157
	过熟	148	50.9	110	115	119	148
	正常	201	58.9	86.5	110	155	158
	Fe	77.4	164	383	374	501	438
	Mn	75.9	157	333	319	526	357
云 87	老憨	233	131	181	256	276	311
	过熟	173	94.5	183	238	373	393
	正常	174	165	214	270	251	358
	Fe	69.7	95.2	210	191	225	222
	Mn	79.9	109	218	199	212	180
红大	老憨	83.9	73.4	70.3	107	188	209
	过熟	46.1	95.3	110	172	190	192
	正常	68.5	71.1	86.7	99.5	147	183

表 4-27　K326、云 87 和红大三个品种的不同素质烟叶的氧自由基含量（nmol/g 鲜重）

品种	烟叶素质	鲜烟叶	38℃	42℃	45℃	48℃	52℃
	Fe	1265	1471	3379	2813	3524	3734
	Mn	825	1267	3227	2395	3028	3869
K326	老憨	217	819	636	1034	1457	3341
	过熟	705	930	3478	2417	2362	3697
	正常	585	1091	1182	1374	1240	2885
	Fe	1377	1726	5086	3738	4037	3515
	Mn	916	1443	3574	3189	3293	3658
云 87	老憨	217	891	1406	1843	2633	3528
	过熟	1384	987	1273	2112	3340	3435
	正常	606	958	1171	1585	1895	3113
	Fe	1448	1987	3653	2960	3810	3346
	Mn	1335	1726	3448	3409	3575	3376
红大	老憨	676	1074	1055	2047	2503	3474
	过熟	1019	1559	2803	2400	3206	3349
	正常	904	1250	1147	2351	3207	2709

5. 过氧化物酶（POD）活性

不同素质烟叶的过氧化物酶活性如表 4-28 所示。鲜烟叶时，除老憨处理烟叶的 POD

活性低于对照外，铁、锰、过熟处理的烟叶 POD 活性均较对照有所增加，其中铁、锰处理的酶活性较大。在烘烤过程中，K326 品种烟叶的铁、锰、老燎处理均在 42℃时有最大的 POD 活性，而正常和过熟处理在 45℃有活性最大值。云 87 品种烟叶除锰和老燎处理在 42℃有最大 POD 活性外，其他处理均在 45℃时有最大 POD 活性。对于红大品种而言，各处理均在 45℃处有最大值。结果表明，铁、锰处理对 K326 品种的伤害要大于云 87 和红大，而随着温度的增加，POD 活性逐渐降低，这是因为一方面随着温度的增加，超过了酶促反应的最适温度，造成酶活性的降低；另一方面烘烤过程中伴随着叶片脱水，随着水分的丧失，酶促反应缺少了反应介质和参与物，也会造成酶活性的不断降低。

POD 广泛存在于动、植物中，可还原过氧化氢，解除其对植物的毒害作用，延缓植物衰老。在本研究中，铁、锰、老燎、过熟处理的植物体内 POD 活性均有所增加，表明这些处理造成了植物体内活性氧的大量生成并对细胞膜造成损害。

表 4-28 K326、云 87 和红大三个品种的不同素质烟叶的过氧化物酶活性[*]（U/g 鲜重）

品种	烟叶素质	鲜烟叶	38℃	42℃	45℃	48℃	52℃
K326	Fe	10 910	24 724	30 184	22 191	7 018	7 286
	Mn	10 037	32 980	46 252	26 094	5 081	5 019
	老燎	4 671	5 575	20 257	3 787	9 802	7 995
	过熟	8 624	8 804	19 553	61 113	12 815	29 485
	正常	6 071	7 342	13 470	27 133	8 505	11 631
云 87	Fe	2 177	12 994	23 444	45 515	11 734	3 984
	Mn	2 472	10 872	31 957	23 638	23 151	6 693
	老燎	1 080	7 304	47 650	30 746	20 421	11 892
	过熟	2 590	12 316	14 891	63 250	37 356	20 747
	正常	1 562	11 171	15 380	57 930	19 895	13 020
红大	Fe	2 046	6 461	17 356	21 144	7 131	2 040
	Mn	2 196	6 301	17 844	67 731	18 208	4 674
	老燎	2 801	4 054	45 157	77 265	33 806	22 282
	过熟	3 744	7 141	38 110	52 189	8 129	14 041
	正常	3 276	5 440	7 216	33 292	11 310	23 582

* 单位定义：每克组织每毫升反应体系中每分钟 A_{470} 变化 0.005 定义为一个酶活力单位

6. 超氧化物歧化酶（SOD）活性

如表 4-29 所示，不同素质鲜烟叶的 SOD 活性变化规律大体上呈现出锰、过熟处理的酶活性较对照有所增加，而铁、老燎处理有所降低。在烘烤过程中，K326 品种铁、锰处理酶活性的最大值出现在 42℃，而老燎、过熟的最大值出现在 48℃。红大品种，铁、锰处理在 42℃有最大值，而老燎和对照处理在 38℃有最大 SOD 活性。SOD 广泛存在于动、植物及微生物体内，具有催化氧自由基发生歧化的作用，生成 H_2O_2 和 O_2。本研究中，铁、锰处理在 K326 品种中最大酶活性早于对照，表明因前期铁、锰毒害已造成了植物体内氧自由基和过氧化氢的累积，而老燎、过熟处理的最大酶活性出现在对照之后，表明这两种素质的烟叶并没有造成细胞内过氧化产物的早期积累。

表 4-29　K326、云 87 和红大三个品种的不同素质烟叶的超氧化物歧化酶活性*（U/g 鲜重）

品种	烟叶素质	鲜烟叶	38℃	42℃	45℃	48℃	52℃
	Fe	7 742	9 614	33 811	3 338	2 346	1 282
	Mn	10 095	16 045	30 808	18 568	11 913	12 168
K326	老惂	9 516	8 065	9 899	4 293	11 131	1 631
	过熟	20 802	14 819	20 410	1 465	49 224	1 395
	正常	15 008	7 342	7 137	10 652	6 281	4 981
	Fe	12 088	17 737	22 382	17 109	1 617	16 012
	Mn	18 324	14 681	13 436	31 760	5 101	12 014
云 87	老惂	37 041	9 804	9 137	5 497	3 622	5 672
	过熟	7 329	11 904	11 392	85 580	8 751	24 652
	正常	17 833	30 372	7 315	3 791	4 960	9 431
	Fe	26 488	26 912	52 772	17 453	17 824	29 497
	Mn	29 203	57 381	57 579	13 398	6 662	20 187
红大	老惂	7 927	19 076	10 590	16 874	8 144	10 705
	过熟	12 797	22 590	74 246	16 370	14 625	12 067
	正常	16 358	29 792	22 118	7 809	11 714	7 814

* 单位定义：在黄嘌呤氧化偶联反应体系中抑制百分率为 50%时，反应体系中的 SOD 酶活力定义为一个酶活力单位

（三）不同烟叶素质条件下细胞内多酚类物质的测定与结论分析

不同素质烟叶的细胞内多酚类物质含量如表 4-30 所示。K326 和云 87 品种鲜烟叶铁、锰处理的多酚类物质含量明显高于对照，老惂处理低于对照，而过熟处理与对照相当。对于红大品种，除过熟处理的多酚类物质含量高于对照外，其他处理均低于对照。结果表明铁、锰处理会造成 K326 和云 87 烟叶多酚类物质含量的增加，而降低红大品种中多酚类物质的含量。此外，老惂处理烟叶中多酚类物质含量的降低可能是因为充足的氮肥供给使得植物将大部分营养进行细胞分裂与形态建成，从而减缓了植物内次生代谢物的合成。

在烘烤过程中，各品种不同素质烟叶处理大体上呈现出先增加后降低的趋势，这是因为在烘烤前期，细胞尚未完全死亡，细胞内部仍有代谢反应的进行，因此尚有部分多酚类物质的合成与积累。此外，随着烟叶水分的不断散失，单位重量的多酚类物质含量有所增加。两方面因素的共同作用，造成了叶片中多酚类物质的逐渐增加。

（四）不同烟叶素质条件下细胞内多酚氧化酶（PPO）的测定与结论分析

由表 4-31 可知，不同品种鲜烟叶过熟处理的 PPO 活性明显高于对照。K326 和云 87 品种铁、锰和老惂处理的 PPO 活性低于对照，表明过熟烟叶中多酚类物质含量较其他处理高，促进了细胞内多酚氧化酶活性的增加。在烘烤过程中，K326 品种除过熟处理在 52℃有 PPO 活性最大值外，铁、锰、老惂处理达到 PPO 最大值的温度均低于对照的 48℃，结果表明，不同胁迫处理后的烟叶增加了植物体内多酚类物质的含量，从而使

得 PPO 活性有所增强。对于云 87 品种而言，不同素质烟叶达到 PPO 活性最大值时的温度≥正常烟叶。

表 4-30　K326、云 87 和红大不同素质烟叶的细胞内多酚类物质含量（mg/g）

品种	烟叶素质	鲜烟叶	38℃	42℃	45℃	48℃	52℃
K326	Fe	18.5	5.55	10.1	17.2	20.9	14.8
	Mn	15.4	6.56	8.91	14.4	19.8	13.6
	老憨	1.27	2.01	4.45	7.67	7.40	32.3
	过熟	2.48	17.6	15.8	22.8	33.6	25.0
	正常	2.05	6.18	5.58	15.2	12.1	17.5
云 87	Fe	24.2	16.5	8.61	15.5	19.5	5.23
	Mn	15.8	19.7	10.8	19.1	21.8	22.9
	老憨	2.25	2.07	6.84	14.1	21.2	19.9
	过熟	3.15	4.32	8.04	19.9	24.8	26.1
	正常	4.68	1.49	3.40	7.20	16.9	17.6
红大	Fe	17.4	15.6	8.47	22.6	21.8	8.97
	Mn	30.5	33.5	19.5	19.3	29.7	18.7
	老憨	24.0	20.4	22.3	19.0	35.1	5.54
	过熟	47.5	8.96	9.33	24.7	44.8	34.7
	正常	45.0	24.1	11.8	46.2	20.1	34.5

表 4-31　K326、云 87 和红大三个品种的不同素质烟叶的细胞内多酚氧化酶活性[*]（U/g 鲜重）

品种	烟叶素质	鲜烟叶	38℃	42℃	45℃	48℃	52℃
K326	Fe	252	493	174	456	98	396
	Mn	114	467	153	481	61	231
	老憨	191	167	671	591	442	406
	过熟	307	332	225	211	585	746
	正常	254	215	295	456	542	175
云 87	Fe	304	309	540	229	342	302
	Mn	242	350	169	390	521	483
	老憨	147	206	799	257	622	105
	过熟	499	52	677	829	831	345
	正常	488	791	1011	514	893	258
红大	Fe	146	364	167	175	399	418
	Mn	251	265	115	214	341	308
	老憨	118	131	507	60	171	138
	过熟	227	185	164	288	293	465
	正常	167	123	273	199	268	325

* 单位定义：每分钟每克组织在每毫升反应体系中使 410nm 处吸光度变化 0.005 定义为一个酶活力单位

三、不同烘烤工艺下细胞质膜透性与酶促棕色化反应底物的相关性验证

（一）不同烘烤工艺处理下烟叶相对电导率的测定与结论分析

不同烘烤工艺烟叶相对电导率如表 4-32 所示，随着烘烤温度的增加，硬变黄、冷挂灰和热挂灰处理的相对电导率均呈现先增加后趋于稳定的变化趋势。在硬变黄工艺当中，由于温度增加但排湿不畅，增加了细胞内化学反应进行的速度及细胞结构的分解速率，最终导致相对电导率的增加。在冷挂灰处理中，当温度从 45℃ 骤降到 40℃ 时，由细胞的剧烈收缩，造成细胞膜结构的破坏，细胞中电解质外渗，进而引起叶片相对电导率的增加。而在热挂灰中，温度从 42℃ 上升到 56℃，一方面高温造成烟叶细胞膜脂过氧化，细胞磷脂层分离，丧失选择透过性，另一方面高温造成液泡破裂，其中含有的电解质、无机盐、色素等物质外渗，增加了叶片的相对电导率。

表 4-32　K326、云 87 和红大三个品种的不同烘烤工艺处理的烟叶的相对电导率

处理	品种	鲜烟叶	38℃	42℃	45℃	48℃	52℃
常规	K326	0.13	0.52	0.89	0.91	0.85	0.81
	云 87	0.30	0.56	0.95	0.94	0.89	0.92
硬变黄	K326	0.13	0.21	0.85	0.90	0.89	0.88
	云 87	0.36	0.63	0.94	0.85	0.88	0.95
		38℃	42℃	45℃	40℃	48℃	52℃
冷挂灰	K326	0.31	0.52	0.80	0.96	0.63	0.90
	云 87	0.45	0.60	0.77	0.98	0.79	0.83
	红大	0.81	0.70	0.84	0.93	0.70	0.89
		38℃	42℃	56℃	60℃		
热挂灰	K326	0.57	0.56	0.66	0.88		
	云 87	0.45	0.60	0.95	0.84		
	红大	0.68	0.96	0.97	0.60		

（二）不同烘烤工艺处理下细胞内氧浓度的测定与结论分析

1. 抗坏血酸过氧化物酶（APX）活性

不同烘烤工艺处理下烟叶的抗坏血酸过氧化物酶活性如表 4-33 所示。在硬变黄处理当中，由温度的增加及排湿不畅，导致细胞内 APX 活性迅速升高，并在 45℃ 时达到最大值，随后有所降低，结果表明，前期排湿不畅导致细胞内环境稳态发生变化，细胞内正常代谢活动遭到破坏，引起抗坏血酸过氧化物酶活性的增加，而随着温度的不断增加，酶活性受到抑制，活性逐渐降低。而对于冷挂灰而言，温度骤降一方面会造成细胞的剧烈收缩，细胞器相互挤压，破坏完整的细胞结构，另一方面，温度改变了细胞内某些化学反应发生的方向和速率，从而引起不正常的生化反应。

2. 过氧化氢（H_2O_2）含量

由表 4-34 可得，在常规的烘烤过程中，烟叶中的过氧化氢含量逐渐增加，并在前期

就达到了含量的最大值，随后含量有所降低。在硬变黄工艺当中，K326 品种在 48℃时达到过氧化氢含量最大值，而云 87 品种在 42℃有最大值，表明 K326 品种能够较好地维持细胞内环境的稳定及细胞内的抗氧化性。在冷挂灰工艺处理中，两个品种（云 87 和红大）的烟叶的过氧化氢含量在温度骤降后，其含量也随之骤降。这可能是由于温度的降低破坏了细胞内过氧化氢的生成条件，已经产生的过氧化氢参与到其他代谢过程中而被代谢掉。对于热挂灰处理，过氧化氢含量随温度的骤然升高而骤然升高，这是因为温度过高加剧了细胞内膜脂过氧化水平，作为其代谢产物之一的过氧化氢也随之增多，而随着温度的增加，积累的过氧化氢高温分解产生氧气和水，从而降低了细胞内过氧化氢的水平。

表 4-33　K326、云 87 和红大三个品种的不同烘烤工艺处理的烟叶的抗坏血酸过氧化物酶活性*（U/g 鲜重）

处理	品种	鲜烟叶	38℃	42℃	45℃	48℃	52℃
常规	K326	27.00	38.11	68.98	11.54	16.32	29.74
	云 87	13.51	44.64	35.72	13.10	17.11	26.33
硬变黄	K326	1.35	2.73	12.37	26.12	4.63	6.16
	云 87	3.14	4.25	5.67	36.21	10.83	21.79
			38℃	42℃	45℃	40℃	48℃	52℃
冷挂灰	K326		6.20	2.46	3.41	6.25	9.20	7.82
	云 87		9.16	2.93	8.73	13.6	13.40	8.75
	红大		11.68	5.34	21.64	17.95	19.59	15.92
			38℃	42℃	56℃	60℃
热挂灰	K326		4.07	4.13	16.39	23.62
	云 87		6.47	9.17	24.07	32.92
	红大		4.08	6.63	58.67	16.52

* 单位定义：每克样本每分钟氧化 1μmol 抗坏血酸（AsA）为 1 个酶活力单位

表 4-34　烘烤过程中不同工艺处理下三个品种的烟叶的过氧化氢含量（μmol/g 鲜重）

处理	品种	鲜烟叶	38℃	42℃	45℃	48℃	52℃
常规	K326	6.75	17.78	34.12	7.50	7.16	6.04
	云 87	6.33	43.41	15.17	11.38	6.89	11.93
硬变黄	K326	9.42	14.67	26.24	19.94	46.68	10.36
	云 87	10.17	24.34	41.33	12.47	9.69	13.70
			38℃	42℃	45℃	40℃	48℃	52℃
冷挂灰	K326		15.16	17.07	12.94	11.74	35.49	5.46
	云 87		24.92	42.93	37.59	27.45	8.32	28.51
	红大		44.47	50.51	79.09	48.35	34.09	7.88
			38℃	42℃	56℃	60℃
热挂灰	K326		15.12	16.36	33.55	6.30
	云 87		11.58	8.10	23.37	4.54
	红大		18.01	19.21	24.52	2.44

3. 丙二醛（MDA）含量

与过氧化氢一样，MDA 同样作为细胞膜脂过氧化产物之一，其含量的大小同样能够反映植物体内遭受逆境情况的严重程度。在本研究中，常规工艺、硬变黄工艺条件下随着温度的增加，MDA 含量逐渐增加（表 4-35）。结果表明温度的增加导致了细胞内环境的改变，进而增加了膜脂过氧化水平。而对于冷挂灰和热挂灰处理，在温度骤升和骤降的变化区间，MDA 含量变化同样明显。结果表明温度的骤变导致了细胞内膜结构的损害，在烘烤中易导致灰色烟的发生。

表 4-35　K326、云 87 和红大三个品种的不同烘烤工艺处理的烟叶的丙二醛含量（nmol/g 鲜重）

处理	品种	鲜烟叶	38℃	42℃	45℃	48℃	52℃
常规	K326	98.66	56.02	94.55	128.27	128.70	143.27
	云 87	183.54	100.65	110.03	152.03	159.63	174.50
硬变黄	K326	118.45	43.74	82.56	52.77	81.19	113.47
	云 87	110.53	57.03	97.62	143.94	187.67	178.21
			38℃	42℃	45℃	40℃	48℃	52℃
冷挂灰	K326		71.07	78.51	49.79	60.54	68.75	166.29
	云 87		102.41	119.50	58.91	101.69	79.29	85.61
	红大		82.16	92.98	60.28	76.53	85.32	86.61
			38℃	42℃	56℃	60℃		
热挂灰	K326		74.12	67.79	62.15	101.23		
	云 87		92.74	97.75	103.84	99.21		
	红大		58.80	61.90	65.29	92.19		

4. 氧自由基（OFR）含量

由表 4-36 可知，与鲜烟叶相比，烘烤过程明显增加了植物体内的 OFR 含量水平，并随着温度的增加 OFR 含量逐渐增加，在 38℃ 至 45℃ 的变化区间内，硬变黄工艺由于排湿不畅，在该处理下 K326 和云 87 品种的 OFR 含量的增长率明显高于常规工艺处理，且最终的 OFR 含量也明显高于对照。对于冷挂灰工艺处理而言，温度的骤变并没有造成 OFR 含量的骤然增加，表明温度骤降并没有导致植物体内氧自由基的过量积累。

5. 过氧化物酶（POD）活性

由表 4-37 可知，在常规工艺和硬变黄工艺处理下各品种叶片 POD 活性随着温度的增加而呈现出先增加后降低的趋势，且常规工艺下 K326 和云 87 品种的叶片中 POD 活性均在 42℃ 时达到最大值，而硬变黄工艺分别在 45℃ 和 42℃ 时有最大值。但温度达到 42℃ 后，硬变黄工艺处理的 POD 活性大体上稍高于常规工艺。冷挂灰处理中，低温处理并没有即刻引起 POD 活性的增加，而在温度缓慢升高的过程中 POD 活性显著增加。结果表明，在实际的烘烤过程中，低温并不会马上造成烟叶品质的降低，而是在缓慢温度回升的过程中，逐渐对机体造成了损害。对于热挂灰处理而言，温度从 42℃ 升高至 56℃ 的过程中，POD 活性有所降低，这可能是因为温度上升过快造成了 POD 结构的损坏，进而影响了酶活性。

表 4-36　K326、云 87 和红大三个品种的不同烘烤工艺处理的烟叶的氧自由基含量（nmol/g 鲜重）

处理	品种	鲜烟叶	38℃	42℃	45℃	48℃	52℃
常规	K326	878	1389	1869	2971	3043	3446
	云 87	598	1813	3034	3119	3784	3828
硬变黄	K326	1460	1553	2062	3269	3106	4002
	云 87	1606	1926	2208	4133	4113	4536
			38℃	42℃	45℃	40℃	48℃	52℃
冷挂灰	K326	1005	1217	2210	3243	3752	4694
	云 87	1309	2059	2522	3217	3915	5062
	红大	1550	2082	2831	3128	3501	4383
			38℃	42℃	56℃	60℃	
热挂灰	K326	2092	2100	4622	5684		
	云 87	1940	2243	4137	4688		
	红大	2482	2586	4078	4302		

表 4-37　K326、云 87 和红大三个品种的不同烘烤工艺处理的烟叶的过氧化物酶活性*（U/g 鲜重）

处理	品种	鲜烟叶	38℃	42℃	45℃	48℃	52℃
常规	K326	11 144	21 347	53 116	15 147	9 324	8 514
	云 87	22 357	22 840	31 254	22 572	18 658	16 648
硬变黄	K326	6 750	16 836	18 598	29 345	20 859	18 273
	云 87	8 568	16 721	40 192	18 177	10 060	9 627
			38℃	42℃	45℃	40℃	48℃	52℃
冷挂灰	K326	28 049	27 303	14 032	15 882	66 858	39 113
	云 87	59 107	36 239	12 282	21 795	58 664	61 598
	红大	172 596	24 415	17 491	22 563	38 697	14 770
			38℃	42℃	56℃	60℃	
热挂灰	K326	9 404	12 775	6 447	29 967		
	云 87	16 322	10 359	8 326	9 889		
	红大	19 906	7 562	2 546	6 692		

* 单位定义：每克组织每毫升反应体系中每分钟 A_{470} 变化 0.005 定义为一个酶活力单位

6. 超氧化物歧化酶（SOD）活性

由表 4-38 可得，常规工艺和硬变黄工艺处理的 SOD 活性的变化趋势同 POD，即呈先增加后降低的变化趋势。常规工艺 K326 和云 87 品种在 45℃时有最大值，而硬变黄工艺则分别在 48℃和 52℃时有最大值。冷挂灰处理并没有明显增加植物体内 SOD 的活性，随着温度的进一步增加，SOD 活性总体上是逐渐降低的。对于热挂灰处理而言，K326 和云 87 品种的 SOD 活性在 42℃时达到最大值，红大品种在 38℃时达到 SOD 活性最大值，而当温度骤然升高到 56℃时，SOD 活性却骤然降低，这可能时因为温度从 42~56℃上升较快，植物机体无法适应温度的迅速提升，从而使酶变性失活，进而影响了酶的活性。

表 4-38　K326、云 87 和红大三个品种的不同烘烤工艺处理的烟叶的超氧化物歧化酶活性*（U/g 鲜重）

处理	品种	鲜烟叶	38℃	42℃	45℃	48℃	52℃
常规	K326	1 947	3 769	7 583	8 668	5 848	3 031
	云 87	1 520	3 183	5 019	7 440	4 804	3 201
硬变黄	K326	1 136	4 581	11 543	14 571	25 083	14 331
	云 87	1 225	5 716	10 090	14 415	12 839	15 791
		38℃	42℃	45℃	40℃	48℃	52℃
冷挂灰	K326	1 531	2 535	3 756	2 339	2 249	1 741
	云 87	1 821	2 280	2 084	1 988	1 954	1 431
	红大	2 010	2 940	1 309	805	809	447
		38℃	42℃	56℃	60℃		
热挂灰	K326	6 736	18 955	3 997	1 920		
	云 87	7 023	13 524	2 612	1 719		
	红大	13 737	12 62	1 665	614		

* 单位定义：在黄嘌呤氧化偶联反应体系中抑制百分率为 50%时，反应体系中的 SOD 酶活力定义为一个酶活力单位

（三）不同烘烤工艺处理下细胞内多酚类物质的测定与结论分析

由表 4-39 可知，相比鲜烟叶而言，烘烤过程中增加了叶片中多酚类物质的含量，而这种增加主要是因为烘烤过程中，叶片不断失去水分，其质量不断减小，从而引起单位质量烟叶所含有的多酚类物质有所增加。对于常规工艺和硬变黄工艺而言，K326 品种 48～52℃的多酚类物质含量有所降低，而云 87 品种则保持不变。这可能与不同品种多酚氧化酶的活性、种类及液泡的膜脂过氧化水平有关。对于冷挂灰处理而言，温度的骤降并没有显著提高叶片中的多酚类物质含量，其中红大品种的多酚类物质含量的增加明显大于 K326 和云 87 品种。与冷挂灰处理不同，热挂灰处理导致叶片内多酚类物质含量的剧增，这种增长是依赖于水分的快速散失来实现的。

表 4-39　K326、云 87 和红大三个品种的不同烘烤工艺处理的烟叶的多酚类物质含量（mg/g）

处理	品种	鲜烟叶	38℃	42℃	45℃	48℃	52℃
常规	K326	1.97	7.79	15.7	17.8	28.1	17.5
	云 87	2.21	2.27	15.4	20.6	23.7	23.9
硬变黄	K326	2.12	6.44	6.25	23.0	24.4	19.1
	云 87	3.71	5.39	20.9	20.5	22.9	23.6
		38℃	42℃	45℃	40℃	48℃	52℃
冷挂灰	K326	4.85	3.01	3.51	8.32	17.7	21.9
	云 87	5.18	2.21	11.4	15.7	19.8	23.7
	红大	16.5	5.71	14.6	26.9	27.2	32.0
		38℃	42℃	56℃	60℃		
热挂灰	K326	7.68	2.41	11.9	20.3		
	云 87	2.40	1.65	10.9	20.6		
	红大	10.8	6.35	28.8	34.1		

（四）不同烘烤工艺处理下细胞内多酚氧化酶的测定与结论分析

不同烘烤工艺处理的烟叶的 PPO 活性如表 4-40 所示。常规工艺处理 K326 和云 87 品种的 PPO 活性呈现出先增加后降低的趋势，并在 42℃时有最大值。对于硬变黄工艺而言，K326 和云 87 在烘烤过程中的 PPO 活性最大值分别在 48℃和 38℃。

表 4-40　K326、云 87 和红大三个品种的不同烘烤工艺处理的烟叶的多酚氧化酶活性[*]（U/g 鲜重）

处理	品种	鲜烟叶	38℃	42℃	45℃	48℃	52℃
常规	K326	483	453	593	533	274	168
	云 87	699	1104	1146	164	368	765
硬变黄	K326	464	636	465	597	828	734
	云 87	365	845	704	421	381	535
		38℃	42℃	45℃	40℃	48℃	52℃
冷挂灰	K326	422	401	866	616	202	315
	云 87	379	310	679	657	364	265
	红大	110	156	143	185	275	198
		38℃	42℃	56℃	60℃		
热挂灰	K326	677	360	721	359		
	云 87	1295	1383	520	747		
	红大	212	1149	409	477		

* 单位定义：每分钟每克组织在每毫升反应体系中使 410nm 处吸光度变化 0.005 定义为一个酶活力单位

第九节　理论验证：水分能调控烘烤过程烤烟挂灰烟的形成

本研究基于前期试验基础和成果，选取能反映水分调控烤烟烘烤过程挂灰烟形成的烤烟类型："硬变黄"烟叶、"缺镁"烟叶、"黑暴烟"烟叶，采用半叶法对这三类烟叶进行烘烤试验研究，进一步论证水分是调控烤烟烘烤过程挂灰烟形成的重要因素之一。

其中，"硬变黄"烟叶能体现正常烟叶在优化烘烤工艺条件下适当脱水后能有效避免挂灰烟的形成；"缺镁"烟叶能体现细胞质膜系统受损后的非正常烟叶，在优化烘烤工艺条件下有效脱水后能避免挂灰烟的形成；"黑暴烟"烟叶能体现细胞质膜系统过于强化后的非正常烟叶，在优化烘烤工艺条件下充分脱水后能有效避免挂灰烟的形成。

半叶法烘烤试验设计（赵会纳等，2015）基于以上三种类型烟叶的特点，经过反复的试验条件摸索，有针对性地进行烘烤工艺优化，较好地体现了正常烘烤工艺和优化烘烤工艺在相同烘烤进程下烟叶不同含水率、电导率与挂灰烟形成的区别，最终论证了水分是调控烘烤过程烤烟挂灰烟形成的重要因素之一。

一、"硬变黄"烟叶烘烤过程的水分调控验证

试验在云南省玉溪市红塔区研和试验基地（海拔 1680m，N24º14′，E102º30′）进行。供试品种为 K326，前茬作物为水稻，植烟土壤基本理化性状：pH=6.4，有机质 10.7g/kg，

有效氮 82.0mg/kg，有效钾 160.0mg/kg，有效磷 90.0mg/kg。配置 3 台电热自动控温、控湿中型密集烤箱（容量 1000～2000 片）进行烘烤试验，编烟装烤时每个智能控制烤箱装烟 20～24 竿，共两层，每竿编烟 100 片左右，确保处理间装烟密度一致，烘烤过程中严格按处理方案及时准确地升温排湿，风速调控由温控仪自动控制执行。

试验选取田间长势一致、正常成熟落黄的中部（自下而上第 9～11 片）鲜烟叶来进行处理和装烟烘烤。试验处理设置为 T1（硬变黄烟叶工艺）、T2（稳温降湿工艺），两个工艺的总烘烤时间保持一致（图 4-49、图 4-50）。采用半叶法处理烟叶，即同一片烟叶沿主脉进行均匀分离，将同一片烟叶进行挂牌编号，编号格式为：处理代码+烘烤时间，保证同一片烟叶的左右两半叶烘烤时间一致，各试验处理重复 3 次。

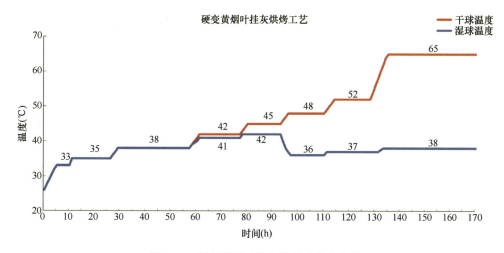

图 4-49　硬变黄烟叶挂灰烘烤工艺曲线图

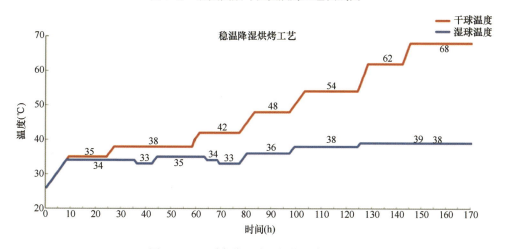

图 4-50　玉溪市稳温降湿烘烤工艺曲线图

在各处理对应烘烤时间下，进行取样检测，检测指标为烟叶含水率、相对电导率、挂灰程度、挂灰面积占比。

由表 4-41 可知，烟叶在稳温降湿烘烤工艺处理下，烟叶含水率较硬变黄工艺要低，说明稳温降湿工艺更利于促进烟叶排水干燥。

表 4-41　不同烘烤时长烟叶含水率（%）

处理	0h	55h	75h	100h	120h
T1	84.24	82.43	75.41	67.16	38.65
T2	84.24	75.74	65.66	55.84	36.47

进一步动态化监测鲜烟叶、35h、65h、95h、120h 各阶段的细胞质膜透性与挂灰程度，建立细胞质膜透性与挂灰程度的相关性（表 4-42）。由表 4-42 可知，不同处理的初烤烟叶挂灰程度存在差异，具体为硬变黄工艺>稳温降湿工艺。且在烘烤至 65h 时，硬变黄工艺处理与烤后挂灰程度正相关性较高。

表 4-42　不同烘烤阶段细胞质膜透性与烤后烟叶挂灰程度的相关性

处理	0h	35h	65h	95h	120h	挂灰程度	挂灰面积占比（%）
T1	0.22	0.51	0.94	0.88	0.86	5	71 以上
T2	0.22	0.66	0.52	0.72	0.71	1	0～20

结合表 4-41、表 4-42，结果表明调控烘烤过程中的烟叶含水率在一定程度上影响烟叶的烤后挂灰程度。

二、"缺镁"烟叶烘烤过程的水分调控验证

试验于 2019 年在云南省文山州开展。供试品种为 K326，植烟土壤基本理化性状：pH 为 6.02、碱解氮 126.73mg/kg、速效磷 80.12mg/kg、速效钾 142.54mg/kg、交换性镁 15.72mg/kg。配置 3 台电热自动控温、控湿中型密集烤箱（容量 1000～2000 片）进行烘烤试验，编烟装烤时每个智能控制烤箱装烟 20～24 竿，共两层，每竿编烟 100 片左右，确保处理间装烟密度一致，烘烤过程中严格按处理方案及时准确地升温排湿，风速调控由温控仪自动控制执行。

试验选取田间出现明显缺镁症状的中部烟叶（自下而上第 9～11 片）来进行处理和装烟烘烤。试验处理设置为 CK（常规烘烤工艺）、T3（高温变黄低温低湿定色烘烤工艺），两个工艺的总烘烤时间保持一致（图 4-51、图 4-52）。采用半叶法处理烟叶，即同一片烟叶沿主脉进行均匀分离，将同一片烟叶进行挂牌编号，编号格式为：处理代码+烘烤时间，保证同一片烟叶的左右两半叶烘烤时间一致，各试验处理重复 3 次。

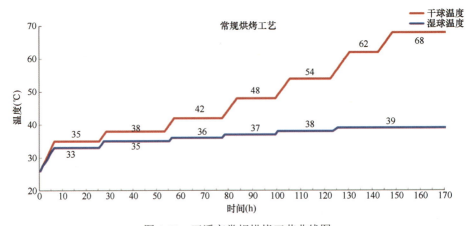

图 4-51　玉溪市常规烘烤工艺曲线图

图 4-52　缺镁烟叶烘烤工艺曲线图

在各处理对应烘烤时间下进行取样检测，检测指标为烟叶含水率、相对电导率、挂灰程度、挂灰面积占比。

由表 4-43 可知，缺镁烟叶在常规烘烤工艺处理下，各个烘烤过程含水率均高于缺镁烟叶烘烤工艺处理。

表 4-43　不同烘烤时长烟叶含水率（%）

处理	0h	55h	75h	100h	120h
CK	83.36	74.92	69.54	66.35	23.26
T3	83.36	72.64	62.54	55.41	21.36

进一步动态化监测鲜烟叶、35h、65h、95h、120h 各阶段的细胞质膜透性与挂灰程度，建立细胞质膜透性与挂灰程度的相关性（表 4-44）。由表 4-44 可知，不同处理的初烤烟叶挂灰程度存在差异，具体为常规烘烤工艺>缺镁烟叶烘烤工艺。且在烘烤至 65h 时，常规烘烤工艺处理与烤后挂灰程度正相关性较高，达到了 0.92。

表 4-44　不同烘烤阶段细胞质膜透性与烤后烟叶挂灰程度的相关性

处理	0h	35h	65h	95h	120h	挂灰程度	挂灰面积占比（%）
CK	0.24	0.82	0.92	0.87	0.91	4	61~70
T3	0.24	0.70	0.78	0.82	0.85	2	21~40

三、"黑暴烟"烟叶烘烤过程的水分调控验证

试验在云南省玉溪市红塔区研和试验基地（海拔 1680m，N24°14′，E102°30′）进行。供试品种为 K326，前茬作物为水稻，植烟土壤基本理化性状：pH 为 6.4，有机质 10.7g/kg，有效氮 82.0mg/kg，有效钾 160.0mg/kg，有效磷 90.0mg/kg。配置 3 台电热自动控温、控湿中型密集烤箱（容量 1000~2000 片）进行烘烤试验，编烟装烤时每个智能控制烤箱装烟 20~24 竿，共两层，每竿编烟 100 片左右，确保处理间装烟密度一致，烘烤过程中严格按处理方案及时准确地升温排湿，风速调控由温控仪自动控制执行。

试验选取田间出现明显黑暴烟症状的中部烟叶（自下而上第 9~11 片）来进行处理

和装烟烘烤。试验处理设置为 CK（常规烘烤工艺）、T4（黑暴烟烘烤工艺），两个工艺的总烘烤时间保持一致（图 4-53、图 4-54）。采用半叶法处理烟叶，即同一片烟叶沿主脉进行均匀分离，将同一片烟叶进行挂牌编号，编号格式为：处理代码+烘烤时间，保证同一片烟叶的左右两半叶烘烤时间一致，各试验处理重复 3 次。

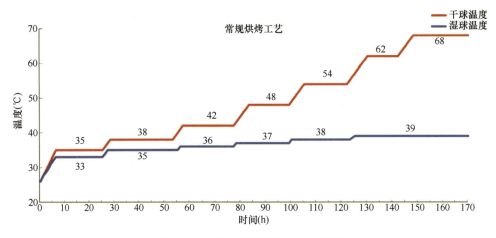

图 4-53　玉溪市常规烘烤工艺曲线图

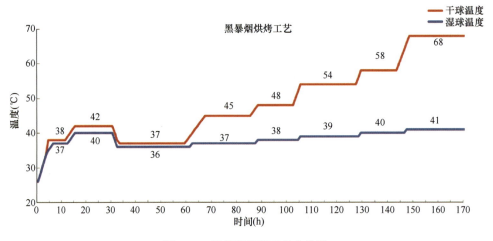

图 4-54　黑暴烟烘烤工艺曲线图

在各处理对应烘烤时间下进行取样检测，检测指标为烟叶含水率、相对电导率、挂灰程度、挂灰面积占比。

由表 4-45 可知，黑暴烟在常规烘烤工艺处理下，各个烘烤过程含水率均高于黑暴烟烘烤工艺。

表 4-45　不同烘烤时长烟叶含水率（%）

处理	0h	55h	75h	100h	120h
CK	85.21	79.54	77.45	75.15	23.43
T4	85.21	79.32	73.32	65.24	20.31

进一步动态化监测鲜烟叶、35h、65h、95h、120h 各阶段的细胞质膜透性与挂灰程

度，建立细胞质膜透性与挂灰程度的相关性（表4-46）。由表4-46可知，不同处理的初烤烟叶挂灰程度存在差异，具体为常规烘烤工艺>黑暴烟烘烤工艺。且在烘烤至95h时，常规烘烤工艺处理与烤后挂灰程度正相关性较高，达到了0.93。

表4-46　细胞质膜透性与烤后挂灰程度的相关性

处理	0h	35h	65h	95h	120h	挂灰程度	挂灰面积占比（%）
CK	0.18	0.55	0.85	0.93	0.89	3	41～60
T4	0.17	0.52	0.82	0.74	0.72	2	21～40

参 考 文 献

甘玉迪, 孙康, 李会娟, 等. 2018. 两种原核表达载体对CsPPO蛋白表达活性的影响. 茶叶科学, 38(4): 396-405.

何伟, 郭大仰, 李永智, 等. 2007. 形成灰色烤烟的原因及机理. 湖南农业大学学报(自然科学版), 33(2): 167-169.

刘敬卫, 黄友谊, 丁建, 等. 2010. 茶树多酚氧化酶成熟蛋白的原核表达. 茶叶科学, 30(2): 136-140.

田海英, 宋金勇, 杨琦, 等. 2012. RP-HPLC测定烟用香精香料中的绿原酸及其异构体. 香料香精化妆品, (3): 7-10.

肖振杰, 周艳宾, 徐增汉, 等. 2014. 黔南烤坏烟与正常烟叶主要化学成分含量差异. 中国烟草科学, 35(3): 74-78.

赵会纳, 蔡凯, 雷波, 等. 2015. 烤烟中性致香物质在烘烤前后的差异分析. 中国烟草科学, 36(2): 8-13.

郑楚楚. 2009. 茶树PPO基因家族的表达及SNP分析. 湖南农业大学硕士学位论文.

邹聪明, 刘俊军, 黄维, 等. 2018-11-12. 一种多酚氧化酶抑制剂的虚拟筛选方法: 中国: CN109524064A.

Bryantsev V S, Diallo M S, Goddard W A. 2008. Calculation of solvation free energies of charged solutes using mixed cluster/continuum models. J Phys Chem B, 112: 9709-9719.

Casanola-Martin G, Le-Thi-Thu H, Marrero-Ponce Y, et al. 2014. Tyrosinase enzyme: 1. an overview on a pharmacological target. Curr Top Med Chem, 14: 1494-1501.

Case D A, Betz R M, Botello-Smith W, et al. 2016. Amber Tools 16. University of California, San Francisco, USA.

Chen Y, Zhou J, Ren K, et al. 2019. Effects of enzymatic browning reaction on the usability of tobacco leaves and identification of components of reaction products. Scientific Reports, 9(1): 17850.

Choi J, Choi K E, Park S J, et al. 2016. Ensemble-based virtual screening led to the discovery of new classes of potent tyrosinase inhibitors. J Chem Inf Model, 56: 354-367.

Cieplak P, Cornell W D, Bayly C, et al. 1995. Application of the multimolecule and multiconformational RESP methodology to biopolymers: charge derivation for DNA, RNA, and proteins. J Comput Chem, 16: 1357-1377.

Frisch M J, Trucks G W, Schlegel H B, et al. 2009. Gaussian 09, Revision D.01. Wallingford, CT, USA: Gaussian, Inc.

Gandia-Herrero F, Jimenez M, Cabanes J, et al. 2003. Tyrosinase inhibitory activity of cucumber compounds: enzymes responsible for browning in cucumber. J Agric Food Chem, 51: 7764-7769.

García-Jiménez A, García-Molina F, Teruel J, et al. 2018. Catalysis and inhibition of tyrosinase in the presence of cinnamic acid and some of its derivatives. Int J Biol Macromol, 119(11): 548-554.

Gheibi N, Taherkhani N, Ahmadi A, et al. 2015. Characteri-zation of inhibitory effects of the potential therapeutic inhibitors, benzoic acid and pyridine derivatives, on the monophenolase and diphenolase activities of tyrosinase. Iran J Basic Med Sci, 18(2): 122-129.

Hassani S, Haghbeen K, Fazli M. 2016. Non-specific binding sites help to explain mixed inhibition in mushroom tyrosinase activities. Eur J Med Chem, 122: 138-148.

Ismaya W T, Rozeboom H J, Weijn A, et al. 2011. Crystal structure of *Agaricus bisporus* mushroom tyrosinase: identity of the tetramer subunits and interaction with tropolone. Biochemistry, 50: 5477-5486.

Li Y, Ren K, Hu M, et al. 2021. Cold stress in the harvest period: effects on tobacco leaf quality and curing characteristics. BMC Plant Biology, 21(1): 131.

Liu W Y, Zou C M, Hu J H, et al. 2020. Kinetic characterization of tyrosinase-catalyzed oxidation of polyphenols. Curr Med Sci, 40(2): 239-248.

Liu D C, Nocedal J. 1989. On the limited memory BFGS method for large scale optimization. Math Program, 45: 503-528.

Nabavi S F, Tejada S, Setzer W N, et al. 2017. Chlorogenic acid and mental diseases: from chemistry to medicine. Curr Neuropharmacol, 15(4): 471-479.

Nagasawa M. 2008. Chlorogenic acid in the tobacco leaf during flue-curing. Bull Agric Chem Soc Jpn, 22: 21-23. https://doi.org/10.1271/bbb1924.22.21.

Olivares C, Solano F. 2009. New insights into the active site structure and catalytic mechanism of tyrosinase and its related proteins. Pigment Cell Melanoma Res, 22: 750-760.

Ono E, Hatayama M, Isono Y. 2006. Localization of a flavonoid biosynthetic polyphenol oxidase in vacuoles. Plant Journal, 45: 133-143.

Partington J C, Bolwell G P. 1996. Purification of polyphenol oxidase free of the storage protein patatin from potato tuber. Phytochemistry, 42(6): 1499-1502.

Rathjen A H, Robinson S P. 1992. Aberrant processing of polyphenol oxidase in a variegated grapevine mutant. Plant Physiology, 99: 1619-1625.

Roberts E A. 1941. Investigations into the chemistry of the flue-curing of tobacco. Biochem J, 35: 1289-1297. https://doi.org/10.1042/bj0351289.

Sakiroglu H, Ozturk A E, Pepe A E, et al. 2008. Some kinetic properties of polyphenol oxidase obtained from dill(*Anethum graveolens*). J Enzyme Inhib Med Chem, 23(3): 380-385.

Senn H M, Thiel W. 2009. QM/MM methods for biomolecular systems. Angew Chem Int Ed Engl, 48: 1198-1229.

Sommer A, Neeman E, Steffens J C, et al. 1994. Import, targeting, and processing of a plant polyphenol oxidase. Plant Physiology, 105: 1301-1311.

Thapa B, Schlegel H B. 2017. Improved pKa prediction of substituted alcohols, phenols, and hydroperoxides in aqueous medium using density functional theory and a cluster-continuum solvation model. J Phys Chem A, 121: 4698-4706.

Zhan C G, Dixon D A. 2001. Absolute hydration free energy of the proton from first-principles electronic structure calculations. J Phys Chem A, 105: 11534-11540.

Zou C, Wei H, Zhao G, et al. 2017. Determination of the bridging ligand in the active site of tyrosinase. Molecules, 22(11): 1836.

第五章　烤烟挂灰烟缓解技术研究与验证

第一节　大田生产调控技术

一、高起垄防止田间烤烟铁、锰离子中毒技术[1, 2]

试验于 2018 年在云南省大理州开展，植烟土壤为红壤，土壤常规理化性状和土壤初始铁、锰离子浓度见表 5-1。试验选取田烟区域进行，烤烟品种为红花大金元，选取中部叶进行试验。试验按随机区组设计，各小区面积为 35m²。试验设计见表 5-2。

表 5-1　植烟土壤理化性状和初始铁、锰离子浓度

土壤类型	pH	有机质含量 (g/kg)	速效磷含量 (mg/kg)	速效钾含量 (mg/kg)	碱解氮含量 (mg/kg)	土壤初始铁离子浓度 (mg/kg)	土壤初始锰离子浓度 (mg/kg)
红壤	6.32	29.76	31.21	102.99	211.47	79.6	98.1

表 5-2　不同起垄高度和铁、锰中毒试验处理

处理	处理情况
H1-CK	正常起垄（25cm）+无中毒处理
H1-T1	正常起垄（25cm）+铁离子中毒（510mg/kg 的 FeSO₄ 浇灌根际）
H1-T2	正常起垄（25cm）+铁离子中毒（750mg/kg 的 MnSO₄ 浇灌根际）
H2-CK	高起垄（35cm）+无中毒处理
H2-T1	高起垄（35cm）+铁离子中毒（510mg/kg 的 FeSO₄ 浇灌根际）
H2-T2	高起垄（35cm）+铁离子中毒（750mg/kg 的 MnSO₄ 浇灌根际）
H3-CK	高起垄（45cm）+无中毒处理
H3-T1	高起垄（45cm）+铁离子中毒（510mg/kg 的 FeSO₄ 浇灌根际）
H3-T2	高起垄（45cm）+铁离子中毒（750mg/kg 的 MnSO₄ 浇灌根际）

注：铁、锰离子中毒试验试剂施用为打顶后 15d 进行第一次根部浇灌，后面每隔 7d 再次浇灌，共浇灌 3 次

试验测定指标具体如下。

1. 相对电导率的测定

相对电导率的测定采用电导法，并加以改良：将选取的待测叶片剪下，包在密封袋内置于冰盒中带回实验室。将新鲜的叶样先用自来水轻轻冲洗，除去表面杂物，再用去离子水冲洗 2 次，用滤纸轻轻吸干叶片表面水分，称 0.2g 并剪成宽度约为 5mm 的细丝，放入 50mL 带塞试管中，加入 20mL 去离子水，浸没样品 5h，在室温下进行，用 Mettler

---

① 部分引自云南省烟草农业科学研究院，2013
② 部分引自何伟等，2007

Toledo Five Easy 型电导仪测其电导率 $E1$，然后沸水浴 15min，冷却至室温再测一次总电导率 $E2$，以 $E1/E2$ 的值作为相对电导率来表示细胞质膜透性的大小。

2. 初烤烟叶挂灰程度分级

将初烤烟叶挂灰程度分为 5 级。1 级：挂灰面积 0%～20%；2 级：挂灰面积 21%～40%；3 级：挂灰面积 41%～60%；4 级：挂灰面积 61%～70%；5 级：挂灰面积 71%以上。

3. 经济性状指标

经济性状指标测定：烤后烟叶按《烤烟》（GB 2635—1992）进行分级，供试烟叶由大理州公司生产经营科进行等级质量检验，价格均为当年当地价格。统计各处理烤后烟叶的中上等烟比例及均价。

（一）不同处理对烟叶细胞质膜透性和挂灰程度的影响

由表 5-3 可知，不同起垄高度和不同离子毒害处理的烟叶细胞质膜透性与挂灰程度指标存在差异，以 H1-T2 和 H1-T1 处理的烟叶细胞质膜受损程度和挂灰程度较为严重，H2-CK 和 H3-CK、H3-T2 处理的烟叶细胞质膜受损程度与挂灰程度最小。同一起垄高度下，不同离子毒害处理的烟叶细胞质膜受损程度和挂灰程度总体上为 T2>T1>CK；同一离子毒害处理下，不同起垄高度处理的烟叶细胞质膜受损程度和挂灰程度总体上为 H3<H2< H1。

表 5-3　不同处理对烟叶细胞质膜透性与挂灰程度的影响

处理	相对电导率（%）	挂灰程度	挂灰面积占比（%）
H1-CK	0.41	2	21～40
H1-T1	0.69	4	61～70
H1-T2	0.82	5	71 以上
H2-CK	0.37	1	0～20
H2-T1	0.35	2	21～40
H2-T2	0.48	2	21～40
H3-CK	0.33	1	0～20
H3-T1	0.35	2	21～40
H3-T2	0.44	1	0～20

（二）不同处理对烟叶经济性状指标的影响

由表 5-4 可知，不同起垄高度和不同离子毒害处理的烟叶经济性状指标存在差异，以 H1-T2 和 H1-T1 处理的烟叶经济性状较差，H2-CK 和 H3-CK 处理的烟叶经济性状较优。同一起垄高度下，不同离子毒害处理的烟叶经济性状总体上为 CK>T1>T2；同一离子毒害处理下，不同起垄高度处理的烟叶经济性状总体上为 H2>H3>H1。

表 5-4　不同处理烟叶的经济性状比较

处理	中上等烟比例（%）	均价（元/kg）	产量（kg/hm²）	产值（元/hm²）
H1-CK	79.72	27.3	1 963.09	49 680.89
H1-T1	33.12	13.9	1 164.71	16 201.58
H1-T2	25.75	11.7	1 519.78	17 799.82
H2-CK	88.84	30.4	2 284.50	78 823.31
H2-T1	56.70	19.7	2 052.87	40 451.02
H2-T2	72.04	23.1	1 851.38	42 775.38
H3-CK	84.30	29.8	2 289.84	68 246.73
H3-T1	63.17	24.0	2 095.96	50 318.91
H3-T2	59.43	18.4	2 299.70	42 323.29

二、缺镁烟叶田间叶面肥施用技术

试验于 2019 年在云南省文山州开展，烤烟品种为 K326。试验依托于 2019 年云南省文山州出现大面积烟叶缺镁现象（图 5-1）。在文山缺镁烟区拉线划区，每个小区面积 30m²，采用完全随机区组设计进行田间成熟期补喷镁肥试验。试验共设 5 个处理，处理 1 为不施镁肥处理；处理 2 为当大田出现 5%缺镁时，叶面喷施 1%镁肥；处理 3 为当大田出现 5%缺镁时，施用 1.5%硫酸镁；处理 4 为当大田出现 5%缺镁时，叶面喷施 2%硫酸镁；处理 5 为当大田出现 5%缺镁时，叶面喷施 2.5%硫酸镁。镁肥溶液配制：分别在 100kg 清水中加 1kg、1.5kg、2kg、2.5kg 硫酸镁，混合均匀，即获得浓度为 1%、1.5%、2%和 2.5%的硫酸镁溶液。

正常　　　　　病烟1号　　　　　病烟2号（文山）

图 5-1　烤烟缺镁症状对比（云南省文山州）

试验测定项目：①在开展镁肥试验之前，利用"S"形 5 点混合采土法，采集云南省文山州缺镁烟区 0～20cm 土层土壤，带回实验室风干后测定土壤养分情况。同时采集正常烟叶与缺镁烟叶，测定缺镁烟叶植株养分情况。②烤烟成熟后，烟叶分类编烟，送进烤房，按当地常规烘烤工艺进行烘烤。烤后烟叶按《烤烟》（GB 2635—1992）标准进行分级测产及烟叶单叶重的测定。同时计算各处理烤后烟叶挂灰比例。

（一）缺镁烟叶土壤及植株养分情况

由表5-5可得，与正常烟叶相比，除有效磷、交换性钙、有效硼和有效硫外，病烟1号和病烟2号烟叶大部分养分含量均与正常烟叶含量存在差异。病烟1号和病烟2号烟叶交换性镁含量较正常烟叶降低，但植烟土壤中交换性镁含量为431.1mg/kg，处于正常偏高水平。说明烟叶对土壤中的交换性镁吸收利用率低，持续向土壤中施入镁肥不能有效改善烟叶缺镁现象，需要寻找新的施用方式改善烟叶缺镁现象。

表5-5 文山病烟与养分检测情况

检测项目	水解性氮(mg/kg)	有效磷(mg/kg)	速效钾(mg/kg)	交换性钙(mg/kg)	交换性镁(mg/kg)	有效铜(mg/kg)	有效锌(mg/kg)	有效铁(mg/kg)	有效锰(mg/kg)	有效钼(mg/kg)	有效硼(mg/kg)	有效硫(mg/kg)	氯离子(mg/kg)
土壤	73.88	30.1	466	1532.00	431.1	2.03	3.35	18.90	5.80	0.64	0.28	21.53	18.51
正常烟叶	2.10	0.13	1.31	3.70	0.82	7.19	38.40	168.30	55.37	19.46	0.49	0.36	0.82
病烟1号	1.88	0.12	0.96	3.08	0.60	3.77	19.19	85.66	92.87	12.67	0.45	0.24	0.88
病烟2号	1.59	0.17	1.29	3.14	0.51	7.28	23.49	174.95	32.01	14.04	0.54	0.30	0.40

（二）田间成熟期叶面喷施镁肥对烤烟产质量的影响

由表5-6可得，与不喷施镁肥相比，叶面喷施镁肥可以明显改善烟叶缺镁现象，并且随硫酸镁喷施浓度的增加，烟叶单叶重、均价、产量及上等烟比例均有明显的提高，挂灰烟比例均明显下降。并且，叶面喷施1.5%～2%硫酸镁溶液，所获得的烤烟产质量最佳。

表5-6 田间成熟期叶面喷施镁肥烤烟的经济性状情况

	单叶重(g)	均价(元/kg)	产量(kg/亩)	上等烟比例(%)	挂灰烟比例(%)
不喷施镁肥	8.79	20.64	138.47	43.39	0.43
喷施1%硫酸镁	9.76	24.86	143.68	54.57	0.29
喷施1.5%硫酸镁	11.83	26.15	152.88	61.73	0.14
喷施2%硫酸镁	12.05	25.87	146.35	58.68	0.15
喷施2.5%硫酸镁	11.68	25.6	149.48	56.89	0.19

注：1亩≈666.7m²，后文同

（三）田间成熟期补喷镁肥小结

大田出现5%缺镁时，叶面喷施镁肥的浓度在1.5%～2.0%（即每100kg清水加1.5～2.0kg硫酸镁），溶解混匀后进行叶面喷施，可以有效地改善烟叶缺镁现象，提升烟叶产质量。

三、烤烟K326上部"牛皮"烟采烤缓解技术[①]

烤烟烘烤过程中会发生挂灰现象，即烘烤后叶片上出现浅灰色或灰褐色斑点。挂灰

---

① 部分引自李焱等，2019

烟叶的 N、P、K、Ca、烟碱、有机酸、生物碱等含量均较正常叶片少。挂灰烟叶的可用性降低，导致经济效益下降（张银军，2008）。传统的采收方式是成熟一片即采收一片，在此过程中，上部烟叶因营养过剩而使得叶片变厚，叶片内烟碱、淀粉含量升高，进而在烘烤过程中发生挂灰（董维杰，2016；杨振智等，2012）。一次性采收是指在顶叶成熟后采收叶片，与常规采收相比，一次性采收能降低上部烟叶的厚度和单叶重，且提高上等烟比例，进而提高产值（王德华，2008）。

杨胜华（2014）认为，烘烤过程中过高和过低的温度均会造成细胞代谢紊乱，使得液泡中的多酚类物质氧化成为醌类物质，呈现出灰黑色的斑点，导致灰色烟的发生（朱小茜等，2005）。减少灰色烟的措施则主要集中在改变耕作模式、控制采收成熟度、提升烘烤技术等方面（陈致丽，2012；杨晔，2014）。对 K326 采用常规、除芽和留芽 3 种采收方式，测定烘烤前后上部叶糖类、烟碱、多酚类物质的含量，分析烤后烟叶的挂灰程度，了解不同采收方式与挂灰程度的相关性，旨在为烘烤过程中减少灰色烟的发生提供依据。

试验地位于云南省玉溪市江川区九溪镇（E102°38′13″，N24°18′14″），海拔 1730m，年平均气温 15.6℃，年平均最高气温 22.2℃，年平均最低气温 10.7℃，年平均降雨量为 773mm。试验地土壤为植烟区典型的砂质红壤。土壤的基础养分为：有机质 10.70g/kg，全氮 0.54g/kg，全磷 0.11g/kg，全钾 6.43g/kg，碱解氮 82.0mg/kg，有效磷 9.01mg/kg，有效钾 160.0mg/kg，pH=6.4。

供试烟草品种 K326 由玉溪中烟种子有限责任公司提供。2017 年 3 月 5 日在云南省烟草农业科学研究院人工温室中进行漂浮育苗，5 月 4 日移栽到试验地，现蕾后进行人工打顶。试验地的所有农艺管理措施，包括耕作方式和施肥，都遵循云南省烟草农业科学研究院技术推广中心提出的指导方针实施进行。

试验设置三种不同的采烤方式，CK：常规分两次采收（上部叶片自上而下编号 1～5 片叶，下同）第一次采收 2 片，第二次 3 片并清除腋芽；T1：清除腋芽，当上部第 1 片叶一半变黄时，将 5 片叶一次性采收；T2：保留腋芽 2 个，当上部第 1 片叶一半变黄时，将 5 片叶一次性采收。烟叶采收后采用常规烘烤工艺烘烤。其中，各采收方式应确保中部叶叶龄达到 70d 以上，上部叶叶龄达到 80d 以上，且烟株大田生育期达到 130d 左右。

（一）不同采收方式烟叶化学成分的变化

1. 杀青后上部烟叶化学指标

表 5-7 显示，经杀青处理后淀粉含量受采收方式、叶片数、采收方式×叶片数的显著影响（$P<0.05$）。

从图 5-2 可知，经杀青处理后在 T2 处理第 1、2、5 片叶中的淀粉含量显著低于 T1 处理；除第 2 和第 5 片叶外，CK 处理的淀粉含量要高于 T1 且在第 1、3 和 4 片叶中两者间的差异达到了显著水平；T2 处理第 1、2、4 片叶的淀粉含量均显著低于 CK 处理。

由图 5-3 可知，杀青条件下 T2 处理的还原糖含量小于 T1 的还原糖含量，除第 5 片叶中两者间差异不显著外，其他 4 片叶均达到了显著水平；相比于 T1 处理与 T2 处理而言，除第 3 片叶外，CK 处理其他 4 片叶中的还原糖含量均显著低于其他两种采收方式。而烟碱含量的变化趋势与还原糖类似，其中 T1 处理的烟碱含量最高，T2 处理的烟碱含量次之，CK 处理的烟碱含量最低，除第 3 片叶中 CK 处理与 T2 处理间差异不显著外，其他 4 片叶中各不同处理间烟碱含量的差异均达到了显著水平。而 5 片叶中钾元素在三个处理间含量相差不大，除第 1 片叶外，其他 4 片叶中均出现 T2 处理略高于 CK 和 T1 处理，且在第 2 片叶中各处理间的差异达到了显著水平。5 片叶中钾元素含量在 3 个处理间无明显的变化规律，但除第 1 片叶外，其他 4 片基本呈现出 T2 处理的钾含量要略微高于或者等于 T1 处理，而 T1 处理略微高于 CK。在蛋白质含量方面，CK 处理的蛋白质含量均低于 T2 和 T1 这两个处理，在第 2、3 片叶中，T2 处理的蛋白质含量低于 T1 处理，但是差异不显著。而在第 1、4、5 叶中 T2 处理的蛋白质含量高于 T1 处理，其第 1 片叶两者间差异达到显著水平，第 4、5 片叶差异不显著。

表 5-7　采收方式、叶片数及其互作对杀青后化学指标的方差分析表

方差来源	自由度	淀粉	还原糖	烟碱	钾	蛋白质
采收方式	2	<0.0001	<0.0001	<0.0001	<0.0001	0.1151
叶片数	4	<0.0001	<0.0001	<0.0001	<0.0001	0.2945
采收方式×叶片数	8	<0.0001	<0.0001	<0.0001	<0.0001	0.0318

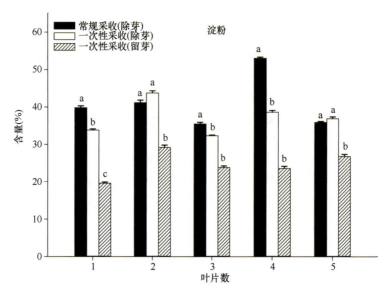

图 5-2　杀青处理后上部 5 片烟叶的淀粉含量

不同小写字母表示同一叶片编号下不同采收方式的显著性差异（$P<0.05$），下同

2. 烤后上部烟叶化学指标

由表 5-8 可知，烤后处理的淀粉、还原糖、烟碱、钾、总糖、总氮含量 6 个指标均受采收方式、叶片数、采收方式×叶片数的显著影响（$P<0.05$），而蛋白质仅受采收方式×叶片数的显著影响。

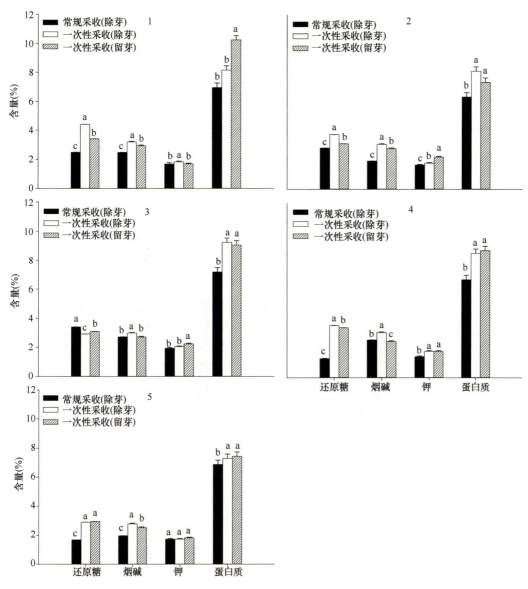

图 5-3　杀青后上部 5 片烟叶常规化学指标含量
1～5 分别代表上部叶自上而下编号 1～5 的叶片，下同

　　从图 5-4 可以看出，烤后 T2 处理的淀粉含量均显著低于 CK 和 T1 处理，而 CK 与 T1 处理相比除第 1、5 片叶 CK 高于 T1 外，其他 3 片叶均为 T1 略高于 CK 处理。

　　由图 5-5 可知，总糖、还原糖含量的变化规律与淀粉含量的变化规律相似，即 T2 处理的总糖、还原糖含量显著低于 CK 和 T1 处理，而第 1、2 片叶中 CK 与 T1 处理间的总糖、还原糖含量基本相等，第 3 片叶为 T1 处理显著高于 T2 处理，而在第 4、5 片叶中则相反，即 T2 处理显著高于 T1 处理。总氮、烟碱、钾含量这三个指标在 5 片叶中的变化规律不明显，3 种采收方式下的总氮、烟碱、钾含量基本相同。蛋白质的变化为：在第 1、4 片叶中，T1 处理的蛋白质含量要高于 CK 和 T2 处理，但差异不显著；在第 2、3 片叶中，CK 处理的蛋白质含量最高，T1 次之，T2 最低。

表 5-8 采收方式、叶片数及其互作对烤后化学指标的方差分析表

方差来源	自由度	淀粉	还原糖	烟碱	钾	蛋白质	总糖	总氮
采收方式	2	<0.0001	<0.0001	<0.0001	<0.0001	0.1151	<0.0001	0.0017
叶片数	4	<0.0001	<0.0001	<0.0001	<0.0001	0.2945	<0.0001	<0.0001
采收方式×叶片数	8	<0.0001	<0.0001	<0.0001	<0.0001	0.0318	<0.0001	<0.0001

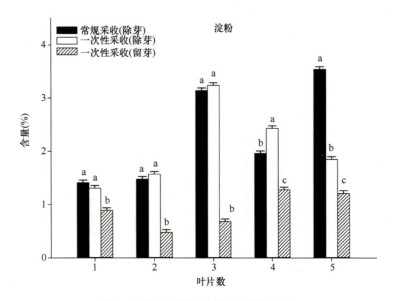

图 5-4 烤后上部 5 片烟叶的淀粉含量

3. 烤后上部烟叶多酚类物质含量

由表 5-9、图 5-6 可知，新绿原酸、绿原酸、莨菪亭、芸香苷均受采收方式、叶片数、采收方式×叶片数的显著影响（$P<0.05$），而咖啡酸所受影响均不显著。

由图 5-7 和表 5-9 可以看出，三种不同采收方式对多酚类物质含量的影响有显著影响，从第 1 片叶到第 5 片叶，三种采收方式下，T2 处理叶片多酚类物质含量的变化趋势为先上升后下降再上升，CK 处理为先下降再升高，T1 处理为先下降再升高再降低后又升高。在第 2、3 片叶中，T2 处理的多酚类物质含量显著高于另外两种采收方式，在第 1、5 片叶中则为 T1 高于 CK 和 T2 处理，但在第 5 片叶中差异不显著。第 4 片叶为 CK 显著高于 T1 和 T2 处理。

（二）不同采收方式烟叶经济性状的变化

由表 5-10 可以看出，挂灰程度仅受采收方式的显著影响，而单叶重和均价则受采收方式、叶片数、采收方式×叶片数的显著影响（$P<0.05$）。

图 5-8 显示 T2 处理的 5 片叶的挂灰程度是显著小于 CK 和 T1 处理的，相比于 CK 处理，T2 处理的挂灰程度下降了 40%左右，而较 T1 处理下降了 20%左右。而 T1 处理

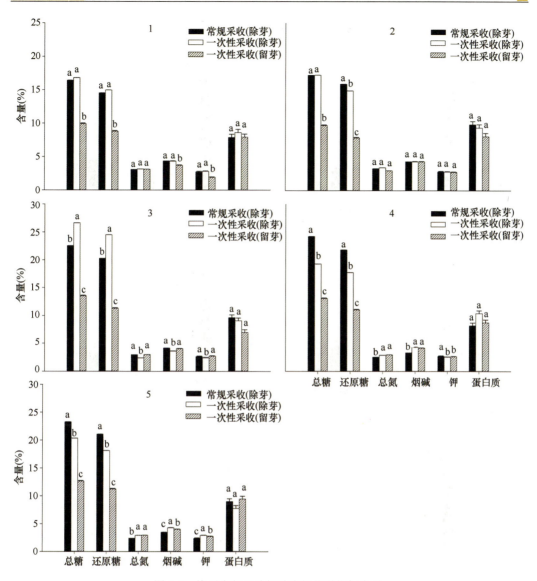

图 5-5　烤后上部 5 片烟叶常规化学指标含量

因素	自由度	新绿原酸	绿原酸	咖啡酸	莨菪亭	芸香苷
采收方式	2	<0.0001	<0.0001	0.8966	0.0416	<0.0001
叶片数	4	<0.0001	<0.0001	0.9796	<0.0001	<0.0001
采收方式×叶片数	8	<0.0001	<0.0001	0.8059	<0.0001	<0.0001

相比于 CK 处理挂灰程度也是降低的，除第 2 片叶达到了显著水平外，其他 4 片叶中两不同采收方式间差异不显著。

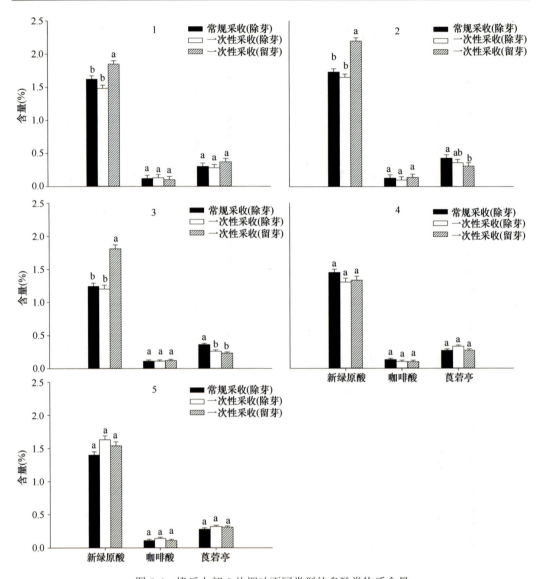

图 5-6　烤后上部 5 片烟叶不同类型的多酚类物质含量

在图 5-9 中，CK 处理的单叶重在第 1～5 片中呈现逐渐增加的趋势。T1 和 T2 处理的单叶重则呈现先升高后降低的趋势，且除芽处理的单叶重大体上显著高于留芽处理。在第 2、3 片叶中，T1 处理的单叶重最大，CK 处理次之，T2 处理最小，而在第 1、4、5 片叶中，则为 CK 最大，T1 次之。

（三）各测定指标间的相关性

1. 杀青后上部烟叶化学指标的相关性

表 5-11 显示，挂灰程度与单叶重、淀粉含量呈现显著（$P<0.05$）正相关关系，而与还原糖、烟碱、蛋白质含量呈负相关，其中挂灰程度与淀粉的相关系数最大，达到了 0.766 17，而与烟碱含量的相关系数最小，仅为 0.307 18，但均达到了显著水平。而单叶重与

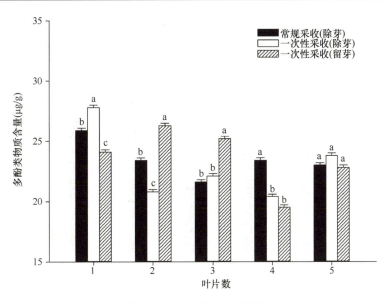

图 5-7　烤后上部 5 片烟叶多酚类物质含量

表 5-10　采收方式、叶片数及其相互作用对烤后上部烟经济性状的方差分析表

因素	自由度	挂灰程度	单叶重	均价
采收方式	2	<0.0001	<0.0001	0.0003
叶片数	4	0.6536	<0.0001	<0.0001
采收方式×叶片数	8	0.6598	<0.0001	<0.0001

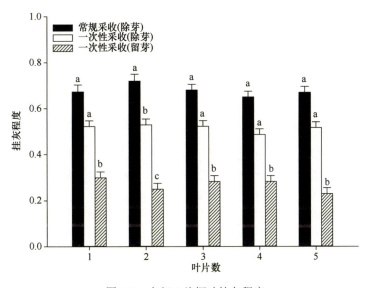

图 5-8　上部 5 片烟叶挂灰程度

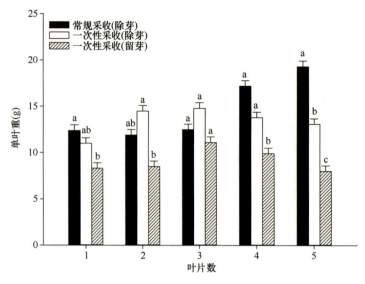

图 5-9　上部 5 片烟叶单叶重

表 5-11　杀青后上部烟叶化学指标相关性表

	还原糖	烟碱	淀粉	蛋白质	单叶重
烟碱	0.652 25*				
淀粉	−0.420 98*	−0.119 84			
蛋白质	0.475 55*	0.563 35*	−0.612 02*		
单叶重	−0.553 11*	−0.224 58	0.662 95*	−0.324 58*	
挂灰程度	−0.347 92*	−0.307 18*	0.766 17*	−0.528 33*	0.671 31*

注：表中数值为相关系数，*表示差异显著（$P<0.05$），下同

还原糖、烟碱、蛋白质含量呈负相关，与淀粉含量呈正相关，除烟碱外，单叶重与其他指标的相关性均达到了显著水平。蛋白质含量与还原糖、烟碱含量呈显著正相关，与淀粉含量呈显著负相关。淀粉含量与还原糖含量呈显著负相关，与烟碱含量呈负相关但不显著，相关性较低。烟碱含量与还原糖含量呈显著负相关关系。

2. 烤后上部烟叶化学指标的相关性

表 5-12 显示了烤后上部烟叶化学指标的相关性，其中挂灰程度与总糖、还原糖、淀粉含量呈显著的正相关关系（$P<0.05$），而与总氮、烟碱含量呈负相关关系，但不显著，其中与烟碱含量的相关系数达到了−0.090 43，而与总氮含量的相关系数仅为−0.130 38。淀粉含量与总糖、还原糖含量呈显著正相关，与总氮、烟碱含量呈显著负相关关系。而烟碱含量与总糖、还原糖含量呈显著的负相关关系，与总氮含量呈显著正相关。总氮含量与总糖、还原糖含量呈显著负相关。还原糖含量与总糖含量呈显著的正相关关系，且相关系数到了 0.996 95。

（四）不同采收方式对烤烟 K326 上部烟挂灰程度影响的小结

烟叶淀粉含量是影响烟叶内在品质的重要因素之一，淀粉在淀粉酶的作用下被水解

表 5-12　烤后上部烟叶化学指标相关性表

	总糖	还原糖	总氮	烟碱	淀粉
还原糖	0.996 95[*]				
总氮	−0.592 04[*]	−0.594 97[*]			
烟碱	−0.432 85[*]	−0.434 36[*]	0.729 97[*]		
淀粉	0.876 91[*]	0.882 57[*]	−0.605 51[*]	−0.407 99[*]	
挂灰程度	0.716 82[*]	0.724 08[*]	−0.130 38	−0.090 43	0.613 84[*]

为还原糖。淀粉的分解、转化、积累决定着烟叶内在品质和外观等级的优劣。在本试验中，无论是杀青后还是烘烤后，一次性采收（留芽）方式较另外两种采收方式而言能够显著降低淀粉含量，且淀粉含量与叶片挂灰程度呈现显著的正相关关系。因此，一次性采收（留芽）处理能够有效地减少上部烟叶烘烤过程中挂灰现象的产生。这与何承刚（2005）、徐增汉等（2001）研究结果相同。蔡宪杰等（2005）研究认为采收过程中烟叶中淀粉含量偏高，不仅会造成初烤烟叶糖碱比失衡，烟碱含量偏低，还会使烤后烟叶表面光滑，杂色、青筋烟叶比例偏高，工业可用性降低。由此可见，淀粉含量过高可以使挂灰现象产生的概率大大提高，采收方式的改变降低了烤后烟叶的淀粉含量，本质上也是改善了初烤烟叶的内在化学品质，从而使挂灰烟的出现概率减少。

一方面，相比于常规采收而言，一次性采收处理上部烟叶中的烟碱、钾、蛋白质等化学成分含量均有所上升，这是常规采收处理采取两次采收的方式，导致最后一次采收的时候烟株上仅剩 2～3 片叶子，致使叶片不能正常的发育、成熟，从而导致了植株体内化合物合成速率减慢，进而导致了烟碱、钾、蛋白质含量较一次性采收处理的含量低。此外，在杀青处理中，烟叶的挂灰程度与烟叶蛋白质含量呈现负相关关系，即叶片内蛋白质含量越高，上部烟叶的挂灰程度越小。因此，一次性采收能够维持较好的烟叶内在化学成分间的平衡。另一方面，在一次性采收方式中，除芽处理的各烤后烟叶的化学成分含量也是高于留芽处理的，这是由于腋芽作为植株的生长点，在植株体内合成的大量化合物会转移到生长点。因此留芽处理烘烤后叶片中总糖、还原糖含量降低，且与杀青处理不同，烤后叶片的挂灰程度与还原糖含量呈正相关关系。因此一次性采收（留芽）处理在烘烤后叶片的挂灰程度降低，工业可用性更高一些。而刘道德（2012）在对比了常规采收和一次性采收处理对烟叶化学成分的影响后发现，较常规采收而言，一次性采收的蛋白质含量略微降低。与本试验结果不同，这可能是因为一次性采收能够保持待采叶片相对稳定的生长环境，而常规采收模式则导致最后采收的叶片生长发育异常，进而导致了蛋白质合成速率的降低，因此相比于一次性采收模式，常规采收模式叶片的蛋白质含量较低。

多酚类物质对于提高烟叶品质具有不可或缺的重要作用，在烟草生长、烟叶色泽、香吃味方面发挥着重要的作用。本试验中，相比常规采收，一次性留芽处理的多酚类物质含量略微下降。而多酚类物质氧化是形成灰色烟的重要原因，因此，多酚类物质含量降低也有助于叶片挂灰程度的降低。

由图 5-9 可以看出，一次性采收（留芽）处理的烤后叶片的单叶重最低，常规采收（除芽）的最高，结合表 5-11、表 5-12 的相关性，不难得出：淀粉含量与叶片的挂灰程度最相关，而单叶重与挂灰程度、淀粉均呈现正相关关系。因此，较低的单叶重也会降低叶片的挂灰程度。

采取常规采收、除芽采收（T1）和留芽采收（T2）3 种采收方式，测定 K326 烤烟的农艺性状、化学指标、经济性状指标，分析采收方式对 K326 上部烟烘烤过程中挂灰程度的影响。结果表明：留芽采收烤后烟叶总糖含量、还原糖含量、淀粉含量、单叶重、挂灰程度均比常规采收降低，其中淀粉含量和挂灰程度分别降低 40.08%和 59.7%；除芽和留芽采收处理烟叶的绿原酸、咖啡酸、莨菪亭含量较常规采收降低，留芽采收较常规采收分别降低 9.4%、8.3%和 9.1%。与常规采收相比，留芽采收能提升 4%的上部烟均价。因此，该技术可作为一种补救措施。

四、烤烟成熟期田间冷害肥料管理技术

氮素是烤烟生长发育的生命元素，对烤烟生长发育和产质量形成具有决定性作用（Mccants and Woltz，1967）。大田期科学化的氮肥管理可以使烤烟形成良好的农艺性状、抗病虫害能力和生理生化平衡（晋艳等，1999）。研究表明，在缺少氮肥的条件下，植物光合作用受阻，影响植物正常发育，植株瘦小，生长缓慢，出现提前衰老的现象；过量施用氮肥则造成植株营养生长过旺，导致徒长、贪青晚熟。烤烟作为重要的叶用型经济作物，氮肥供应不足会造成田间烟株生长缓慢，叶片细长、发黄，烤后烟叶品质降低，具体表现为初烤烟叶内含物积累不足，氮代谢产物含量较低，从而影响工业可用性（王婵娟，2010）。施氮量过多则会促使烟株叶色深绿、肥厚徒长，不易自然成熟落黄，从而加重了烘烤的难度。

在低温胁迫下，当烤烟氮肥供应不足时，因其自身生长发育不足、抵抗力差，冷害带来的逆境胁迫会表现得更为明显（王玉霞，2016）。然而在氮肥施用过多条件下，烤烟虽然存在贪青晚熟现象，但因其自身营养过剩，受冷胁迫的影响反而不明显。因此，本研究基于云南特殊自然环境下产生的田间冷害条件，探究不同氮素施用处理的烤烟对田间冷害的响应机制具有重要的意义。

试验于 2019 年在云南省大理白族自治州剑川县老君山镇建基村（E99°33'，N26°31'，海拔 2565m）进行，试验材料为烤烟品种红花大金元，采用漂浮育苗技术育苗，于 4 月 13 日进行膜下小苗移栽，行株距 120cm×60cm，6 月 10 日打顶，留叶 15～16 片，7 月 3 日开始采烤下部叶，9 月 7 日结束烘烤。供试土壤类型为壤土，pH=6.47，有机质 56.19g/kg，全氮 2.76g/kg，全磷 1.11g/kg，全钾 17.64g/kg，水溶性氮 210.8mg/kg，有效磷 91.3mg/kg，速效钾 285.5mg/kg。基肥为烟草专用复混肥，N：P_2O_5：K_2O=12：10：25，施用量为 150kg/hm^2，施氮量为 18kg/hm^2，配施腐熟农家肥 15 000kg/hm^2；追肥方法为烟草专用复混肥 75kg/hm^2，施氮量为 9kg/hm^2，配施硫酸钾（51%）30kg/hm^2，分别于移栽后 15d、30d 施用。

试验采用随机区组设计，设置 3 个施肥处理，每个处理各设置长 12m、宽 8m 的试验小区，具体处理详见表 5-13。

试验地放置一台 TH12R-EX 温湿度记录仪（深圳市华汉维科技有限公司）记录每日温湿度变化，同时放置 WH-2310 无线气象站（嘉兴米速电子有限公司）记录每日温度、降水和风速等信息。

根据当地中部叶常规采收时间进行烟叶采摘、编竿，确保烟叶成熟度均衡一致、同质同竿、疏密适中，在当地密集烤房中进行烘烤。烟叶烘烤工艺主要按照当地主推烘烤模式进行（图 5-10），每竿编烟 100～120 片，每层 150～170 竿，共 3 层。

表 5-13　试验田不同氮肥处理

试验处理	总施肥	基肥	追肥
T1	N 18.9kg/hm^2+腐熟农家肥 15 000kg/hm^2+硫酸钾（51%）30kg/hm^2	N 12.6kg/hm^2+腐熟农家肥 15 000kg/hm^2	N 6.3kg/hm^2+硫酸钾（51%）30kg/hm^2
T2	N 27kg/hm^2+腐熟农家肥 15 000kg/hm^2+硫酸钾（51%）30kg/hm^2	N 18kg/hm^2+腐熟农家肥 15 000kg/hm^2	N 9kg/hm^2+硫酸钾（51%）30kg/hm^2
T3	N 35.1kg/hm^2+腐熟农家肥 15 000kg/hm^2+硫酸钾（51%）30kg/hm^2	N 23.4kg/hm^2+腐熟农家肥 15 000kg/hm^2	N 11.7kg/hm^2+硫酸钾（51%）30kg/hm^2

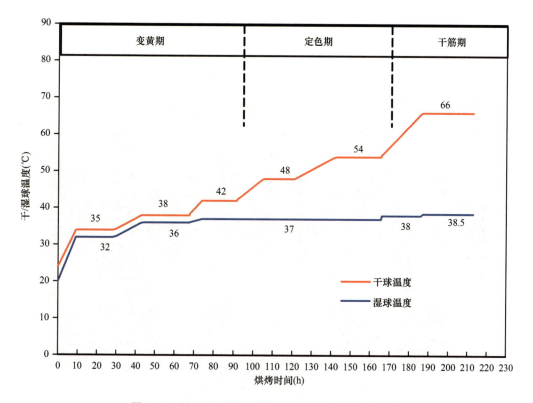

图 5-10　剑川县老君山镇烟区密集烤房烘烤主推工艺

（一）不同施氮量处理对烤烟鲜烟叶外观的影响

由图 5-11 可知，不同施氮量处理的鲜烟叶外观存在明显差异，各处理的烟叶绿色深度和叶片大小为 T3>T2>T1，T1 处理叶面有明显挂灰和赤星病病害症状出现。

图 5-11　不同施氮量处理的鲜烟叶对比（8 月 19 日取样）

（二）冷胁迫对不同施氮量处理烟叶烘烤过程中外观变化的影响

对不同施氮量处理的烟叶进行烘烤过程中的动态追踪，由图 5-12 可以发现，在变黄期转定色期过程中（42～48℃）T1 处理烟叶开始明显挂灰。

图 5-12　田间冷胁迫下不同施氮量处理烟叶烘烤过程的外观变化

（三）冷胁迫对不同施氮量处理烟叶含水率和失水率的影响

由图 5-13 和图 5-14 可知，同一处理不同烘烤阶段下，54℃时 T3 处理的含水率显著低于其他烘烤阶段，T2 处理的含水率显著低于 38℃和 42℃阶段，T1 处理的含水率显著低于 38℃阶段。T2 和 T3 处理各烘烤阶段的失水率存在显著性差异；相同烘烤阶段下，T1 和 T2 处理的含水率存在差异，T1 和 T3 处理的失水率存在差异。

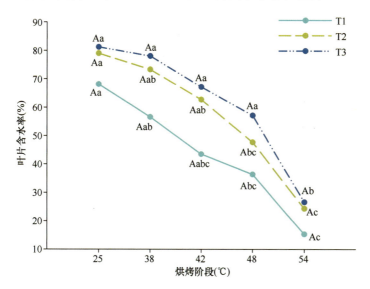

图 5-13　不同施氮量处理下各烘烤时间的含水率变化

大写字母表示相同阶段不同处理间的显著差异（$P<0.05$）；小写字母表示不同阶段相同处理间的显著差异。下同

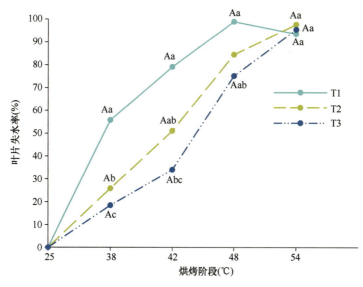

图 5-14　不同施氮量处理下各烘烤时间的失水率变化

随烘烤时间的推进，T2 和 T3 处理的含水率呈现"慢—快"的下降趋势，T1 处理呈现"快—慢—快"的下降趋势，各处理整体比较为 T3>T2>T1；对于失水率指标，T2 和 T3 呈现"慢—快—慢"逐渐升高的变化规律，T1 呈现"快—慢"整体升高的变化规

律，各处理整体比较为 T1>T2>T3。

含水率指标下，T2 和 T3 处理与 T1 在 25～48℃存在差异。T1 处理除 42～48℃以外，变幅均较大，42℃时相比 25℃时，含水率下降了 36.16%；54℃时相比 48℃时，含水率下降了 57.91%。T2 和 T3 处理 54℃时的含水率相比 38℃时，分别下降 66.84%和 65.90%。在烘烤阶段 25～48℃时，T3 相比 T1 和 T2 处理分别增高了 19.23%～57.22%和 2.84%～19.84%，T2 相比 T1 处理增高了 15.94%～44.14%。

失水率指标下，T2 和 T3 处理与 T1 在 38～48℃存在差异。T1、T2 和 T3 处理中 48℃相比 38℃时的失水率分别升高了 77.32%、227.10%和 307.48%。在烘烤阶段 38～48℃时，T1 相比 T2 和 T3 处理分别增高了 17.13%～116.07%和 31.63%～202.49%，T2 相比 T3 处理增高了 2.28%～49.99%。

（四）冷胁迫对不同施氮量处理烟叶 SPAD 和质体色素的影响

由表 5-14 可知，不同施氮量处理烤烟烟叶 SPAD 和质体色素存在显著性差异（$P<0.05$）。

表 5-14　不同施氮量处理下各烘烤阶段烟叶 SPAD 和质体色素含量

处理	取样温度（℃）	持续烘烤时间（h）	SPAD	叶绿素 a（μg/g）	叶绿素 b（μg/g）	叶黄素（μg/g）	β-胡萝卜素（μg/g）
T1	鲜烟叶	—	17.73Ca	54.28Ba	21.97Ba	57.22Bb	693.15Bb
	38	23.5	4.57Abc	57.99Aa	26.03Aa	144.05Aa	2341.53Aa
	42	16.5	3.73Ac	6.65Aa	5.25Aa	127.48Aab	1891.65Aab
	48	15	12.93Aabc	7.41Aa	4.34Aa	94.95Bab	1664.37Bab
	54	22.5	13.17Aab	3.22Aa	2.70Aa	106.18Aab	1583.69Bab
	初烤烟叶	—	30.57Ba	6.59Aa	4.79Aa	111.53Bab	1779.87Bab
T2	鲜烟叶	—	5.50Ab	236.44Aa	123.97Aa	187.33Aa	2304.15Aa
	38	23.5	2.70Ab	34.68Ab	16.45Ab	208.30Aa	2754.31Aa
	42	16.5	6.77Ab	9.41Ab	5.66Ab	188.77Aa	2822.20Aa
	48	15	7.60Ab	12.75Ab	6.51Ab	158.46Ba	2260.55Ba
	54	22.5	39.70Aa	11.79Ab	5.39Ab	230.65Aa	3403.86Aa
	初烤烟叶	—	10.80Ab	7.86Ab	4.23Ab	157.80Aa	2829.19Ba
T3	鲜烟叶	—	4.83Ab	260.44Aa	65.95Ba	184.55Aabc	3184.07Abc
	38	23.5	10.57Ab	62.52Ab	25.83Aab	194.40Aabc	3142.71Abc
	42	16.5	9.53Ab	8.11Ab	5.42Ab	143.43Ac	2085.74Ac
	48	15	17.73Ca	49.96Ab	20.70Aab	243.29Aab	4919.17Aa
	54	22.5	4.57Abc	9.61Ab	5.56Ab	167.59ABbc	3018.28Abc
	初烤烟叶	—	3.73Ac	25.22Ab	12.05Ab	268.57Aa	4266.65Aab

烘烤过程中，各处理的 SPAD、叶绿素 a 含量和 β-胡萝卜素含量均大体上呈现 T3>T2>T1 的规律，其中叶绿素 a 含量呈现整体先快后慢的下降规律，于 38℃时降解最快；β-胡萝卜素含量则整体上升高。T2 和 T3 处理的叶绿素 b 与叶黄素含量大体上均高于 T1。

（五）冷胁迫对不同施氮量处理烟叶常规化学物质和多酚类物质的影响

由表 5-15 和表 5-16 可知，不同施氮量处理的烟叶常规化学物质和多酚类物质存在显著性差异。

表 5-15　不同施氮量处理下各烘烤阶段烟叶常规化学物质含量

处理	取样温度（℃）	烘烤时间（h）	总糖（%）	还原糖（%）	总氮（%）	烟碱（%）	氧化钾（%）	水溶性氯（%）	淀粉（%）	蛋白质（%）	糖碱比	氮碱比
T1	鲜烟叶	—	8.77Ab	6.78Ac	1.09Bb	1.61Aa	1.06Ba	0.02Bb	41.35Aa	4.70Bc	5.49Ab	0.68Aa
	38	23.5	32.88Aa	20.38Ab	1.78Ba	1.99Ba	1.92Aa	0.41Ba	10.46Ab	6.47ABa	16.35Aab	0.93Aa
	42	16.5	30.06Aa	23.85Aab	1.61Aa	2.36Aa	1.94Aa	0.26Bab	5.26Ab	5.10Abc	13.46Aab	0.69Aa
	48	15	36.42Aa	26.95Aab	1.64Ba	2.07Ba	1.65Ba	0.46Aa	9.17Ab	5.99Bab	17.66Aa	0.79Aa
	54	22.5	35.61Aa	26.43Aab	1.42Bab	1.85Aa	1.74Ba	0.33Bab	10.08Ab	5.64Babc	20.69Aa	0.8Aa
	初烤烟叶	—	33.00Aa	28.48Aa	1.59Ba	1.96Ba	1.62Ba	0.39ABa	12.64Ab	6.04Bab	17.23Aa	0.81Aa
T2	鲜烟叶	—	6.38Ac	4.23Ac	1.63Ab	2.49Aa	1.79ABb	0.58Aab	27.24Ba	7.59Aa	2.61Aa	0.68Aa
	38	23.5	32.87Aab	20.14Aa	1.69Bab	2.96ABa	2.16Ab	0.85Aa	2.70Bb	5.33Bb	10.97Aa	0.58Aa
	42	16.5	25.69Aab	18.41Aab	2.01Aab	2.13Ab	2.48Ab	0.77Aab	1.78Ab	5.79Ab	14.03Aa	1.03Aa
	48	15	35.00Aa	20.40ABa	1.65Bb	2.58ABa	1.63Ab	0.43ABb	5.23Ab	5.55Bb	13.91Aa	0.65Aa
	54	22.5	24.03Bb	11.65Bbc	1.89Aa	2.55Aa	3.68Aa	0.75Aa	1.72Bb	5.64Bb	9.41Ba	0.76Aa
	初烤烟叶	—	27.40ABab	18.36Bab	2.08Ba	2.98ABa	2.20Bb	0.56Aab	4.85Bb	7.40Aa	9.72ABa	0.71Aa
T3	鲜烟叶	—	6.93Ac	5.63Ac	1.82Abc	2.16Ab	2.40Aab	0.33ABa	26.87Ba	8.67Aa	3.30Ab	0.86Aa
	38	23.5	27.60Aab	15.89Ab	2.34Aa	3.54Aa	2.56Aab	0.17Ba	3.32ABb	6.89Ac	8.37Aab	0.70Aa
	42	16.5	34.22Aa	26.08Aa	1.75Ac	2.19Ab	1.82Ab	0.07Ab	6.68Ab	5.70Ac	18.34Aa	0.86Aa
	48	15	25.32Bab	14.86Bb	2.58Aa	3.25Aa	2.85Aa	0.11Ab	1.75Ab	8.18Aab	8.85Aab	0.82Aa
	54	22.5	29.39Aba	17.45Bb	2.26Aa	2.69Aab	2.79Aab	0.26Ba	3.97ABb	6.94Abc	11.68ABab	0.87Aa
	初烤烟叶	—	18.58Bb	10.73Bbc	2.22Aab	3.01Aab	3.23Aa	0.16Aa	1.23Bb	6.81ABc	6.37Bb	0.74Aa

表 5-16　不同施氮量处理下各烘烤阶段烟叶多酚类物质含量

处理	取样温度（℃）	烘烤时间（h）	新绿原酸（mg/g）	绿原酸（mg/g）	咖啡酸（mg/g）	莨菪亭（mg/g）	芸香苷（mg/g）	山奈酚苷（mg/g）
T1	鲜烟叶	—	1.18Aa	18.58Ab	0.30Ab	0.24Aa	10.90Abc	0.25Aa
	38	23.5	2.55Aa	28.27Aa	0.30Ab	0.11Ab	18.64Aa	0.21Aa
	42	16.5	1.77Aab	10.15Ac	0.13Ac	0.21Aab	9.96Ac	0.16ABab
	48	15	3.08Aab	24.16Aab	0.39Aa	0.16Aab	17.72Aa	0.10Ab
	54	22.5	3.12Abc	19.52Ab	0.30Ab	0.13Ab	16.58Aa	0.08Ab
	初烤烟叶	—	2.52Ac	18.18Ab	0.37Aab	0.16Aab	15.45Aab	0.06Ab
T2	鲜烟叶	—	1.36Aa	7.77Bb	0.14Bb	0.10Ba	6.81ABb	0.11Bb
	38	23.5	2.61Aab	13.15Bab	0.15Bb	0.07Ab	9.79Bab	0.24Aa
	42	16.5	2.08Aab	8.79Ab	0.11Ab	0.10Ba	8.82Ab	0.09Bb
	48	15	2.97Ab	17.47ABa	0.25Ba	0.11Aa	13.86ABa	0.09Ab
	54	22.5	3.67Abc	14.50ABab	0.25ABa	0.08Ba	11.02Bab	0.13Ab
	初烤烟叶	—	2.99Ac	18.09Aa	0.27Ba	0.16Aa	13.86Ba	0.08Ab
T3	鲜烟叶	—	1.14Aa	4.33Bb	0.15Bb	0.21Aab	4.27Bb	0.16ABab
	38	23.5	3.18Aab	14.27Ba	0.16Bab	0.09Ac	11.13Ba	0.23Aa
	42	16.5	1.90Aab	11.87Aa	0.05Ac	0.23Aa	10.77Aa	0.22Aa
	48	15	3.89Ab	13.53Ba	0.23Ba	0.12Abc	11.19Ba	0.12Aab
	54	22.5	2.87Ac	11.76Ba	0.17Bab	0.07Ac	10.23Ba	0.09Ab
	初烤烟叶	—	3.45Ac	10.77Bab	0.20Bab	0.10Ac	9.52Ba	0.13Aab

随烘烤时间推进，各处理烟叶的淀粉含量逐渐下降，于鲜烟叶至38℃时下降最快；总糖含量、还原糖含量和糖碱比大体上呈现先增加后降低的趋势，不同处理各阶段指标呈现 T1>T2>T3，氮代谢产物指标变化趋势为 T3>T2>T1。

各处理烘烤过程中绿原酸和芸香苷含量整体变化均为 T1>T2>T3。

（六）冷胁迫对不同施氮量处理烟叶抗氧化酶系统和 PPO 活性的影响

由图 5-15 可知，SOD、POD 和 CAT 活性指标大体上呈现 T3>T2>T1 的规律，且均呈现先增高后降低的变化趋势，25～42℃烘烤阶段下三种酶活性较高，随后急剧下降。不同处理的 MDA 含量随着烘烤的进行，均呈现增高的趋势，呈现 T1>T2>T3 的规律，

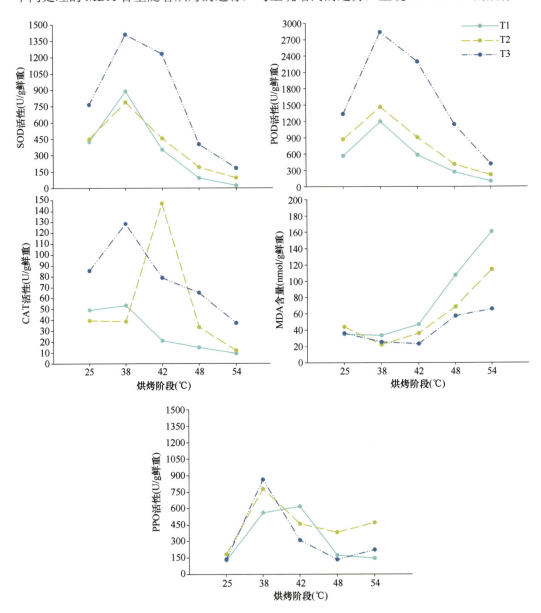

图 5-15　不同施氮量处理下的抗氧化酶系统和多酚氧化酶活性

T1 处理于 38℃时增长速率高于 T2 和 T3，含量超过二者。不同处理的 PPO 活性均呈现先增高后急剧降低再稍微增高的趋势，各处理于 25～38℃陡然增高，除 T1 外，其余处理均随之急剧降低；T1 处理于 42℃后急剧降低。

（七）冷胁迫对不同施氮量处理初烤烟叶经济性状和感官评吸质量的影响

由图 5-16 可知，不同施氮量处理的初烤烟叶外观存在明显差异，T3 处理烟叶色泽鲜亮，叶面开张好，无明显杂色和挂灰；T2 和 T1 处理烟叶色泽灰暗，叶面开张较小，表面存在明显杂色和挂灰，以 T1 最差。

图 5-16 不同施氮量处理的初烤烟叶外观对比

由表 5-17 和表 5-18 可知，不同施氮量处理的初烤烟叶产量、产值、中上等烟比例、均价和感官评吸质量均存在显著性差异，各指标均呈现 T3>T2>T1。感官评吸质量方面，T3 处理总分高于 T2 处理 4.19%，显著高于 T1 处理 23.40%；T2 处理高于 T1 处理 18.44%。

表 5-17 不同施氮量处理下初烤烟叶的经济性状

处理	产量（kg/hm²）	产值（元/hm²）	中上等烟比例（%）	均价（元/kg）
T1	1 698.90C	24 022.45C	44.99B	14.14C
T2	2 194.65B	47 184.98B	59.21B	21.50B
T3	2 468.70A	71 888.54A	81.56A	29.12A

表 5-18 不同施氮量处理下初烤烟叶的感官评吸质量

处理	香韵（10）	香气质（15）	香气量（15）	浓度（10）	杂气（10）	刺激性（15）	劲头（5）	干净度（10）	津润感（5）	吃味（5）	总分（100）
T1	6.5	10	9.5	6	7	13	3	7	3.5	5	70.5B
T2	8.5	12	11.5	7.5	8.5	12.5	4.5	9	5	4.5	83.5A
T3	7	13.5	12.5	9	8	13.5	5	8.5	5	5	87A

（八）施氮量对田间冷胁迫下采烤期烟叶素质与烘烤特性影响的小结

1. 施氮量对田间冷胁迫下采烤期烤烟鲜烟叶素质和烘烤特性的影响

高于常规施氮量 30%的氮肥施用可以预防并缓解田间冷害对采烤期烤烟烟叶组织结构、光合系统和烘烤过程失水变黄的胁迫性影响。本研究 T3 处理比低氮肥处理的质体色素含量更高，说明充足的施氮量促使烤烟光合作用旺盛，更有利于积累有机物以增强抵御逆境胁迫的能力，这与现有研究结果保持一致。本研究结果表明，各处理鲜烟叶叶片、上下表皮、栅栏组织和海绵组织厚度值均为 T3>T2>T1，其中栅栏组织变化幅度较小，SPAD 值和叶绿体色素含量为 T3>T2>T1，说明高施氮处理导致烤烟叶片肥厚，光合作用旺盛，且栅栏组织受冷胁迫的影响较小。研究表明冷胁迫后植物叶片由于次生代谢产物分泌过多、蜡质层增加和木质素大量产生而明显增厚，栅栏组织和海绵组织会显著皱缩以应对失水萎蔫；较高的氮肥会促使烟叶增厚，栅栏组织和海绵组织厚度会显著增加，这与本研究结果一致。

烘烤过程中高氮肥处理的失水率和叶绿体降解速率显著低于低氮肥，说明烟叶烘烤过程中低氮肥烟叶提供给变黄、定色期内含物质转化和烟叶品质形成的时间远远不足，最终导致初烤烟叶品质较低。虽然高氮肥烟叶质体色素含量较高，失水变黄较慢，但在老君山镇个性化的红花大金元烘烤工艺下，能大幅度延长变黄、定色期烘烤时间，与该处理烟叶的失水、变黄保持协调，保证烟叶组织细胞稳步失水，内含物质有序转化，极大地缓解了冷胁迫带来的烘烤困难，提高了烟叶品质。

2. 施氮量对田间冷胁迫下采烤期烤烟生理生化特性的影响

通过增施氮肥可以降低田间冷害对采烤期烤烟抗氧化酶系统的活性抑制和缓解 MDA 的积累。本研究高氮肥处理的抗氧化酶活性和维持能力高于低氮肥处理，MDA 积累速率和含量则较之更低，说明充足的氮肥供给能较好地保证烟叶细胞的完整性，维持烘烤过程失水和变黄的有序进行，减少变黄、定色期由细胞破损、失水过快引发的挂灰和内含物转化酶失活。大量研究表明，施氮能够提高植株生育后期 SOD、CAT、POD 等活性，降低 MDA 含量，有利于延缓叶片的衰老；同时，高施氮肥处理烟叶在烘烤过程中由于抗氧化酶系统活性较高，对于高温高湿引发的烟叶细胞膜皱缩和崩解具有明显的缓解作用，这也是施肥过量烟叶在烘烤过程中容易烤青的原因之一。增加施氮量可以有效缓解多酚类物质的积累，降低 PPO 活性，保护细胞膜的完整性。本研究各处理的 PPO 活性于 25～38℃陡然增高，高氮肥处理的 PPO 活性随即快速降低，而低氮肥处理则在 42℃才开始降低，说明低氮肥处理之所以容易产生挂灰很可能就是在变黄期结束进入定色期时具有较高的 PPO 活性，而高氮肥处理在这一烘烤阶段保持较低的 PPO 活性，保证了烟叶烘烤过程的酶促棕色化反应有序进行，降低了挂灰烟形成。

3. 施氮量对田间冷胁迫下采烤期烤烟产质量的影响

高施氮量对烤烟碳氮代谢具有显著促进作用，能降低冷胁迫对碳氮代谢过程和致香物质积累产生的抑制性作用。本研究高氮肥处理的碳代谢产物积累低于低氮肥，但氮代谢产物则与之相反，同时各指标比低氮肥处理更接近优质烟叶化学成分标准，说明低氮肥处理在冷胁迫环境下会促使碳代谢途径增强，而高氮肥处理在冷胁迫环境下可以增强氮代谢途径，同时充足的氮素供应促进叶绿体色素的大量积累，配合特定的烘烤工艺保证了烟叶品质。研究表明在冷胁迫下，为了维持植株的正常生理功能，碳代谢途径持续维持在活跃状态，促进 ABA 形成，进而增强氮代谢。氮素水平的提高使得烟叶碳氮代谢关键酶的活性均提高，但在大田后期增加施氮量后，烟碱、总氮含量上升，烟草的淀粉酶活性反而降低，碳水化合物含量下降，氮代谢总体强于碳代谢，所以过量施氮会导致烟碱、总氮和蛋白质含量过高。本研究高氮肥处理的经济性状和感官评吸质量显著高于低氮肥处理，说明田间冷胁迫对烟叶产质量的负向影响巨大，在一定范围内增加施氮量可获得最佳经济效益，即充足的氮肥施用可以有效降低冷害所致的经济损失。根据韩富根等（2009）的研究表明，在一定的施氮水平下，烟叶产量、均价和中上等烟比例随施氮量的增加呈上升趋势。而适宜的施氮量，能使烟草体内代谢酶活性高，碳氮代谢旺盛，增加烟草的干物质净积累量。对于氮肥施用不足的烟叶来说，一方面由营养不良导致生长发育不充分，内含物积累和烟叶生长缓慢，导致产质量较低；另一方面由于冷胁迫加剧了本就抗逆性极差的低氮肥烟叶的缓慢生长，恶化了烟叶品质。因此在云南高海拔植烟区通过高施氮的农艺措施能够在田间冷胁迫环境中保证较高的烟叶品质。

4. 结论

高于常规施氮量 30% 的氮肥施用能够有效预防并缓解田间冷害对采烤期烤烟鲜烟叶素质和烘烤特性的胁迫影响。各处理遭受田间冷胁迫下的烤烟鲜烟叶素质、烘烤特性、生理生化特性和初烤烟叶产质量均呈现 T3>T2>T1 的规律，具有显著性差异。对于云南高海拔多发田间冷胁迫的植烟区，增施氮肥有利于保证初烤烟叶产质量和降低经济损失。

第二节　烘烤工艺调控技术

一、针对"硬变黄"烟叶的稳温降湿烘烤工艺[①]

目前，密集烘烤工艺种类较多、方法多样，如三段烘烤、四段烘烤、多步烘烤等，大部分烘烤工艺均采用稳温稳湿延时变黄、定色、干筋的方法，在使用过程中，通常出现变黄的烟叶难定色或烟叶还未变黄就定色，操作稍有不慎就烤出大量的青烟、挂灰烟、烤枯烟、霉烂烟等问题，对烟叶烘烤造成较大损失。其产生原因是烟叶变黄阶段排湿不畅，烟叶含水量大，导致烟叶在低温高湿的条件，易暴发细菌、真菌等病害危害烘烤中的烟叶，烟叶变黄后含水量高，烤成硬变黄烟叶，定色阶段发生"棕色化反应"出现挂灰烟等；另外普遍的烘烤工艺涉及的温、湿度较难控制，稍有不慎，温度易猛升猛降，导致烟叶未黄先干或未干先灰的问题，对烟叶烘烤质量造成一定影响。

（一）稳温降湿烘烤工艺操作步骤

稳温降湿烘烤工艺（图 5-17、图 5-18、图 5-19）主要包括：稳温降湿变黄阶段、稳

---

① 部分引自王亚辉等，2018

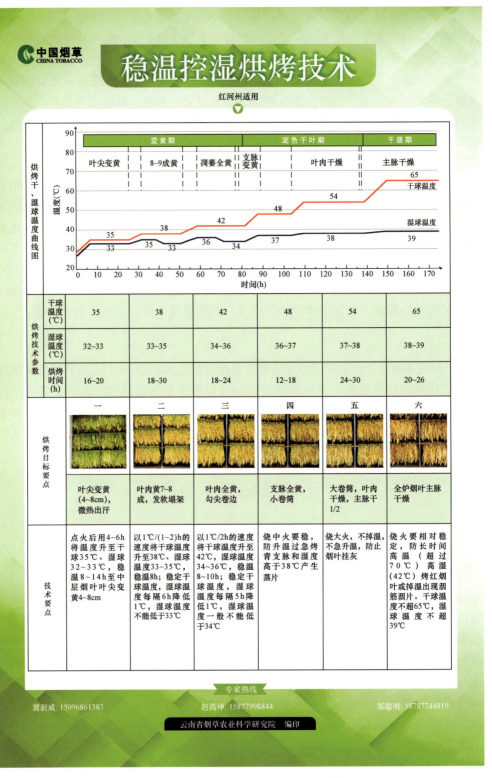

图5-17 稳温降湿烘烤工艺（红河州适用）

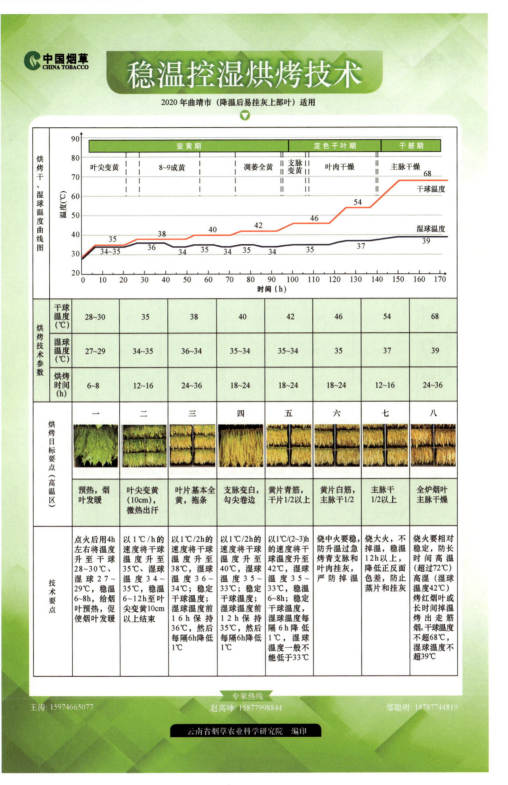

图 5-18　稳温降湿烘烤工艺（曲靖市适用）

225

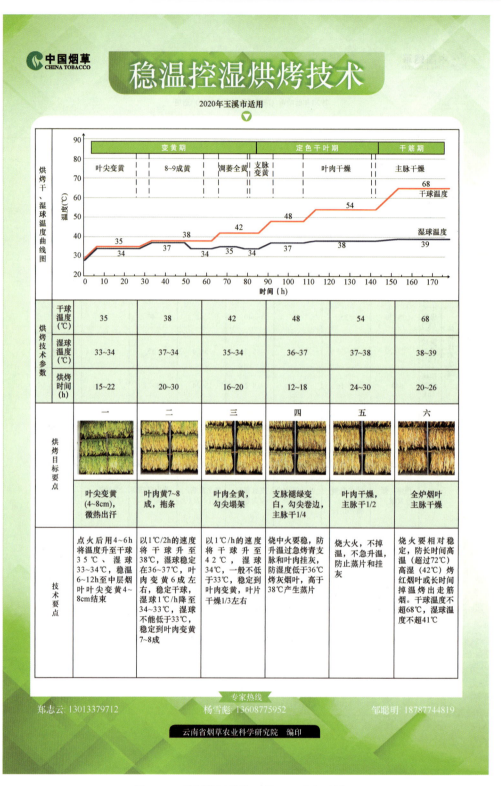

图 5-19　稳温降湿烘烤工艺（玉溪市适用）

温降湿定色阶段、稳温降湿干筋阶段，具体内容如下。

1. 稳温降湿变黄阶段

1）将烟叶装入烤房，密闭烤房，点火，在2～3h将干球温度由室温升到32℃，再以1℃/h的升温速度，将干球温度升到37～40℃，湿球温度调整到35～38℃，其中，当烤房为气流下降式密集烤房时，干球温度升到37～38℃，湿球温度调整到35～36℃，当烤房为气流上升式密集烤房时，干球温度升到39～40℃，湿球温度调整到37～38℃，稳定干、湿球温度组合，烤到高温层烟叶叶尖变黄。

2）维稳干球温度，调整火力，当烤房为气流下降式密集烤房时，直接将湿球温度降低1℃，当烤房为气流上升式密集烤房时，直接将湿球温度降低2℃，维稳干、湿球温度组合，烤到高温层叶身黄6～7成。

3）维稳干球温度，调整火力，当烤房为气流下降式密集烤房时，再将湿球温度降低1℃，当烤房为气流上升式密集烤房时，再将湿球温度降低2℃，维稳干、湿球温度组合，烤到高温层叶身黄9～10成、拖条，完成烟叶变黄烘烤阶段。

2. 稳温降湿定色阶段

1）调整火力，以1.0℃/h的升温速度将干球温度升到45～46℃，湿球温度升到36～37℃，烘烤至高温层烟叶支脉变白，低温层烟叶黄9～10成、拖条。

2）以1℃/h的升温速度将干球温度升到55～56℃，湿球温度升到37～38℃，维稳干、湿球温度组合，烘烤到高温层烟叶干燥，主脉干燥超过1/3。

3）维稳干球温度，调整火力，直接将湿球温度降低1℃，维稳干、湿球温度组合，烤到低温层烟叶基本定色，主脉干燥超过1/4。

3. 稳温降湿干筋阶段

1）调整火力，以1.0℃/h的升温速度，将干球温度升到66～67℃，湿球温度升到38～39℃，烤到高温层烟叶主脉干燥。

2）维稳干球温度，直接将湿球温度降低0.5～1℃，烤到低温层烟叶主脉干燥，结束烟叶烘烤。

（二）稳温降湿烘烤工艺与常规烘烤工艺对比

由表5-19可得，稳温降湿烘烤工艺烤后烟叶上部叶、中部叶的均价明显高于常规工艺，稳温降湿工艺对烟叶感官评吸质量无显著影响，对照常规烘烤工艺，下部叶和中部叶感官评吸质量略有提高，上部叶感官评吸质量略有下降，总体变化不大。

表5-19　稳温降湿烘烤工艺与常规烘烤工艺对比

部位	处理	上等烟比例（%）	中等烟比例（%）	下等烟比例（%）	级外烟比例（%）	均价（元/kg）	评吸得分
下部叶	当地常规	28	27	45	0	19.3	80.5
	稳温降湿	43	32	25	0	20.6	82
中部叶	当地常规	40	51	9	0	28.8	81.5
	稳温降湿	62	38	0	0	32.1	82.5
上部叶	当地常规	14	30	56	0	12.9	81.5
	稳温降湿	25	43	32	0	15.3	81

二、针对"冷挂灰、热挂灰"烟叶的烘烤过程监控技术

本试验于 2019 年在云南省曲靖市烟叶烘烤培训基地进行，供试品种为云烟 97，各处理同质采样，选取大田管理规范、个体与群体生长发育协调一致、落黄均匀的优质烟示范田的中部叶进行试验研究，试验烤房为气流上升式模拟烤烟箱。

当烟叶通过变黄期正常烘烤变黄后，在定色期设置不同定色阶段的温度处理。该试验设置了不同变色阶段的处理：定色后期升温速度试验（定色后期 47℃升 54℃时升温速度共设置 5 个处理，其余各阶段按照常规工艺烘烤）；定色前期降温速度试验（烘烤工艺按照常规工艺执行，在定色前期 48℃烟叶稳温达到黄片白筋、小卷筒时，风机正常运转，设置 6 个降温处理，并记录降温温度，降温处理结束后按照 1℃/h 的升温速度升至正常温度）；定色后期降温速度试验（烘烤工艺按照常规工艺执行，在定色后期 54℃烟叶稳温达到黄片白筋、大卷筒、叶肉全干时，风机正常运转，设置 6 个降温处理，并记录降温温度，降温处理结束后按照 1h/℃ 的升温速度升至正常温度），共 17 个处理，具体试验设置见表 5-20。烘烤后统计各处理烤坏烟的比例和挂灰烟数量。

表 5-20　云烟 97 烘烤定色阶段升温和降温处理

处理	具体操作（以烟叶变化达到要求为准）
定色后期升温速度试验	DH1：0.3h/℃，2.1h
	DH2：0.5h/℃，3.5h
	DH3：1h/℃，7h
	DH4：2h/℃，14h
	DH5：3h/℃，21h
定色前期降温速度试验	DQJ1：降温 2℃，时间 3h
	DQJ2：降温 2℃，时间 5h
	DQJ3：降温 3℃，时间 3h
	DQJ4：降温 3℃，时间 5h
	DQJ5：降温 4℃，时间 3h
	DQJ6：降温 4℃，时间 5h
定色后期降温速度试验	DHJ1：降温 2℃，时间 3h
	DHJ2：降温 2℃，时间 5h
	DHJ3：降温 3℃，时间 3h
	DHJ4：降温 3℃，时间 5h
	DHJ5：降温 4℃，时间 3h
	DHJ6：降温 4℃，时间 5h

（一）定色期升温和降温处理对烤后烟叶等级的影响

由表 5-21 可知，密集烘烤定色阶段猛升温或猛降温对烟叶等级具有明显影响。定色后期升温速度试验结果表明，随着升温速度的降低，杂色烟叶比例呈现先降低后升高的趋势，即升温速度过快或过慢均会导致杂色烟叶比例增加，但以 0.3℃/h 升温速度影响最大。定色期降温速度试验结果表明，随着降温温度的提高和降温时间的延长，杂色烟叶比例和程度呈升高趋势。定色前期降温速度试验从 DQJ3（降温 3℃，时间 3h）时

杂色烟叶比例和程度开始明显提高，以 DQJ6（降温 4℃，时间 5h）最高。定色后期降温速度试验从 DHJ4（降温 3℃，时间 5h）杂色烟叶比例和程度开始明显提高。

表 5-21　定色期升温和降温处理烤后烟叶分级情况表

处理	等级												
	B1F	B2F	B3F	B4F	C2F	C3F	C4F	B1K	B2K	B3K	GY1	GY2	B3V
DH1					10	115	8	49	22		9	2	
DH2						163	46	13	4		1		
DH3					40	132	7	10	9		4	1	
DH4					12	103	10	18			19	10	
DH5						9	92	16	15		8	3	
DQJ1							94	7	43				
DQJ2					14	120	65	40	3				
DQJ3	14	156						34	17	4			
DQJ4						107		46	17				
DQJ5					17	120	68	50	39				
DQJ6		49	108			16	11		63	21			
DHJ1		113						7	31	11			
DHJ2	52	118						48	13		2	4	
DHJ3	52	126						45	7	4	9	6	
DHJ4	58	94						67	23	6			
DHJ5		52	143					112	22				
DHJ6	30	107						63	74				

注：烟叶等级见附表 2

（二）定色期升温和降温处理对烤后烟叶挂灰烟的影响

由表 5-22 可知，密集烘烤定色阶段猛升温或猛降温对挂灰烟叶比例具有明显影响。定色后期升温速度试验结果表明，随着升温速度的降低，挂灰烟叶比例呈现先降低后升高的趋势，即升温速度过快或过慢均会导致挂灰烟叶比例增加，但以 0.3℃/h 升温速度影响最大，定色后期适宜的升温速度为 2℃/3h，快于 2℃/h 开始出现挂灰烟。定色期降温速度试验结果表明，随着降温温度的提高和降温时间的延长，挂灰烟叶比例和程度呈升高趋势。定色前期降温速度试验表明从 DQJ2 降温速度为 2℃/5h 挂灰烟叶比例和程度开始提高，以降温速度为 3℃/3h 开始明显提高；定色后期降温速度试验表明从 DHJ4（降温 3℃，时间 5h）挂灰烟叶比例和程度开始明显提高；综合分析，定色前期温差变化控制在 2℃/3h 以内可有效降低挂灰烟叶比例，定色后期温差变化控制在 3℃/3h 以内可有效降低挂灰烟比例。

表 5-22　烤坏烟等级鉴定记录表

处理	烤坏烟类型	烤坏烟等级鉴定叶片数										挂灰烟比例（%）
		0 级	1 级	2 级	3 级	4 级	5 级	6 级	7 级	8 级	9 级	
DH1	挂灰	75	12	21	39	35	28					64.29
DH2	挂灰	132	20	38	23	24						44.30
DH3	挂灰	129	9	15	55	28						45.34
DH4	挂灰	154	12	18	19	9						27.36
DH5	挂灰	126	15	11	26	12						33.68
DQJ1	挂灰	138	20	15	17	6						29.59
DQJ2	挂灰	121	65	23	20	3						47.84
DQJ3	挂灰	82	36	52	94	17	4					71.23
DQJ4	挂灰	30	32	45	46	17	6					82.95
DQJ5	挂灰	87	60	62	80	29	5					73.07
DQJ6	挂灰	62	61	81	83	21	38					82.08
DHJ1	挂灰	150	15	18	17	11						28.91
DHJ2	挂灰	116	21	33	48	13						49.78
DHJ3	挂灰	115	25	38	45	16	10					53.82
DHJ4	挂灰	58	32	62	67	23	6					76.61
DHJ5	挂灰	52	58	85	78	34	22					84.19
DHJ6	挂灰	66	45	86	83	44	35					81.62

三、针对"缺镁"烟叶的高温变黄低温低湿定色烘烤工艺[①]

高温变黄低温低湿定色烘烤工艺是基于云南特殊的地理气候环境，有效针对烤烟缺镁时鲜烟叶素质不佳而导致挂灰烟频发的一种烘烤工艺。烤烟缺镁（图 5-20 和图 5-21）

图 5-20　烤烟田间缺镁症状

---

① 部分引自朱艳梅等，2020

图 5-21　烤烟缺镁症状对比（云南省文山州）

初期叶片发黄，严重时叶脉呈绿色，叶片其余部分出现白化，一般从下部叶片开始，逐渐向中、上部扩展（云南省烟草农业科学研究院，2013）。烤后烟叶内外观质量影响研究的结果表明：随着烟叶缺镁程度的加重，烤后烟叶颜色变淡、油分减少、身份变薄、叶尖挂灰加重、赤星病斑加重；外观表现出缺镁症状的烟叶比外观表现正常的烟叶含镁量低，烟叶的含镁量随着烟叶缺镁程度的加重而降低（王世济等，2010）。

高温变黄低温低湿定色烘烤工艺的具体操作如下。

1. 高温变黄阶段

点火后 8h 左右将干球温度升至 38℃，保持较高的湿度（37℃），稳温 24h 左右；当高温区 8 成黄左右，以 1℃/3h 的速度将干球温度升至 42℃，保持湿球温度 36℃；当低温区烟叶 8 成以上黄时进入下一个阶段（图 5-22）。

图 5-22　高温变黄阶段烟叶

2. 低温低湿定色阶段

当低温区烟叶 8 成以上黄时，将干球温度降至 38℃，采用高速风机循环，加大排湿，将湿球温度降至 33℃ 以下，直至低温区烟叶小卷筒（图 5-23）。

图 5-23　低温低湿定色阶段烟叶

3. 转入正常烘烤

当低温区烟叶小卷筒后，以 1℃/3h 的速度将干球温度升至 45℃，逐步将湿球温度升至 35℃左右，稳温 8h 左右，之后进入正常烘烤（图 5-24）。

图 5-24　转入正常烘烤烟叶

四、针对"亚铁离子中毒"烟叶的低温低湿定色烘烤工艺[①]

独特的地理气候和良好的自然环境使云南成为优良烟草生产的圣地。云南烟叶色泽均匀、香气悠长、口感香甜，已成为卷烟的主要原料。随着北方烟草种植面积的逐渐缩小，云南成为烟草种植大省，烟草种植户超过100万人，其烟草产量约占全国烟叶总产量的50%，对云南的社会经济发展起着举足轻重的作用。

然而田间获得的优质鲜烟叶，如果没有科学的烟叶烘烤调制方法，也很难获得优质的烟叶，所以烟叶烘烤是反映和决定烤烟品质与生产效益的关键环节之一。在田间种植和后期烘烤过程中，挂灰烟叶的出现大大降低了烟叶的品质。烟叶挂灰后不仅影响烟叶的外观质量，使烟叶商品等级下降，而且也导致烟叶内在化学成分含量不适宜、不协调，降低工业可用性，甚至丧失使用价值。研究表明，亚铁离子的毒性会引起烤烟叶片产生酶促棕色化反应，导致产量损失和品质低下，而田间土壤中过量的金属离子（如铁和锰）被认为是造成烟叶褐变的主要原因之一。

我国南方广大的植烟土壤多为水稻土。因长期的淹水耕作，水稻土黏性增加，封闭性增加，通气性变差，导致土壤中的铁离子处于亚铁离子状态，大量进入土壤溶液中，种植于这类水稻土中的植物吸收亚铁离子后会造成亚铁离子过量，从而对植物造成毒害。烟草受胁迫则产生褐色至紫色脆弱烟叶，严重影响烟叶质量，对烟农的收入造成巨大损失。

目前，对于吸收水稻土中亚铁离子后造成铁中毒的烟叶，因内在成因较为特殊，烘烤工艺必须与烟叶素质配套，即必须根据烟叶的具体烘烤特性灵活调整，才能确保烟叶的烘烤质量，防止或减少挂灰烟产生，因此也造成现有技术对铁中毒烟叶的烘烤人员的经验要求较高。各人根据实际主观判断而采取各显神通的方法，不仅操作复杂，而且改善的效果不稳定或有限，从而造成现有技术中没有成熟的针对性的烘烤技术，而普通烟叶的烘烤方法又不适用于铁中毒烟叶的烘烤，南方广大的植烟土壤又多为水稻土，导致每年有大量铁中毒烟叶因烘烤不当而损失。

（一）低温低湿定色烘烤工艺操作

1. 变黄期控制

变黄期包括变黄初期、变黄后期。变黄初期以1℃/（1～2）h的升温速率，将干球温度由室温升至37～38℃，湿球温度由室温调整至36.5～37℃，稳定干、湿球的温度烘烤22～24h至高温区烟叶8成变黄；接着进入变黄后期，以1℃/3h的升温速率，将干球温度升至41～42℃，湿球温度调整至36～36.5℃，稳定干、湿球的温度烘烤12～20h至低温区烟叶8成以上变黄。

2. 定色期控制

定色期包括定色初期、定色中期和定色后期。定色初期在低温区烟叶8成以上变黄后，采用高速风机循环，加大排湿，以1℃/（1～2）h的降温速率，将干球温度降至37～

---

① 部分引自邹聪明等，2020a

38℃，湿球温度调整至 31～33℃，稳定干、湿球的温度烘烤 8～12h 至低温区烟叶小卷筒；接着进入定色中期，以 1℃/3h 的升温速率，将干球温度升至 45℃，湿球温度调整至 35～36℃，稳定干、湿球的温度烘烤 8～12h 至全烤房的烟叶完全变黄；然后进入定色后期，以 1℃/（1～2）h 的升温速率，将干球温度升至 54～55℃，湿球温度调整至 37～38℃，稳定干、湿球的温度烘烤 18～24h 至全烤房烟叶的支脉和叶肉干燥。

3. 干筋期控制

以 1℃/（1～2）h 的升温速率，将干球温度升至 65～68℃，湿球温度调整至 38～40.5℃，稳定干、湿球的温度烘烤 24～32h 至全烤房烟叶的主脉干燥。

（二）低温低湿定色烘烤工艺与常规烘烤工艺对比

由表 5-23 可知，实验组 1 上等烟比例比对照组 1 的上等烟高出了 16.90%，实验组 1 的均价比对照组 1 的均价高出了 3.00 元/kg，实验组 1 的评吸得分比对照组 1 的评吸得分高出了 8.6。

表 5-23　低温低湿定色烘烤工艺与常规烘烤工艺对比

处理	上等烟比例（%）	中等烟比例（%）	下等烟比例（%）	均价（元/kg）	评吸得分
实验组 1	61.2	30.1	9.0	27.2	83.6
实验组 2	60.9	25.1	13.7	26.8	80.2
实验组 3	55.3	22.3	22.3	25.7	78.9
对照组 1	44.3	21.3	34.4	24.2	75.0
对照组 2	32.2	20.9	46.9	19.8	68.0
对照组 3	39.9	15.9	44.3	22.1	70.8

注：实验组为低温低湿定色烘烤工艺，对照组为当地常规烘烤工艺

实验组 2 上等烟比例比对照组 2 的上等烟比例高出了 28.70%，实验组 2 的均价比对照组 8 的均价高出了 7.0 元/kg，实验组 2 的评吸得分比对照组 2 的评吸得分高出了 12.20。

实验组 3 上等烟比例比对照组 3 的上等烟比例高出了 15.40%，实验组 3 的均价比对照组 3 的均价高出了 3.6 元/kg，实验组 3 的评吸得分比对照组 3 的评吸得分高出了 8.1。

五、针对"锰离子中毒"烟叶的高温高湿变黄烘烤工艺[①]

烟农常说"烤烟是火中取宝，烤得好一炉宝，烤不好如粪草"，生动地说明了烘烤与烟叶品质的密切关系。烘烤对鲜烟叶来说具有 4 个方面的作用，一是形成烟叶的外观质量；二是形成烟叶的化学质量；三是形成烟叶的物理质量；四是形成烟叶的评吸质量。由此可见，烘烤是形成烟叶品质的关键性环节。

然而在烤烟种植和烘烤过程中，烟叶表面时常会出现局部灰褐色或棕褐色的小斑点，如同蒙上了一层"灰"，严重时斑点连成片状，即挂灰现象，其实质是烟叶发生了一定程度的酶促棕色化反应的结果，即多酚类物质在多酚氧化酶（PPO）的作用下被氧

---

① 部分引自邹聪明等，2020c

化成醌类物质，然后进一步和其他物质聚合成大分子深色物质。烟叶挂灰后不仅影响烟叶的外观质量，使烟叶商品等级下降，而且也导致烟叶内在化学成分不适宜、不协调，降低工业可用性，甚至丧失使用价值。导致烤后烟叶挂灰的原因比较复杂，有土壤、气候、栽培及采烤等方面的原因，而锰中毒是导致烟叶产生挂灰现象的土壤方面的重要原因。

锰是植物维持正常生命活动所必需的微量元素之一，同时也是一种金属元素，过多的锰会造成离子胁迫，严重影响植物生长。水稻土是南方烟区主要的植烟土壤之一，多分布在坝区和半山区。由于水稻土长期处于淹水条件下，土体内部质地较为黏重，烂泥层厚度较大，导致土壤 pH 过低，使得土壤中的锰离子处于二价状态，Mn^{2+}大量进入土壤溶液，因烤烟吸收过量二价锰造成锰中毒。烟叶锰中毒的典型症状为：在老叶的叶尖和叶缘上出现失绿的暗褐色斑点，继而失绿，之后干枯。幼叶易发生"皱叶病""失绿症"。

目前，解决水稻土等低 pH 烤烟种植土的途径一般为采用轮作，但会导致烟农收入下降；也有采用土壤改良剂等来改良土壤结构，以提高土壤的 pH，降低 Mn^{2+} 的活性，从而减少烟草的吸收量，防止烟叶锰中毒而产生灰色烟，但也存在土壤状况参差不齐、用量难以把控和成本较高的问题。当然，也有人试图采用调整烘烤工艺的方法来改善锰中毒烟叶的烤后质量，但现实中烘烤工艺必须与烟叶素质配套，即必须根据烟叶的具体烘烤特性灵活调整，才能确保烟叶的烘烤质量，防止或减少挂灰烟产生，从而也造成对烘烤人员的经验要求较高，而各人采取各显神通的方法，不仅操作复杂，而且改善的效果不稳定或有限。

（一）高温高湿变黄烘烤工艺的具体操作

1. 变黄期控制

变黄期包括变黄初期、变黄中期、变黄后期。变黄初期以 1℃/（1~2）h 的升温速率，将干球温度由室温升至 34~35℃，湿球温度由室温调整至 33~34℃，稳定干、湿球的温度烘烤 12~24h，然后以 1℃/2h 的升温速率，将干球温度升至 37~38℃，湿球温度调整至 36.0~36.5℃，至底台烟叶变黄 1/4~1/3；接着进入变黄中期，以 1℃/2h 的升温速率，将干球温度升至 41~42℃，湿球温度调整至 36~37℃，稳定干、湿球的温度烘烤 12~18h 至底台烟叶 5~6 成黄时；然后进入变黄后期，将干球温度降至 38℃，湿球温度调整至 35~36℃，稳定干、湿球温度烘烤 12~24h 至底台烟叶 8~9 成黄。

2. 定色期控制

定色期包括定色初期、定色中期和定色后期。定色初期在变黄期结束后以 1℃/（1~2）h 的升温速率，将干球温度升至 42~43℃，湿球温度调整至 35~36.5℃，稳定干、湿球的温度烘烤 10~16h 至烟叶完全变黄并凋萎；接着进入定色中期，以 1℃/（1~2）h 的升温速率，将干球温度升至 45~46℃，湿球温度调整至 36~37℃，稳温 4~10h；以 1℃/（1~2）h 的升温速率，将干球温度升至 48~49℃，湿球温度调整至 36~37℃，稳定干、湿球的温度烘烤 8~12h 至全烤房烟叶的支脉完全变黄；然后进入定色后期，以 1℃/（1~2）h 的升温速率，将干球温度升至 55~56℃，湿球温度调整至 38~39℃，稳定干、湿球的温度烘烤 24~30h 至全烤房烟叶的支脉和叶肉干燥。

3. 干筋期控制

以 1℃/（1~2）h 的升温速率，将干球温度升至 65~68℃，湿球温度调整至 39.0~40.5℃，稳定干、湿球的温度烘烤 24~36h 至全烤房烟叶的主脉干燥为止。

（二）高温高湿变黄烘烤工艺与常规烘烤工艺对比

由表 5-24 可得，与常规烘烤工艺相比，高温高湿变黄烘烤工艺所得烤后烟叶的上等烟比例、均价和评吸得分升高，中等烟比例和下等烟比例降低。

表 5-24　高温高湿变黄烘烤工艺与常规烘烤工艺对比

处理	上等烟比例（%）	中等烟比例（%）	下等烟比例（%）	均价（元/kg）	评吸得分
高温高湿工艺 1	57.58	25.21	17.21	26.10	79.6
高温高湿工艺 2	54.32	26.46	19.22	24.69	74.2
高温高湿工艺 3	56.44	25.78	17.78	25.93	76.8
常规工艺 1	34.98	47.21	17.81	19.46	60.9
常规工艺 2	37.24	44.37	18.39	20.58	64.3
常规工艺 3	35.67	45.35	18.98	20.64	61.5

六、针对玉米花粉引起的烤烟挂灰防治方法及防治后烟叶的烘烤工艺[①]

中国是全球烟叶生产大国，为世界烤烟生产提供了丰富的原料。迄今，云南烤烟种植面积已达到了 600 多万亩，烤烟产量占全国总量的 45% 以上，烤烟更是我国一些省份的重要经济来源，同时为我国税收做出了巨大的贡献。因此，烤烟种植质量与品质直接影响着烟农的经济收入和国家财政税收。

云南是我国的主要烟区，玉米和烤烟是云南普遍种植的经济作物。一般于 4 月开始种植玉米，6 月中旬烤烟上部烟叶成熟前，由于早玉米开始散落花粉，花粉被自然风力带动，散落在相邻烟田的烟叶上，而玉米花粉散落到烟叶上容易滋生霉菌，诱发烟草玉米花粉病，叶片上密布黑色细小斑点，尤其是叶脉附近较多，类似一层灰撒在烟叶上。通过显微镜观察烟草玉米花粉病的烟叶，发现叶片气孔显示有颗粒，在鲜烟叶表面出现非绿色颗粒、斑块，而且在烘烤过程中，斑块部分的叶内物质发生棕色化反应，引起烤烟挂灰，烘烤后的烟叶颜色呈现灰褐、灰红状态，烟叶品质下降。

随着农业需求端从产量到品质的需求转移，并且"预防为主，综合防治"的植保方针逐渐被广大农户所接受，越来越多的农户开始注重作物病害的预测预报及预防保护。植物保护剂区别于治疗性杀菌剂的关键就是使用时间，它是在病菌侵染作物之前，先在作物表面上施用，防止病菌入侵，起到保护作用。其防病特点及原理是能在作物表面形成一层透气、透水、透光的致密性保护药膜，这层保护膜能抑制病菌孢子的萌发和入侵，从而达到杀菌防病的效果。

目前，关于玉米花粉引起烤烟挂灰的防治主要集中在被感染后进行灭菌操作，产生的危害不仅不可逆转，而且烟农大多采用多菌灵或者 200U 农用链霉素进行喷施灭菌，

---

① 部分引自邹聪明等，2020d

灭菌效果不好，且容易产生农业残留而导致烤烟质量降低。花粉过敏预防的具体操作步骤如下。

花粉过敏预防：在玉米花粉散落前且上部烟叶成熟前，在无雨的上午10点前对与玉米相邻的1～5行烟株中上部烟叶喷施浓度为17～20mmol/L的保护剂进行预防，保护剂喷至叶面达到均匀湿润且无液体下滴，保护剂原料为0.5～1.5份的纤维素酶、0.5～1.5份的果胶酶、1～3份的溶菌酶、200～300份的水。

过敏症状鉴定：对经过预防喷施7～8d的烟株进行玉米花粉过敏症状鉴定，分为如下等级。

0级：整叶无病。

1级：上部叶片出现非绿色斑点，斑点面积占烟叶面积<35%。

2级：烟株中上部位呈现出非绿色斑点，斑点面积占烟叶面积≥35%且<70%。

3级：烟株中上部位都出现大面积非绿色斑点，斑点面积占烟叶面积≥70%且出现腐烂。

感染烟叶防治：根据花粉过敏症状鉴定的严重程度，对鉴定等级为1～3级的烟株中上部烟叶再次喷施保护剂进行防治，其中1级过敏症状喷施的保护剂浓度为17～19mmol/L，2级过敏症状喷施的保护剂浓度为19～21mmol/L，3级过敏症状喷施的保护剂浓度为20～23mmol/L。

针对玉米花粉引起的K326挂灰烤烟采用特定的烟叶烘烤方法进行烘烤，包括采收装炉、变黄阶段、定色阶段、干筋阶段步骤，具体内容如下。

采收装炉：采收用玉米花粉引起的烤烟挂灰防治方法防治后的适熟K326烟株中上部烟叶，装入气流下降式密集烤房。

变黄阶段：开炉升温，在变黄初期，以1℃/h的升温速度，将干球温度由室温升至30～35℃，湿球温度由室温升至29～34℃，稳温烘烤16～20h至底台烟叶变黄5～6成且叶片主筋一半变软；然后以1℃/（3～4）h的升温速度，将干球温度上升到38～41℃，同时调整湿球温度到35～36℃，待干球温度上升到40～41℃时，将排湿风机调至高速（烤房内烟叶间风速在高风速层达到0.3～0.4m/s，在中风速层达到0.25～0.35m/s，在低风速层达到0.2～0.3m/s），稳温烘烤28～40h，烤到底台烟叶完全变黄。

定色阶段：在变黄阶段完成后，在定色初期将干球温度调整至43℃，且湿球温度调整至36～37℃，同时加快排湿（烤房内烟叶间风速在高风速层达到0.35～0.45m/s，在中风速层达到0.3～0.4m/s，在低风速层达到0.25～0.35m/s），稳温烘烤20～24h至二台烟叶变黄且支脉变白到5成；然后以1℃/（3～5）h的升温速度，将干球温度上升到46～48℃，且使湿球温度保持不变，稳温烘烤25～35h至全烤房烟叶大卷筒，完成定色。

干筋阶段：按常规烟叶烘烤工艺干筋阶段中的干、湿球温度和排湿风机风速，继续烘烤32～40h至全烤房烟叶的主脉干燥为止。

针对玉米花粉引起的红花大金元烤烟挂灰防治后的烟叶烘烤方法，包括采收装炉、变黄阶段、定色阶段、干筋阶段步骤，具体内容如下。

采收装炉：采收用由玉米花粉引起的烤烟挂灰防治方法防治后的适熟红花大金元烟株中上部烟叶，装入气流下降式密集烤房。

变黄阶段：开炉升温，在变黄初期，以 1～2℃/h 的升温速度，将干球温度由室温升至 36～38℃，湿球温度由室温升至 36～37℃，稳温烘烤 46～50h 至底台烟叶变黄 5～6 成且叶片主筋一半变软；然后以 1℃/（3～4）h 的升温速度，将干球温度上升到 42～43℃，同时调整湿球温度到 37～38℃，待干球温度上升到 42～43℃时，将排湿风机调至高速（烤房内烟叶间风速在高风速层达到 0.3～0.4m/s，在中风速层达到 0.25～0.35m/s，在低风速层达到 0.2～0.3m/s），稳温烘烤 28～40h，烤到底台烟叶完全变黄。

定色阶段：在变黄阶段完成后，在定色初期将干球温度调整至 45℃，且湿球温度调整至 36～37℃，同时加快排湿（烤房内烟叶间风速在高风速层达到 0.35～0.45m/s，在中风速层达到 0.3～0.4m/s，在低风速层达到 0.25～0.35m/s），稳温烘烤 25～30h 至二台烟叶支脉变白到 6～7 成；然后以 1℃/（3～5）h 的升温速度，将干球温度上升到 46～48℃，且使湿球温度保持不变，稳温烘烤 25～30h 至全烤房烟叶大卷筒，完成定色。

干筋阶段：按常规烟叶烘烤工艺干筋阶段中的干、湿球温度和排湿风机风速，继续烘烤 35～45h 至全烤房烟叶的主脉干燥为止。

第三节　外源物质调控技术

一、水杨酸缓解冷胁迫和挂灰烟技术[①]

2017 年，我国烤烟种植面积已达 1482.2 万亩，其产量占世界总量的 20%以上，烤烟种植与税收是我国一些省份的主要经济来源，数据显示，2017 年全国烟草实现税利总额 11 145.1 亿元，占全国年利税总额的 7%左右。因此，烤烟种植质量与品质直接影响着烟农的经济收入和国家财政税收。在实际烤烟生产种植中，由外界因素的胁迫（干旱、盐渍、热、冷、冻）等综合因素的影响，常常导致烤烟灰色烟即"田间挂灰烟"的出现。

灰色烟是指在外界因素的胁迫（干旱、盐渍、热、冷、冻）影响下，叶面出现针尖大小的黑色斑点，叶片变厚粗糙，叶片褪绿呈现青铜色，组织僵硬，烤后叶面上出现大小不同的灰色或深褐色细小斑点，外观明显变坏。这种烟叶燃烧力弱，有异味，香气质差，香气量少，刺激性增强，品质下降。

水杨酸（salicylic acid，SA）是植物蛋白质的组分之一，并可以游离状态广泛存在于植物体中。在干旱、盐渍、热、冷、冻等胁迫条件下，植物体内水杨酸大量积累。积累的水杨酸除了作为植物细胞质内的渗透调节物质，还在稳定生物大分子结构、降低细胞酸性、解除氨毒，以及作为能量库调节细胞氧化还原反应、抗旱性、抗寒性等方面起重要作用。在生物体内，水杨酸不仅是理想的渗透调节物质，而且还可作为膜和酶的保护物质及自由基清除剂，从而对植物在渗透胁迫下的生长起到保护作用。对于钾离子即生物体内另外一种重要的渗透调节物质在液泡中的积累情况，水杨酸又可起到对细胞质渗透平衡的调节作用。水杨酸与葡萄糖形成的 Amadori（阿马多利）化合物（Pro-Amadori）是烟草在调制、陈化及加工过程中形成的一种重要的非挥发性香味前体物质，相关研究表明，该物质在烟草中的含量对烟草的吸味品质有重要影响。

---

① 部分引自侯爽等，2020；He et al.，2020

目前，关于田间灰色烟的防治主要集中在高墒培土、撒施石灰、揭膜培土等田间栽培管理措施及培育抗病品种方面，不仅费时费力，而且缓解效果不显著。为此，研发一种有效的、便捷的、能够缓解烤烟田间挂灰的方法，来减少田间烟叶挂灰是解决上述问题的关键。

（一）水杨酸对低温胁迫下烟草幼苗的影响[①]

供试材料为玉溪中烟种子有限责任公司提供的烤烟品种：K326。试验于 2019 年 3～7 月在西南大学试验农场温室和人工气候培养箱中进行。将种子播种于育苗盘中，育苗基质（河南艾农生物科技有限公司艾禾稼烟草漂浮育苗专用基质）提前用多菌灵和敌百虫杀菌灭虫，于温室中进行漂浮育苗，常规育苗法进行管理。幼苗长到 4 片真叶时挑选长势好、大小一致的幼苗移栽于装有育苗基质的塑料盆中（盆高 17cm、直径 15cm），移栽后的烟苗放置于人工气候培养箱中培养（白天 25℃、光照 20 000lx、14h，夜间 18℃、光照 0lx、10h），每隔 3d 于早上 9:00 根施一次 1/2 Hoagland 营养液 50mL，待幼苗长出第 9 片叶时，分为 7 组（每组 3 盆，每盆留 1 苗），其中 1 组作为对照（CK），于人工气候培养箱中正常培养；另外 6 组于上午 9:00 根施 50mL 浓度梯度为 0、10mg/L、25mg/L、50mg/L、100mg/L、150mg/L 的 6 个浓度的外源 SA 溶液，3d 后进行 4℃低温胁迫处理，4℃低温胁迫处理 4d 后，于上午 9:00～10:00 进行对照和 6 个低温处理（共 7 个处理）的叶片取样（液氮速冻，−80℃低温保存），之后进行各项生理指标的测定，每个处理 3 个重复。

1. 外源水杨酸对低温胁迫下烟草叶片质膜透性和丙二醛（MDA）含量的影响

0mg/L 外源 SA 处理 4℃低温胁迫的 K326 烟草幼苗，其相对电导率和丙二醛含量较各自常温（CK）处理分别升高 107.77%、94.07%，且均与 CK 存在显著差异（$P<0.05$）。根施浓度为 10～150mg/L 的外源 SA 时，随着外源 SA 浓度的增加，相对电导率先下降后上升，各处理较 0 处理分别下降了 24.74%、49.73%、40.99%、33.92%、30.11%，25mg/L 外源 SA 浓度处理下，相对电导率降至最低，与常温 CK 无显著差异；丙二醛含量在根施 10～150mg/L 的外源 SA 处理下，随着浓度的增加，丙二醛含量上升，10～100mg/L 的外源 SA 处理具有缓解效应，各处理较 0 处理分别下降了 34.62%、34.49%、31.36%、12.87%，10～50mg/L 水杨酸具有最佳缓解低温胁迫的效果（图 5-25）。

2. 外源水杨酸对低温胁迫下烟草叶片抗氧化酶活性的影响

（1）SOD、POD、CAT 活性变化

如图 5-26 所示，低温胁迫处理后，0 外源 SA 处理下，保护性酶 SOD、POD 和 CAT 活性均较 CK 分别下降了 10.54%、30.15%、20.58%，与各自 CK 均存在显著差异（$P<0.05$）。低温胁迫下根施外源 SA 浓度为 10～150mg/L 时，SOD 活性均显著高于 0 处理（$P<0.05$），分别上升了 12.85%、19.00%、30.11%、16.20%、17.13%，整体呈先上升后下降的趋势，

---

① 部分引自侯爽等，2020

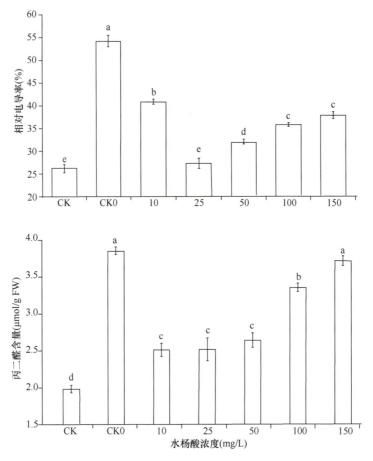

图5-25 不同浓度外源水杨酸对低温胁迫下烟草幼苗相对电导率和MDA含量的影响

不同小写字母表示差异显著（$P<0.05$），下同

在外源SA浓度为50mg/L处理下SOD活性达到最大值；随着外源SA浓度的增加，POD活性呈先上升后下降的趋势，较0mg/L处理分别上升了40.38%、56.05%、44.49%、43.37%、27.10%，与0mg/L处理均存在显著差异（$P<0.05$），在25mg/L浓度下达到最大值；4℃低温胁迫下，CAT活性在10mg/L浓度的外源SA处理下达到最大值，随着外源SA浓度的增加，CAT活性呈下降的趋势，10～150mg/L各处理较0处理CAT活性分别上升了104.53%、79.17%、69.36%、37.56%、31.92%。

（2）抗坏血酸过氧化物酶（APX）和谷胱甘肽还原酶（GR）活性变化

图5-26表明，根施10～150mg/L外源SA均显著提高了4℃低温胁迫下烟草幼苗叶片的APX酶活性，在浓度10～50mg/L时，随着外源SA浓度的增加APX酶活性上升，超过50mg/L，随着SA浓度增加，APX酶活性下降；4℃低温胁迫下GR活性大幅度下降，较CK相比下降了66.64%，且存在显著差异（$P<0.05$）。低温胁迫下，随着根施外源SA浓度的增加，GR活性呈先上升后下降的趋势，25～150mg/L外源SA处理下，GR活性均显著高于低温胁迫下0mg/L外源SA处理，分别提升了33.19%、62.21%、195.11%、105.51%，100mg/L外源SA处理GR活性达到最大值，缓解效应最佳。

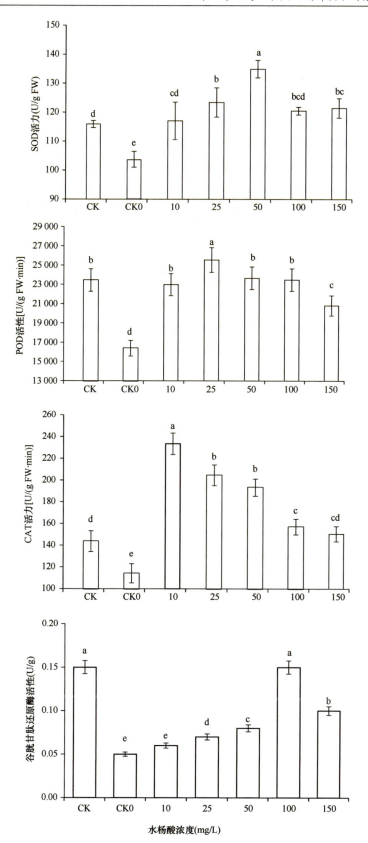

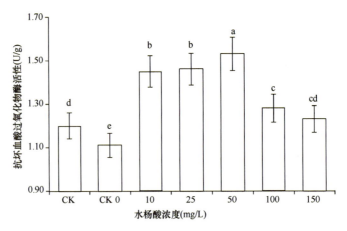

图 5-26　不同浓度水杨酸对低温胁迫下烟草幼苗 5 种抗氧化酶活性的影响

3. 外源水杨酸对低温胁迫下烟草叶片渗透调节物质的影响

如图 5-27 所示，在 4℃低温胁迫下，烟草幼苗渗透调节物质含量较常温 CK 均呈显著上升的趋势，低温胁迫下烟草幼苗具有一定的抵抗力，随着根施外源水杨酸浓度的增加，可溶性糖、可溶性蛋白和脯氨酸含量均呈先上升后下降的趋势。可溶性糖含量在根

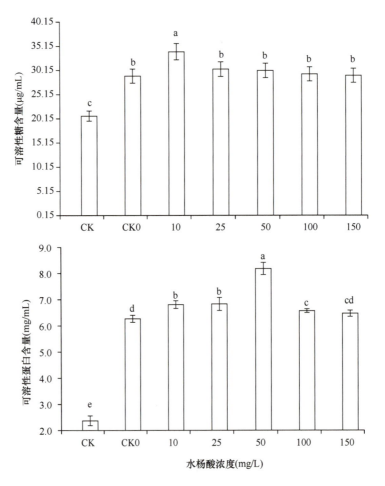

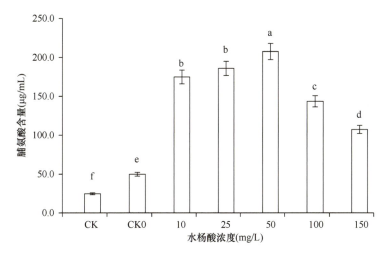

图 5-27　不同浓度水杨酸对低温胁迫下烟草幼苗渗透调节物质含量的影响

施外源 SA 浓度为 10mg/L 时达到最大值，较 0mg/L 提高了 17.46%，且存在显著差异（$P<0.05$）；根施浓度为 10～150mg/L 的外源 SA，可溶性蛋白含量较 0mg/L 处理下分别上升了 8.60%、8.78%、30.35%、4.67%、3.14%，在 50mg/L 处理下，可溶性蛋白含量达到最大值，且与 0mg/L 处理存在显著差异（$P<0.05$）；脯氨酸含量在外源 SA 各浓度处理下均显著高于 0mg/L 处理（$P<0.05$），10～150mg/L 的外源 SA 处理下，脯氨酸含量较 0mg/L 处理分别上升了 250.73%、272.88%、316.44%、187.98%、115.35%，50mg/L 处理下脯氨酸含量达到最大值。

4. 外源水杨酸对低温胁迫下烟草幼苗叶片非酶抗氧化剂含量的影响

抗坏血酸（AsA）、谷胱甘肽（GSH）及多酚均是植物体内重要的非酶抗氧化剂。4℃低温胁迫持续 4d 后 0mg/L 外源 SA 处理，AsA 和 GSH 含量较 CK 显著降低，分别下降了 4.25%、20.63%。随着外源 SA 的施用，在适宜浓度下 AsA 和 GSH 含量均得到有效提升。10～100mg/L 外源 SA 处理下 AsA 含量均显著高于低温 0mg/L 外源 SA 处理（$P<0.05$），较 0mg/L 外源 SA 处理 AsA 含量分别上升了 13.60%、21.90%、31.21%、4.72%，在 50mg/L 外源 SA 处理下，AsA 含量达到最高值；10～150mg/L 外源 SA 处理下 GSH 含量均显著高于低温胁迫 0mg/L 处理（$P<0.05$），相比分别提升了 45.21%、51.38%、42.98%、25.44%、17.04%，随着根施外源 SA 浓度的增加，GSH 含量呈先上升后下降的趋势，在 25mg/L 外源 SA 处理下 GSH 含量达到最大值，具有最大缓解效应（图 5-28）。

5. 隶属函数综合分析

通过对试验检测的各项指标进行隶属函数值计算，以得到 4℃低温胁迫下 0～150mg/L 外源 SA 处理对低温胁迫的缓解效应，结果如表 5-25 所示，缓解效应由大到小：50mg/L>25mg/L>10mg/L>100mg/L>150mg/L>0mg/L。因此，50mg/L 的外源 SA 处理对 4℃低温胁迫下的 K326 具有最大缓解效应。

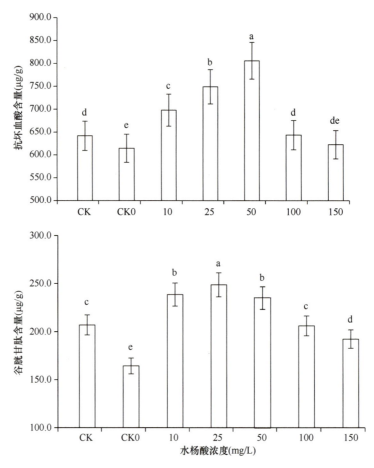

图 5-28　不同浓度水杨酸对低温胁迫下烟草幼苗 AsA 和 GSH 含量的影响

表 5-25　低温胁迫下不同浓度外源 SA 处理的抗寒指标隶属函数值及综合评价[①]

处理（mg/L）	各指标的隶属函数值												总和
	SOD	POD	CAT	APX	GR	Pro	SP	SS	AsA	GSH	REC	MDA	
0	0	0	0	0	0	0	0	0	0	0	0	0	0
10	0.427	0.720	1.000	0.797	0.065	0.792	0.979	1.000	0.436	0.880	0.498	1.000	8.594
25	0.631	1.000	0.757	0.838	0.170	0.862	1.000	0.280	0.702	1.000	1.000	0.996	9.237
50	1.000	0.794	0.663	1.000	0.319	1.000	3.458	0.224	1.000	0.837	0.824	0.906	12.024
100	0.538	0.774	0.359	0.392	1.000	0.594	0.532	0.081	0.151	0.495	0.682	0.372	5.970
150	0.569	0.484	0.305	0.281	0.541	0.365	0.358	0.02	0.042	0.332	0.606	0.094	3.995

注：Pro 表示脯氨酸

6. 外源水杨酸对低温胁迫下烟草幼苗渗透调节和抗氧化活性影响的小结

　　本研究中，保护性酶（SOD、POD、CAT）在低温胁迫持续 4d 的 0mg/L 外源 SA 处理下，三种酶活性较 CK 均显著下降，不能有效保护细胞膜免遭受氧化与过氧化损伤。在试验设置的 5 个外源 SA 梯度下，三种酶活性均得到了有效的提高，SOD、CAT、POD 在各自最适浓度的外源 SA 作用下，活性最大值能较 0mg/L 外源 SA 处理提高 30.11%、

---

① 表 5-25 引自侯爽等，2020，表 5

104.53%、56.05%。适宜浓度的外源 SA 对于低温胁迫下的烟草幼苗，能增强植株保护性酶系统在低温逆境下清除活性氧自由基的能力，防止膜系统的氧化损伤和过氧化损伤，增强烟草幼苗的抗寒能力，有助于烟草幼苗顺利渡过低温逆境。

在本研究中，APX 和 GR 在持续 4d 的 4℃低温胁迫下酶活性显著下降，与保护性酶系统的变化趋势一致，此时 AsA-GSH 循环受阻碍，会导致清除 H_2O_2 等活性氧自由基的效率降低，叶绿体内过量的 H_2O_2 无法被有效清除将引起膜系统受损，光合效率降低，严重时甚至无法进行光合作用。经外源 SA 预处理的烟草幼苗在 4℃低温胁迫下，APX 和 GR 均能维持在较高水平，有利于保障 AsA-GSH 循环的正常运转，有利于维持 SOD、POD、CAT 功能发挥不足的叶绿体等细胞器的正常结构进而正常发挥功能。

烟草幼苗在 4℃低温胁迫处理下，上述三种渗透调节物质含量较常温 CK 均显著上升，说明植株对于低温具有一定的抵抗力，但是，在根施外源 SA 后，可溶性糖、可溶性蛋白和脯氨酸的含量进一步上升，其中 Pro 含量增加幅度尤为显著。细胞质中 Pro 含量的增加，不仅能够调节细胞的渗透势，而且能够很好地保护细胞质中的各种酶，可溶性糖、可溶性蛋白含量的增加可以维持细胞较低的渗透势，并且可溶性蛋白亲水力较强，可保证植物在低温逆境下的持水能力。

本研究中，4℃低温胁迫持续 4d 后，0mg/L 外源 SA 处理下 AsA 和 GSH 含量较常温 CK 均显著下降。低温逆境下，非酶抗氧化剂 AsA 和 GSH 含量的降低，致使植株在低温胁迫下的低温抗性从非酶抗氧化剂处得到的支持减弱，植株对 ROS 的降解能力相对降低，对氧化酶表达的抑制能力下降，导致植株在低温胁迫下抗氧化能力减弱，抗寒性降低。根施适宜浓度的外源 SA 能有效提高 AsA 和 GSH 的含量，进而增强低温胁迫下烟草植株的抗氧化能力，提升植株对 ROS 的降解效率同时抑制氧化酶活性，这与黄志明等（2011）在枇杷中的研究结果一致。

本研究中，4℃低温胁迫下 0mg/L 外源 SA 处理下，相对电导率和 MDA 含量较常温 CK 均大幅度增加，胞内电解质大量外渗，膜系统破损严重，严重时导致光合磷酸化和氧化磷酸化解偶联，ATP 的生成过程受到破坏，代谢紊乱，植株无法正常生长，致使植株死亡。由于低温胁迫前对烟草幼苗进行适宜浓度的外源 SA 预处理，渗透调节物质可溶性糖、可溶性蛋白和 Pro 含量显著增加，在维持细胞渗透势的同时，降低冰点，增强细胞的持水能力，其中在外源 SA 作用下产生的大量 Pro 亦能延缓抗氧化酶的降解，抗氧化酶、非酶抗氧化剂含量和抗氧化酶活性也得到了提升，从而有效地降低了低温逆境下烟草幼苗的损伤程度，增强了植株的低温抗性，MDA 含量和相对电导率的上升趋势从而得到了有效的抑制。

隶属函数法能够从试验中所测的多个指标中，对植物的抗寒能力进行较为综合、全面的评价，通过隶属函数分析表明 50mg/L 的外源 SA 处理对 4℃低温胁迫下的 K326 具有最佳缓解效应，能有效抵御低温胁迫对植物的伤害，有利于植物顺利渡过低温逆境，减少生产上的损失。

（二）水杨酸对田间冷胁迫下采烤期烟叶素质与烘烤特性的影响[1]

试验于 2019 年在云南省大理白族自治州剑川县老君山镇建基村（E99°33', N26°31',

---

[1] 部分引自 He et al.，2020

海拔 2565m）进行，试验材料为烤烟品种红花大金元，采用漂浮育苗技术育苗，于 4 月 13 日进行膜下小苗移栽，行株距 120cm×60cm，6 月 10 日打顶，留叶 15～16 片，7 月 3 日开始采烤下部叶，9 月 7 日结束烘烤。供试土壤类型为壤土，pH=6.47，有机质含量 56.19g/kg，全氮含量 2.76g/kg，全磷含量 1.11g/kg，全钾含量 17.64g/kg，水溶性氮含量 210.8mg/kg，有效磷含量 91.3mg/kg，速效钾含量 285.5mg/kg。大田生育期的降水如下：4 月为 36mm；5 月为 6mm；6 月为 220mm；7 月为 569mm；8 月为 423mm。基肥为烟草专用复合肥（N：P_2O_5：K_2O=12：10：25），施用量为 150kg/hm²，施氮量为 18kg/hm²，配施腐熟农家肥 15 000kg/hm²；追肥方法为烟草专用复合肥 75kg/hm²，施氮量为 9kg/hm²，配施硫酸钾（51%）30kg/hm²，分别于移栽后 15d、30d 施用。

根据前期气象资料调查、当地烟农经验和 2019 年天气预报，8 月是当地气温变化最大、冷害频发的主要时期。因此，本试验于 2019 年 8 月 1 日开始实施。试验共设 3 个处理（n=3）：不施用水杨酸（CK）；0.05mol/L 水杨酸（SA-1）；0.1mol/L 水杨酸（SA-2）。采用随机区组设计，每个处理各设置长 12m、宽 8m 的试验小区。每隔 5d 喷施一次水杨酸，直至田间冷害发生，并进行田间取样和烤烟烘烤特性的分析。

根据当地中部叶常规采收时间进行烟叶采摘、编竿，确保烟叶成熟度均衡一致、同质同竿、疏密适中，在当地密集烤房中进行烘烤。烟叶烘烤工艺主要按照当地主推烘烤模式进行（图 5-29），每竿编烟 100～120 片，每层 150～170 竿，共 3 层。

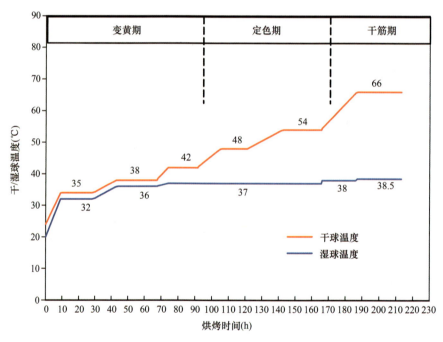

图 5-29　剑川县老君山镇烟区密集烤房烘烤主推工艺①

1. 不同浓度水杨酸对田间冷胁迫下鲜烟叶和切片组织结构的影响

由图5-30可知，不同水杨酸浓度处理的鲜烟叶外观对比中，各处理烟叶颜色、叶片

① 图 5-29 引自 He et al.，2020，Figure 1

大小无明显差异，但 CK 处理的烟叶表面存在明显肉眼可见黄灰色的灰渍区域，其余处理无此表观现象。

图 5-30　不同水杨酸浓度处理的鲜烟叶外观对比[①]

由图 5-31 和表 5-26 可知，各处理的鲜烟叶叶片厚度、栅栏组织厚度、海绵组织厚度存在显著性差异（$P<0.05$）。

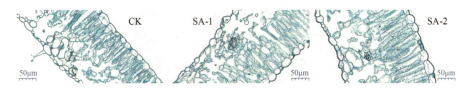

图 5-31　不同水杨酸浓度处理的鲜烟叶组织结构[②]

表 5-26　不同水杨酸浓度处理的鲜烟叶组织结构参数[③]

处理	上表皮厚度（μm）	栅栏组织厚度（μm）	海绵组织厚度（μm）	下表皮厚度（μm）	叶片厚度（μm）	栅栏组织厚度/海绵组织厚度
CK	12.54B	62.72B	80.29C	10.75B	166.31C	0.78A
SA-1	30.88A	174.26A	176.72A	22.16A	404.03A	0.99A
SA-2	32.32A	149.80A	141.46B	24.59A	348.17B	1.06A

叶片厚度、栅栏组织厚度和海绵组织厚度从高到低依次为：SA-1>SA-2>CK，SA-1 比 CK 分别高出 142.94%、177.83%、120.10%，SA-2 比 CK 分别高出 109.35%、138.84%、76.18%；上表皮、下表皮厚度值为 SA-2>SA-1>CK，SA-1 和 SA-2 分别比 CK 高出 146.25%、106.14%和 157.74%、128.74%，其中，SA-2、SA-1 上下表皮厚度无差异；各处理烟叶的栅栏组织厚度/海绵组织厚度（组织比）为 SA-2>SA-1>CK。

①　图 5-30 引自 He et al.，2020，Figure 4
②　图 5-31 引自 He et al.，2020，Figure 5
③　表 5-26 引自 He et al.，2020，Table 1

2. 不同浓度水杨酸对田间冷胁迫下烟叶烘烤过程外观变化的影响

对不同浓度水杨酸处理的烟叶进行烘烤过程中的动态追踪，由图 5-32 可以发现，在变黄期转定色期的过程中（42～48℃）CK 处理烟叶开始明显挂灰。

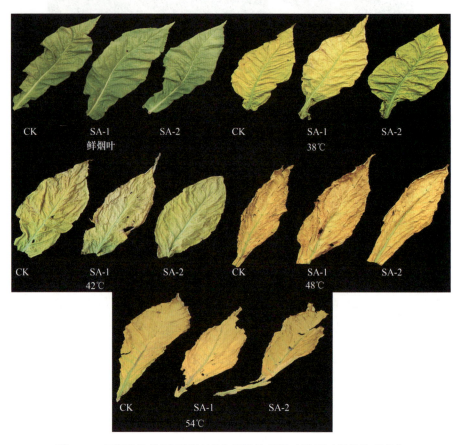

图 5-32 田间冷胁迫下不同浓度水杨酸处理烟叶烘烤过程的外观变化

3. 不同浓度水杨酸对冷胁迫下烟叶烘烤过程含水率和失水率的影响

由图 5-33 和图 5-34 可知，不同烘烤阶段下，各处理烟叶的失水率和含水率均存在显著性差异（$P<0.05$）；相同烘烤阶段下，各处理烟叶的失水率和含水率均无显著性差异。

含水率指标下，SA-1 与 CK 和 SA-2 处理在 25～48℃存在显著性差异。在烘烤阶段 25～48℃时，SA-1 相比 CK 和 SA-2 处理分别增高了 10.28%～39.27% 和 1.45%～14.80%，SA-2 相比 CK 处理增高了 2.56%～25.64%。SA-1 和 SA-2 处理在 42～54℃变幅均较大；SA-1 和 SA-2 处理中，54℃相比 42℃时，含水率分别下降了 61.83% 和 70.44%；

失水率指标下，CK 与 SA-1 和 SA-2 处理在 38～54℃存在显著性差异。CK、SA-1 和 SA-2 处理中 54℃相比 38℃时的失水率分别升高了 81.48%、204.12% 和 147.03%。在烘烤阶段 38～54℃时，CK 相比 SA-1 和 SA-2 处理分别增高了 10.65%～85.42% 和 11.66%～34.74%，SA-2 相比 SA-1 处理增高了 5.65%～38.94%。

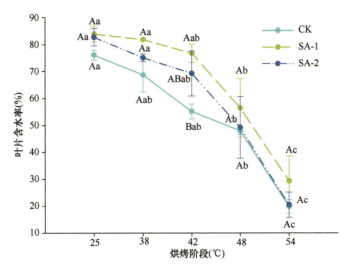

图 5-33 不同水杨酸浓度处理下各烘烤时间的含水率[1]
大写字母表示相同阶段不同处理间的显著差异；小写字母表示不同阶段相同处理间的显著差异。下同

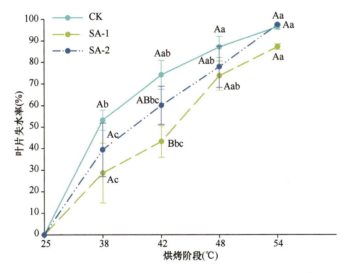

图 5-34 不同水杨酸浓度处理下各烘烤时间的失水率[2]

4. 不同浓度水杨酸对田间冷胁迫下烟叶烘烤过程 SPAD 和质体色素的影响

由表 5-27 可知，三个浓度水杨酸处理烤烟烟叶 SPAD、叶绿素 a 和叶绿素 b 含量存在显著性差异（$P<0.05$）。

在烘烤过程中，各处理的 SPAD、叶绿素 a 和叶绿素 b 含量均呈现下降趋势，于 38℃ 时降解最快。

SPAD 指标下，CK 处理在鲜烟叶期含量最低。叶绿素 a 和叶绿素 b 含量指标下，在烘烤阶段为鲜烟叶至 42℃ 时，SA-1 分别比 CK 处理高出 15.62%～579.40% 和 24.15%～440.13%，在烘烤阶段为 42℃ 至初烤烟叶时，CK 分别比 SA-1 处理高出 31.50%～251.68%

和 3.01%～149.47%。

表 5-27　不同浓度水杨酸处理下各烘烤阶段 SPAD 和质体色素变化[1]

处理	取样温度（℃）	持续烘烤时间（h）	SPAD	叶绿素 a 含量（μg/g）	叶绿素 b 含量（μg/g）	叶黄素含量（μg/g）	β-胡萝卜素含量（μg/g）
CK	鲜烟叶	—	35.63Aa	154.04Ba	78.27Ba	137.73Aa	2089.93Aa
	38	23.5	8.67Abc	24.90Ab	13.21Ab	129.38Aa	2046.98Ba
	42	16.5	5.83Ac	16.41Bb	10.54Ab	142.05Ba	2170.23Ba
	48	15.0	6.17Ac	9.81Ab	4.45Ab	127.61Aa	2351.72Aa
	54	22.5	12.93Ab	11.50Ab	7.06Ab	128.42Aa	2173.94Aa
	初烤烟叶	—	—	11.32Ab	7.77Ab	136.5Aa	2350.62Ba
SA-1	鲜烟叶	—	40.83Aa	238.05Aa	142.10Aa	170.07Ab	2116.48Ac
	38	23.5	6.63Ab	28.79Abc	16.40Ab	186.32Ab	2357.03ABbc
	42	16.5	5.53Ab	111.49Ab	56.93Ab	291.50Aa	4048.59Aa
	48	15.0	5.87Ab	7.46Ac	4.32Ab	146.93Ab	2648.99Abc
	54	22.5	4.53Bb	3.27Ac	2.83Ab	197.09Ab	3077.14Aabc
	初烤烟叶	—	—	12.08Ac	7.45Ab	199.85Ab	3386.15ABab
SA-2	鲜烟叶	—	40.17Aa	232.35ABa	161.56Aa	196.78Aa	2544.12Aab
	38	23.5	10.93Ab	57.55Ab	22.84Ab	197.26Aa	3265.91Aab
	42	16.5	5.87Ab	12.28Bb	6.36Ab	142.36Ba	2664.09Bab
	48	15.0	10.77Ab	6.35Ab	2.88Ab	141.25Aa	2531.51Aab
	54	22.5	8.83ABb	4.85Ab	4.14Ab	149.45Aa	2193.89Ab
	初烤烟叶	—	—	8.80Ab	5.63Ab	209.69Aa	3559.81Aa

5. 不同浓度水杨酸对田间冷胁迫下烟叶烘烤过程常规化学成分和多酚类物质含量的影响

由表 5-28 和表 5-29 可知，不同浓度水杨酸处理的烟叶常规化学成分指标中淀粉含量、总糖含量、还原糖含量和糖碱比存在显著性差异，多酚类物质中绿原酸含量和芸香苷含量存在显著性差异。

随烘烤时间推进，各处理烟叶的淀粉含量逐渐下降，于鲜烟叶至 38℃时下降最快；总糖含量、还原糖含量和糖碱比呈现先迅速增加后缓慢降低的趋势，于鲜烟叶至 38℃阶段迅速升高。

不同烘烤阶段下，碳代谢产物指标的变化趋势为 CK>SA-1>SA-2。CK 的总糖含量比 SA-1 和 SA-2 分别高出 5.96%～75.66% 和 4.95%～43.96%，CK 的还原糖含量比 SA-1 和 SA-2 分别高出 2.96%～100.39% 和 10.30%～88.02%，CK 比 SA-1 和 SA-2 的淀粉含量分别高出 2.90%～336.31% 和 15.08%～115.75%。不同烘烤阶段下，氮代谢产物指标的变化趋势总体上为：SA-2>SA-1>CK。SA-2 的总氮含量比 CK 和 SA-1 分别高出 12.00%～48.85% 和 3.21%～33.51%，烟碱含量分别高出 17.26%～95.11% 和 2.58%～59.64%，蛋白质含量分别高出 9.98%～35.51% 和 3.41%～28.99%。

鲜烟叶至 38℃阶段，各处理的绿原酸和芸香苷含量迅速升高，随后逐渐稳定。绿原

[1] 表 5-27 引自 He et al.，2020，Table 2

表 5-28 不同浓度水杨酸处理下各烘烤时间常规化学成分含量变化[①]

处理	取样温度（℃）	烘烤时间（h）	总糖含量（%）	还原糖含量（%）	总氮含量（%）	烟碱含量（%）	氧化钾含量（%）	水溶性氯含量（%）	淀粉含量（%）	蛋白质含量（%）	糖碱比（%）	氮碱比（%）
CK	鲜烟叶	—	6.32Ab	4.55Ab	1.69Aa	2.26ABb	1.58Aa	0.24Ab	41.36Aa	8.00ABa	3.01Ac	0.77Aa
	38	23.5	37.04Aa	24.53Aa	1.74Ba	1.84Bb	1.68Aa	0.49Aab	8.86Abc	5.83Bb	22.48Aa	1.16Aa
	42	16.5	36.45Aa	25.85Aa	1.69Ba	2.14Bb	1.42Ca	0.29Bb	9.58Ab	6.17Ab	18.44Aab	0.83Aa
	48	15.0	34.06Aa	22.60Aa	2.04Aa	3.23Aa	1.77Aa	0.41Aab	5.19Ac	6.49Ab	10.58Abc	0.64Aa
	54	22.5	34.77Aa	20.99Aa	1.75Aa	2.20Ab	1.92Aa	0.62Aa	7.81Abc	6.11Ab	15.95Aab	0.80Aa
	初烤烟叶	—	33.61Aa	23.52Aa	1.94ABa	2.59Aab	1.70Ba	0.46Aab	7.95Abc	6.44Bb	13.04Aab	0.76Aa
SA-1	鲜烟叶	—	7.62Ac	4.98Ac	1.62Ab	1.66Bb	1.45Ac	0.31Ab	41.91Aa	6.90Ba	4.89Aa	0.98Aa
	38	23.5	32.07ABa	19.75ABa	1.94Bab	2.85Aa	1.80Abc	0.56Aab	8.61ABb	6.13Ba	11.37Ba	0.68Ba
	42	16.5	20.75Bb	12.90Bb	2.20Aa	3.10Aa	3.06Aa	0.87Aa	3.07Bcd	7.04Aa	7.08Ba	0.71Ba
	48	15.0	35.25Aa	21.95Aa	1.87Aab	3.00Aa	1.58Abc	0.55Aab	4.02Acd	5.88Aa	11.85Aa	0.63Ba
	54	22.5	32.62Aa	18.41Aab	2.01Aab	2.84Aa	2.16Ab	0.52Aab	1.79Bd	5.79Aa	12.05Aa	0.72Ba
	初烤烟叶	—	31.72ABa	22.01ABa	1.92Bab	2.40Aab	2.12ABb	0.59Aab	6.97Abc	6.64Ba	13.21Aa	0.8Aa
SA-2	鲜烟叶	—	4.39Ac	2.42Ab	1.98Aab	2.65Ab	1.43Ab	0.36Aa	35.94Ba	8.90Aa	1.64Ab	0.75Aa
	38	23.5	28.03Bab	16.79Ba	2.59Aa	3.59Aa	1.95Aab	0.68Aa	4.32Bb	7.90Aabc	7.92Bab	0.72Ba
	42	16.5	27.63Bab	19.48Aa	2.31Aab	3.18Aab	2.07Bab	0.54ABa	5.03Bb	7.28Aabc	8.83Bab	0.73Ba
	48	15.0	34.19Aa	20.49Aa	1.93Ab	2.96Aab	1.81Aab	0.53Aa	3.68Ab	6.11Ac	11.71Aa	0.65Ba
	54	22.5	33.13Aa	21.35Aa	1.96Aab	3.08Aab	1.91Aab	0.48Aab	3.62Bb	6.72Aa	12.91Aa	0.67Ba
	初烤烟叶	—	25.35Bb	16.82Ba	2.35Aab	3.08Aab	2.34Aa	0.68Aa	4.41Ab	8.28Aab	8.28Aab	0.76Aa

表 5-29 不同浓度水杨酸处理下各烘烤时间多酚类物质含量变化[②]

处理	取样温度（℃）	烘烤时间（h）	新绿原酸含量（mg/g）	绿原酸含量（mg/g）	咖啡酸含量（mg/g）	莨菪亭含量（mg/g）	芸香苷含量（mg/g）	山奈酚苷含量（mg/g）
CK	鲜烟叶	—	0.82Ad	8.78Ab	0.13ABc	0.23Aa	7.39Ab	0.08Bb
	38	23.5	1.85Ac	16.59Ba	0.17Abc	0.08Ab	11.35Ba	0.17Aa
	42	16.5	2.08Bbc	13.68Aab	0.18Abc	0.07Ab	12.16Ba	0.08ABb
	48	15.0	2.95Aa	18.43Aa	0.28Aa	0.11Ab	12.88Aa	0.09Ab
	54	22.5	2.54Aabc	17.61Aa	0.28Aa	0.06ABb	12.71Aa	0.08Ab
	初烤烟叶	—	2.69Aab	18.22Aa	0.25Aab	0.10Ab	12.25Aa	0.06Ab
SA-1	鲜烟叶	—	1.02Ab	10.05Ac	0.18Ac	0.15Ba	7.64Ac	0.13Ab
	38	23.5	2.46Aa	18.46ABab	0.17Ac	0.09Aab	13.17ABab	0.19Aa
	42	16.5	2.99Aa	10.91Ac	0.17Ac	0.09Aab	10.32Bbc	0.12Abc
	48	15.0	2.88Aa	21.72Aa	0.28Aa	0.12Aab	14.16Aa	0.08Ac
	54	22.5	3.01Aa	13.7Abc	0.19Bbc	0.12Aab	10.12Abc	0.10Abc
	初烤烟叶	—	2.83Aa	17.25Aab	0.27Aab	0.06Ab	11.97Aab	0.08Ac
SA-2	鲜烟叶	—	0.68Ac	5.53Ac	0.08Bb	0.18ABa	6.82Ab	0.09ABb
	38	23.5	2.28Ab	22.06Aa	0.22Aa	0.12Aabc	15.42Aa	0.19Aa
	42	16.5	2.95Aab	15.74Ab	0.20Aa	0.14Aab	16.34Aa	0.07Bb
	48	15.0	2.93Aab	19.38Aab	0.23Aa	0.09Abc	15.29Aa	0.08Ab
	54	22.5	3.00Aab	17.24Aab	0.27ABa	0.04Bc	13.30Aa	0.06Ab
	初烤烟叶	—	3.11Aa	17.97Aab	0.22Aa	0.10Abc	13.68Aa	0.08Ab

---

① 表 5-28 引自 He et al.，2020，Table 3
② 表 5-29 引自 He et al.，2020，Table 4

酸指标下，CK、SA-1 和 SA-2 处理的 38℃比鲜烟叶阶段分别升高了 88.95%、83.68%和 298.92%；芸香苷指标下，CK、SA-1 和 SA-2 处理的 38℃比鲜烟叶阶段分别升高了 53.59%、72.38%和 126.10%。

6. 不同浓度水杨酸对田间冷胁迫下烟叶烘烤过程抗氧化酶系统和多酚氧化酶活性的影响

由图 5-35 可知，SOD 活性指标呈现 SA-2>SA-1>CK 的规律，CAT 指标呈现 CK>SA-1>SA-2 的规律，除 CAT 指标下的 SA-2 处理外，三种酶均呈现先增高后

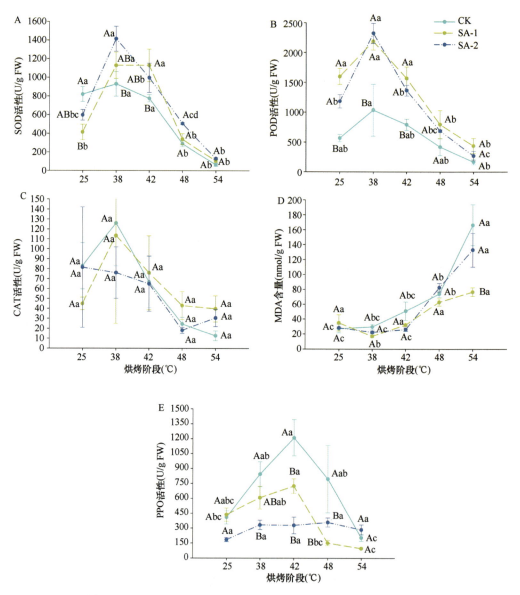

图 5-35 不同浓度水杨酸处理下的抗氧化酶系统和多酚氧化酶活性[1]

---

[1] 图 5-35 引自 He et al.，2020，Figure 8

降低的变化趋势，25～42℃烘烤阶段下三种酶活性最高，随后急剧下降。不同处理的 MDA 含量随着烘烤的进行，均呈现增高的趋势，呈现 CK>SA-1>SA-2 的规律，CK 处理于 25℃后增长速率和含量高于 SA-1 和 SA-2；SA-2 处理于 42℃后增长速率和含量高于 SA-1。各处理的 PPO 活性表现为 CK>SA-1>SA-2，CK 和 SA-1 的 PPO 活性均呈现先增高后急剧降低的趋势，于 42℃到达峰值；SA-1 在 38～48℃阶段下的 PPO 活性高于 25℃和 54℃。

7. 不同浓度水杨酸对田间冷胁迫下初烤烟叶经济性状和感官评吸质量的影响

由图 5-36 可知，CK 与 SA-1 和 SA-2 处理的初烤烟叶外观存在明显差异，SA-1 和 SA-2 处理烟叶色泽鲜亮，无明显杂色和挂灰；CK 处理烟叶色泽灰暗，叶面开张较小，表面存在明显肉眼可见的杂色和挂灰。

图 5-36　不同浓度水杨酸处理的初烤烟叶外观对比[①]

由表 5-30 和表 5-31 可知，CK 与 SA-1 和 SA-2 处理的初烤烟叶产量、产值、中上等烟比例、均价和感官评吸质量均存在显著性差异，CK 处理的最差。产量、产值、中上等烟比例和均价指标中，SA-1 比 CK 处理分别高出 20.87%、62.82%、50.94%和 34.70%，SA-2 比 CK 处理分别高出 24.50%、51.25%、23.79%和 21.49%。感官评吸质量方面，SA-2 处理总分高于 SA-1 处理 4.17%，显著高于 CK 处理 21.53%；SA-1 处理高于 CK 处理 16.67%。

8. 不同浓度水杨酸对田间冷胁迫下采烤期烟叶素质与烘烤特性影响的小结

（1）不同浓度水杨酸对田间冷胁迫下采烤期烤烟鲜烟叶素质和烘烤特性的影响

喷施适宜浓度的水杨酸能够有效预防并缓解田间冷害对采烤期烤烟烟叶组织结构、

---

① 图 5-36 引自 He et al.，2020，Figure 9

表 5-30　不同浓度水杨酸处理初烤烟叶的经济性状①

处理	产量（kg/hm²）	产值（元/hm²）	中上等烟比例（%）	均价（元/kg）
CK	1 979.1B	40 888.206C	57.34B	20.66B
SA-1	2 392.2A	66 574.926A	86.55A	27.83A
SA-2	2 463.9A	61 843.890B	70.98A	25.10AB

表 5-31　不同浓度水杨酸处理初烤烟叶的感官评吸质量②

处理	香韵（10）	香气质（15）	香气量（15）	浓度（10）	杂气（10）	刺激性（15）	劲头（5）	干净度（10）	津润感（5）	吃味（5）	总分
CK	6	12	11.5	6.5	6.5	13.5	3.5	6	3	3.5	72B
SA-1	8.5	14	13	8	6.5	13	4	8.5	4.5	4	84A
SA-2	8.5	13.5	13.5	8.5	7.5	14.5	4.5	8.5	4	4.5	87.5A

光合系统和烘烤过程失水变黄的胁迫性影响。与对照相比，喷施水杨酸显著增加了栅栏组织、上表皮和下表皮厚度。这可能与叶片分泌能力有关，水杨酸被证明可以缓解和调节冷胁迫的变化。适宜浓度的水杨酸可以提高烤烟叶片 SOD、POD 等抗氧化酶活性，以维持膜系统的稳定性，减少叶片组织细胞的损失，缓解冷害对叶片组织结构的损伤，进而提高烤烟的抗寒性。喷施低浓度水杨酸的烟叶质体色素含量显著高于喷施高浓度和不喷施水杨酸处理的烟叶，说明喷施低浓度水杨酸的烟叶可以更有效地保证烟株旺盛的光合作用。并且，本研究表明喷施高浓度水杨酸的烟叶素质不如喷施低浓度水杨酸的烟叶，现有研究也表明随着水杨酸浓度的增大，膜透性急速增加，过高浓度的水杨酸反而加剧了低温对植株的伤害。

在烘烤过程中，烟叶失水与变黄是否协调是决定烟叶品质的重要环节，本研究结果表明烘烤过程中烟叶的失水率呈现"慢—快—慢"的规律，以 42~48℃失水最快，单位时间内各处理烟叶的失水率速率为 CK>SA-2>SA-1；质体色素降解速率为 CK>SA-2>SA-1，说明未喷施水杨酸处理的烟叶在烘烤过程中失水和变黄速率过快，提供给变黄、定色期内含物质转化和烟叶品质形成的时间远远不足。外源水杨酸可以诱导增加植物叶片角质层的蜡质总量和组分含量，防止低温对植物内部结构的破坏，有效地减少由角质层蒸腾和气孔所导致的水分流失，从而降低烟叶失水速率。而未喷施水杨酸时，烟叶组织细胞由于质膜受损和过快失水产生破裂，极易发生酶促棕色化反应，大面积引发挂灰现象，降低烟叶品质。因此，喷施水杨酸能有效地保证烘烤过程中烟叶变黄和失水同步进行，促进烟叶中内含物质的有序转化，极大地缓解了冷胁迫带来的烘烤困难，且水杨酸浓度较低时效果更佳。

（2）不同浓度水杨酸对田间冷胁迫下采烤期烤烟生理生化特性的影响

喷施适宜浓度的水杨酸可以提高田间冷胁迫下采烤期烤烟抗氧化酶系统的活性，降低 MDA 的积累。本研究结果表明低浓度水杨酸（SA-1）处理能较好地保证烟叶细胞的完整性，维持烘烤过程中失水和变黄的有序进行，减少变黄、定色期因细胞破损和失水过快而引发的挂灰与内含物转化酶失活。当烤烟接收到低温信号时，烟叶内部的超氧化

---

① 表 5-30 引自 He et al.，2020，Table 5
② 表 5-31 引自 He et al.，2020，Table 6

物歧化酶（SOD）活性迅速升高，协同过氧化氢酶（CAT）和过氧化物酶（POD）分解植物体内因冷胁迫刺激而产生的 O_2 和 H_2O_2。而随着冷害的加剧，抗氧化酶活性受到抑制，无法完成分解功能，直至细胞内积累的氧化物毒害细胞膜，对植物造成损害。MDA含量可以反映植物体内的氧化程度，不仅是植株受胁迫程度的指标之一，同时也可作为植株耐逆能力的参考指标。研究表明，当水杨酸处理低温下的烤烟幼苗时，烤烟幼苗能够通过增加 POD、SOD 的活性显著提高其活性氧清除能力，保护细胞膜的完整性和稳定生理生化反应，这与本研究结果一致（Zhu et al., 2013）。

冷胁迫可以促使烟叶多酚类物质快速积累，破坏细胞膜完整性，导致液泡中的多酚氧化酶（PPO）与多酚结合发生酶促棕色化反应。喷施水杨酸可以有效地缓解多酚类物质的积累，降低 PPO 活性，保护细胞膜完整性。本研究结果表明，各处理鲜烟叶 PPO活性为 CK>SA-2>SA-1，烘烤过程呈现先升高后降低的变化趋势，于 42℃出现峰值，各阶段活性与鲜烟叶保持一致。低浓度水杨酸处理能够缓解田间冷胁迫，保证了烟叶烘烤过程中酶促棕色化反应的有序进行，减少挂灰烟形成。

（3）不同浓度水杨酸对田间冷胁迫下采烤期烤烟产质量的影响

喷施适宜浓度的水杨酸可以有效减少因冷胁迫所致的烤烟碳氮代谢和致香物质积累被抑制的现象。随着水杨酸喷施浓度的升高，碳代谢能力减弱而氮代谢能力加强。现有研究表明，盐胁迫下小麦幼苗叶片在水杨酸处理后可溶性糖含量会增高，同时各种酶活力和渗透调节能力会提高，这与本研究结果有不同之处，可能是因为水杨酸可以诱导参与碳水化合物分解代谢的蛋白质的产生。另有研究表明对于较高浓度水杨酸而言，较低浓度水杨酸能增加植物碳代谢产物含量和抗逆性，这与本研究结果有相似之处。

本研究中低浓度水杨酸处理的初烤烟叶经济性状和感官评吸质量高于不喷施与喷施高浓度水杨酸处理的烟叶，喷施低浓度水杨酸可以有效降低经济损失。低温可以促进植物积累多酚类物质，抑制氧自由基产生，保护光系统和细胞膜完整性，所以冷胁迫会促使多酚类物质积累。而未喷施水杨酸处理的烟叶，由于细胞膜的破坏和强烈的膜脂过氧化作用，在高温高湿烘烤过程中 PPO 活性较强，在细胞膜破裂后极易与大量积累的多酚类物质发生酶促棕色化反应，形成大面积挂灰，降低了烟叶品质。因此在田间冷害频发的云南高海拔植烟区，通过提前关注天气预报和长期积累的大田气候变化经验，在田间冷胁迫前进行低浓度水杨酸喷施，可以有效地预防冷胁迫，保证较高的烟叶品质。

（4）结论

喷施低浓度水杨酸能够有效预防并缓解田间冷害对采烤期烤烟鲜烟叶素质和烘烤特性的胁迫影响。田间冷胁迫下烤烟鲜烟叶素质、烘烤特性、生理生化特性和初烤烟叶产质量均呈现 SA-1>SA-2>CK。在田间冷害频发的高海拔植烟区，提前关注天气预报和喷施低浓度水杨酸有利于提高烤烟鲜烟叶素质、烘烤特性、抗氧化系统酶活性，保证初烤烟叶产量和品质。

（三）水杨酸施用缓解灰色烟的烤烟管理及烘烤方法[①]

1. 水杨酸施用缓解灰色烟的烤烟管理及烘烤方法具体操作

1）烟叶灰色度等级鉴定及一次喷施：对发生灰色烟的烟株进行等级鉴定，将灰色烤烟病害程度分为如下 6 级。

0 级：整叶无病。

1 级：主脉或支脉零星分布灰黑色斑点，灰黑色斑点面积不超过叶面积的 5%。

2 级：灰黑色斑点面积占叶面积的 5%～15%。

3 级：灰黑色斑点面积占叶面积的 15%～30%。

4 级：灰黑色斑点面积占叶面积的 30%～45%。

5 级：灰黑色斑点面积占叶面积的 45% 以上。

6 级：灰黑色斑点面积占叶面积的 45% 以上，且叶柄出现灰黑色斑点并蔓延至茎秆。

对发生灰色烟的烟株进行等级鉴定时：

当灰色度等级为 2～3 级时，水杨酸溶液的喷施浓度为 3～6mmol/L。

当灰色度等级为 4 级时，水杨酸溶液的喷施浓度为 8～12mmol/L。

当灰色度等级为 5～6 级时，水杨酸溶液的喷施浓度为 12～15mmol/L。

2）烟叶灰色烟等级再次鉴定及二次喷施：对经过一次喷施后 10～20d 的烟株再次进行灰色度等级鉴定，当灰色度等级均不超过 2 级时，则无需二次喷施。

当灰色度等级为 2～3 级时，水杨酸溶液的喷施浓度为 2～5mmol/L。

当灰色度等级为 4～5 级时，水杨酸溶液的喷施浓度为 6～10mmol/L。

待灰色度等级均不超过 2 级即可。

本发明的第二目的（提供一种基于水杨酸施用缓解灰色烟的烤烟烘烤方法）是这样实现的，所述的烤烟品种为 K326，部位为中上部烟叶，烤房为气流下降式的密集烤房（若气流上升式，高低温层调换一下），所述的烘烤工艺主要为定色之前逐步稳温降湿，具体烘烤操作如下。

变黄阶段：在变黄初期设定干球温度为 35～38℃，湿球温度为 35～36℃，若烟叶水分太多，可以逐步降低湿球温度 1～2℃。当底台烟叶变黄 5～6 成，叶片主筋一半变软时，以 1℃/（1～2）h 的升温速度，烘烤时间为 36～44h，将干球温度由 35～38℃上升到 42～43℃，使湿球温度由 35～36℃上升到 36～37℃，待干球温度上升到 43℃起，将排湿风机调至高速，使烤房内烟叶间风速在高风速层应达到 0.3～0.4m/s，在中风速层应达到 0.25～0.35m/s，在低风速层应达到 0.2～0.3m/s，烘烤时间为 18～24h。

定色阶段：在定色初期稳定干球温度在 45℃，湿球温度在 36～37℃，使烟叶继续变黄到全炉黄，同时加快排湿，当二台烟叶变黄支脉变白到 5 成时，变黄支脉变白速度明显加快，烘烤时间为 20～24h，然后以 1℃/（1～2）h 的升温速度，将干球温度由 45℃上升到 46～48℃，使湿球温度保持不变，延长烘烤时间直至全烤房烟叶大卷筒，完成定色，烘烤时间为 18～20h。

干筋阶段：采用常规烟叶烘烤工艺干筋阶段中的干、湿球温度和排湿风机风速，烤

---

① 部分引自邹聪明等，2019

至全烤房烟叶的主脉干燥为止，该阶段烘烤时间为34～40h。

本发明的第二目的也可以这样实现，所述的烤烟品种为红花大金元，部位为中上部烟叶，烤房为气流下降式的密集烤房（若气流上升式，高低温层调换一下），所述的烘烤工艺主要为定色之前逐步稳温降湿，具体操作如下。

变黄阶段：在变黄初期设定干球温度为35～38℃，湿球温度为35～36.5℃，若烟叶水分太多，可以逐步降低湿球温度1～2℃。当底台烟叶变黄5～6成，叶片主筋一半变软时，以1℃/（1～2）h的升温速度，烘烤时间为46～54h，将干球温度由35～38℃上升到42～43℃，使湿球温度由35～36.5℃上升到36.5～37℃，待干球温度上升到43℃起，将排湿风机调至高速，使烤房内烟叶间风速在高风速层应达到0.3～0.4m/s，在中风速层应达到0.25～0.35m/s，在低风速层应达到0.2～0.3m/s，烘烤时间为28～34h。

定色阶段：在定色初期稳定干球温度在45℃，湿球温度在36～37℃，使烟叶继续变黄到全炉黄，同时加快排湿，当二台烟叶支脉变白到6～7成时，支脉变白速度明显加快，烘烤时间为25～30h，然后以1℃/2h的升温速度，将干球温度由45℃上升到46～48℃，使湿球温度保持不变，延长烘烤时间直至全烤房烟叶大卷筒，完成定色，烘烤时间为23～25h。

干筋阶段：采用常规烟叶烘烤工艺干筋阶段中的干、湿球温度和排湿风机风速，烤至全烤房烟叶的主脉干燥为止，该阶段烘烤时间为34～40h。

2. 不同浓度水杨酸对田间灰色烟的缓解效果

由表5-32可以发现，不同浓度水杨酸对田间灰色烟具有明显的缓解效果，当烟叶灰色等级为2～3时，1mmol/L水杨酸浓度缓解效果最好，当烟叶灰色等级为4时，2mmol/L水杨酸浓度缓解效果最好，当烟叶灰色等级为5～6时，3mmol/L水杨酸浓度缓解效果最好。

表5-32　不同浓度水杨酸对田间灰色烟的缓解效果

灰色等级	水杨酸浓度（mmol/L）				
	0	1	2	3	4
2	2	1.18	1.37	1.28	1.68
3	3	1.94	2.17	2.22	2.35
4	4	2.87	2.65	2.78	3.17
5	5	4.11	3.68	3.22	3.92
6	6	4.68	4.440	3.35	3.54

二、甜菜碱缓解冷胁迫和挂灰烟技术[①]

（一）甜菜碱对低温胁迫下烟草幼苗生理特性的影响

基于前期人工气候箱程序性降温试验和自然条件下田间冷胁迫试验，结合前人研究进展，开展了施用外源物质调控烤烟挂灰烟的试验，其中主要进行了外源甜菜碱、水杨

---

① 部分引自顾开元等，2021

酸缓解烤烟田间灰色烟与田间冷害烟的试验，结果表明其具有一定效果与应用价值。

甜菜碱（betaine）是水溶性的生物碱，广泛存在于植物、动物与微生物体内。甜菜碱在高等植物体内是一种非常重要的无毒性渗透调节物质，主要分布在细胞质和叶绿体中，可以稳定生物大分子的结构与功能，并会降低逆境条件下渗透失水对细胞膜、酶与蛋白质的结构和功能造成的伤害，从而提高植物对各种胁迫因子的抗性（张天鹏和杨兴洪，2017）。目前，有关甜菜碱对植物影响的研究主要集中在干旱、低温、高盐等抗逆性方面（王国霞等，2020），但是未见有关甜菜碱对田间灰色烟的防治、缓解的研究报道。目前，关于田间灰色烟的防治主要集中在高墒培土、撒施石灰、揭膜培土等田间栽培管理措施及培育抗病品种方面，不仅费时费力，而且缓解效果不显著。而甜菜碱作为一种渗透调节物质，不仅天然存在，而且价格低廉。在受害的植株叶片上喷施一定浓度的甜菜碱水溶液，能够被叶片快速吸收，快速缓解、抑制田间灰色烟病情的进一步蔓延。

供试材料为玉溪中烟种子有限责任公司提供的烤烟品种：K326 和红花大金元（红大）。挑选完整的烟草包衣种子播种于育苗盘中，育苗基质（河南艾农生物科技有限公司艾禾稼烟草漂浮育苗专用基质）提前用多菌灵和敌百虫杀菌灭虫，于温室中进行漂浮育苗，常规育苗法进行管理。幼苗长到 4 片真叶时挑选长势好、大小一致的幼苗移栽于装有育苗基质的塑料盆中（盆高 17cm、直径 15cm），移栽后的烟苗放置于温度为 25℃，白天光照 20 000lx，14h，夜间 10h，湿度为 75%的人工气候培养箱中，每隔 3d 于早上 9:00 根施一次 1/2 Hoagland（霍格兰氏）营养液 50mL，期间对烟草的位置进行随机交换，以保证各个烟草生长光照条件更加一致，待长出第 9 片叶时进行试验。选择长势一致的烟草苗若干分成 7 组，以正常生长不施加外源甜菜碱（GB）烟草幼苗为正向对照（CK），以 4℃低温胁迫下未施用外源 GB 溶液处理的烟草幼苗为负向对照（CK0），处理组烟苗 4℃低温胁迫 3d 后，于上午 9:00 分别根施 30mL 浓度梯度为 0.0125mol/L、0.05mol/L、0.1mol/L、0.15mol/L、0.2mol/L的外源 GB 溶液，第 6 天重复根施各浓度的外源 GB 溶液，于第 9 天上午 9:00～10:00 进行取样，液氮速冻，–80℃保存，再进行各项生理指标的测定，每个处理 3 个重复。

1. 外源甜菜碱对低温胁迫烤烟叶片质膜透性、丙二醛（MDA）含量和氧自由基（O_2^-）含量的影响

图 5-37A 表明，4℃低温胁迫使烟草叶片的细胞膜透性大幅度上升，其中抗寒性弱的品种 K326 上升了 68.67%，抗寒性强的品种红大上升了 45.10%；使用外源甜菜碱后细胞膜透性下降，与低温胁迫处理（CK0）呈显著差异（$P<0.05$）。根施 0.0125mol/L、0.05mol/L、0.1mol/L、0.15mol/L、0.2mol/L 的外源 GB 溶液与 CK 处理相比，红花大金元的相对电导率分别降低了 14.91%、23.07%、25.20%、27.79%、24.57%；K326 的相对电导率分别下降了 14.49%、16.08%、16.42%、20.14%、15.70%；对于两个品种来说，在根施 0.15mol/L 的外源 GB 溶液能最大缓解 4℃低温胁迫下细胞膜透性的升高。

图 5-37B 表明，4℃低温胁迫使烟草叶片的 MDA 含量上升，K326 和红花大金元幼苗 MDA 含量较各自常温对照分别上升了 52.58%和 17.25%，在使用外源甜菜碱后 MDA 含量下降。其中红花大金元的 MDA 含量在根施外源 GB 浓度达到 0.2mol/L 时相比低温胁迫处理 CK0 有了显著的缓解效果（$P<0.05$），较低温胁迫处理 CK0 下降了 9.12%；K326品种的 MDA 含量随着外源 GB 浓度的增加，分别下降了 20.28%、25.41%、22.86%、

27.15%、25.89%，外源 GB 浓度在 0.15mol/L 时，MDA 含量降至最低。

图 5-37C 表明，4℃低温胁迫导致两个烟草品种氧自由基（O_2^-）含量较各自常温对照均显著升高（$P<0.05$），红花大金元上升了 40.51%，K326 上升了 57.91%。在施用外源甜菜碱后氧自由基含量下降，红花大金元各个处理较 0 处理分别降低了 0.73%、6.50%、8.77%、12.35%、9.06%，在外源甜菜碱浓度为 0.15mol/L 时，O_2^- 含量降至最低；K326 的 O_2^- 含量相比 0 处理分别下降了 0.59%、9.54%、18.50%、5.06%、2.59%，在 0.1mol/L 外源 GB 处理下，O_2^- 含量降至最低。

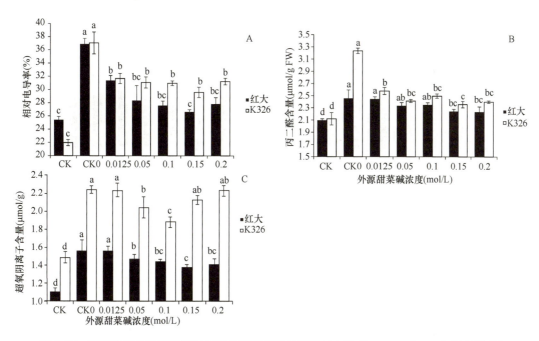

图 5-37　不同浓度外源甜菜碱对低温胁迫下烟草幼苗相对电导率、MDA 和 O_2^- 含量的影响[①]
不同小写字母表示差异显著，显著性比较仅限同一品种内比较（$P<0.05$），下同

2. 外源甜菜碱对低温胁迫烤烟叶片抗氧化酶活性的影响

图 5-38A 表明，4℃低温胁迫使红花大金元和 K326 品种 SOD 活性较各自常温对照均显著上升（$P<0.05$），分别上升了 27.59%、14.91%。随着根施外源甜菜碱浓度的增加，红花大金元在外源 GB 浓度达到 0.0125mol/L 时达到显著提升 SOD 活性的效果（$P<0.05$），较低温胁迫处理 CK0 提高了 22.46%；K326 品种的 SOD 活性，在 GB 浓度达到 0.15mol/L 时有显著提高（$P<0.05$），较 CK0 分别提高了 18.18%。

图 5-38B 表明，在 4℃低温胁迫下，红花大金元 POD 活性跟常温对照无显著差异。随着根施外源 GB 浓度的增加，POD 活性呈先上升后下降的趋势，在外源 GB 浓度在 0.0125～0.05mol/L 时较低温胁迫处理 CK0 能显著提高红花大金元 POD 活性，分别上升了 39.11%、21.42%，在 0.0125mol/L 外源 GB 处理下 POD 活性达到最高；K326 烟草品种在 4℃低温胁迫下 POD 活性较常温对照下降了 42.81%，随着根施外源 GB 浓度的增加，各处理 POD 活

---

① 图 5-37 引自顾开元等，2021，图 1

性较低温胁迫CK0分别上升了48.51%、98.42%、87.47%、73.78%、72.48%，在0.05mol/L外源GB处理下POD活性达到最高。

图 5-38C表明，4℃低温胁迫使得红花大金元与K326 的CAT活性相较于各自的常温对照分别提高了 46.38%、66.06%。随着根施外源GB浓度的增加，红花大金元在0.0125mol/L低浓度外源GB的处理下，CAT活性已经较低温胁迫处理CK0 显著地提高了46.54%（$P<0.05$），且缓解效果在 0.0125～0.2mol/L各处理下无显著差异；随着根施外源GB浓度的增加，K326 各处理的CAT活性分别较低温胁迫CK0 上升了 15.10%、25.78%、37.86%、33.40%、33.10%，在外源GB浓度为 0.1mol/L时CAT活性达到最大值。

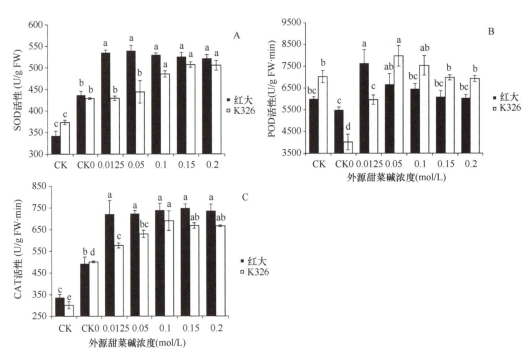

图 5-38　不同浓度外源甜菜碱对低温胁迫下烟草幼苗抗氧化酶活性的影响[①]

3. 外源甜菜碱对低温胁迫烤烟叶片渗透调节物质含量的影响

图 5-39A 表明，红花大金元和 K326 在 4℃低温处理下，其体内 SS 含量分别较各自常温对照处理显著提升了 278.5%和 310.3%。随着外源 GB 施用浓度的增加，红花大金元的 SS 含量在外源 GB 浓度达到 0.2mol/L 时，SS 含量相比低温胁迫 CK0 有了显著的提高（$P<0.05$），提高了 38.98%；K326 品种的 SS 含量在外源 GB 浓度在 0.1mol/L 时较低温胁迫 CK0 具有显著的缓解效应（$P<0.05$），较低温胁迫 CK0 提高了 39.67%。

图 5-39B 表明，4℃低温胁迫下，两个烟草品种 SP 含量与各自常温对照相比均出现上升，红花大金元上升了 276.86%，K326 上升了 333.36%。随着外源 GB 施用浓度的增加，相比低温胁迫处理 CK0，红花大金元各处理分别上升了 19.54%、17.34%、17.32%、20.35%、17.41%，在外源 GB 浓度为 0.15mol/L 时 SP 含量达到最大值；K326 各处理分别上升了 34.70%、36.23%、39.42%、33.14%、31.99%，在外源 GB 浓度为 0.1mol/L 时 SP 含量达到最大值。

---

① 图 5-38引自顾开元等，2021，图 2

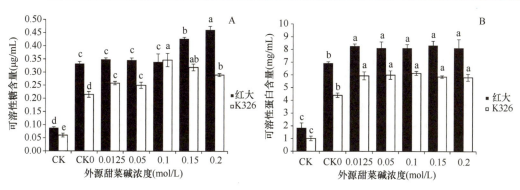

图 5-39　不同浓度外源甜菜碱对低温胁迫下烟草幼苗渗透调节物质含量的影响[①]

4. 外源甜菜碱对低温胁迫烤烟叶片多酚代谢的影响

如图5-40A 所示，4℃低温胁迫下，K326和红花大金元 PPO 活性分别较各自常温对照提高了1.49%、5.57%。随着根施外源 GB 浓度的增加，K326各处理较低温胁迫处理 CK0 PPO 活性分别上升了11.21%、20.59%、15.99%、12.87%、7.81%，在0.05mol/L 外源 GB 溶液处理下，PPO 达到最大活性水平；各处理下红花大金元 PPO 活性与低温胁迫处理 CK0下相比，分别上升了2.01%、5.86%、14.57%、8.12%、3.94%，在0.1mol/L 外源 GB 溶液处理下，PPO 活性最大。

如图 5-40B 所示，4℃低温胁迫下红花大金元和 K326 两个品种 PAL 活性与常温对照相比分别提升了 34.57%、47.77%。各外源 GB 溶液处理下，红花大金元的 PAL 活性

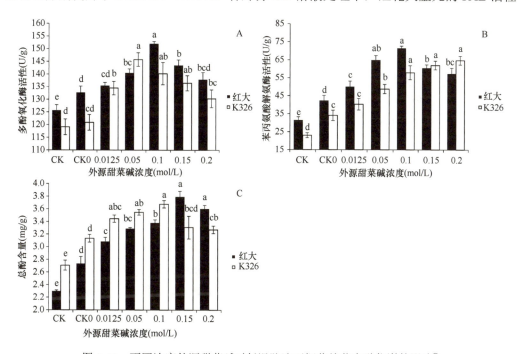

图 5-40　不同浓度外源甜菜碱对低温胁迫下烟草幼苗多酚代谢的影响[②]

---

① 图 5-39 引自顾开元等，2021，图 3
② 图 5-40 引自顾开元等，2021，图 4

与低温胁迫处理 CK0 下相比，分别提升了 18.10%、53.20%、68.68%、42.80%、35.27%，在 0.1mol/L 外源 GB 溶液处理下，PAL 活性达到最大值；各外源 GB 处理下，K326 的 PAL 活性与低温胁迫处理 CK0 相比分别上升了 18.29%、43.12%、69.93%、81.96%、89.92%，在 0.2mol/L 外源 GB 溶液处理下，K326 叶片 PAL 活性达到最大水平。

如图 5-40C 所示，4℃低温胁迫下红花大金元和 K326 两个烟草品种总酚含量均显著高于各自常温对照处理（$P<0.05$），较 CK 分别增加了 18.92% 和 15.71%。红花大金元各处理较 0mol/L 外源 GB 处理分别增加了 12.67%、20.20%、23.54%、38.71%、31.79%，在浓度达到 0.15mol/L 时，总酚含量达到最高，且与 0mol/L 处理存在显著差异（$P<0.05$）；K326 各处理较 0mol/L 处理分别增加了 10.01%、13.27%、17.32%、5.58%、4.41%，在浓度为 0.1mol/L 时，总酚含量达到最高，且与 0mol/L 处理存在显著差异（$P<0.05$）。

5. GB 缓解烟草苗期冷害响应的综合评价

基于外源甜菜碱在缓解烟草幼苗低温伤害的指标的最适浓度各不相同，因此选取测定的 9 个与抗寒性相关的生理指标，通过隶属函数对红大和 K326 进行外源甜菜碱对低温胁迫的缓解效应的综合性分析。分析结果（表 5-33）表明，外源甜菜碱对红花大金元低温胁迫的缓解效应的浓度由大到小的顺序为：0.150mol/L、0.200mol/L、0.100mol/L、0.0500mol/L、0.0125mol/L、0.000mol/L，对 K326 的低温缓解效应的浓度由大到小顺序为：0.100mol/L、0.150mol/L、0.200mol/L、0.0500mol/L、0.0125mol/L、0.000mol/L。因此，4℃低温胁迫下，红花大金元根施 0.150mol/L 浓度的外源甜菜碱具有最大缓解效应，K326 最大缓解效应浓度为 0.100mol/L。

表 5-33　抗寒指标隶属函数值及综合评价[①]

项目	品种											
	红花大金元						K326					
外源甜菜碱浓度（mol/L）	0.000	0.0125	0.050	0.100	0.150	0.200	0.000	0.0125	0.050	0.100	0.150	0.200
隶属函数均值	0.000	0.545	0.649	0.660	0.871	0.814	0.000	0.439	0.648	0.919	0.754	0.660
隶属函数排序	6	5	4	3	1	2	6	5	4	1	2	3

6. 外源甜菜碱缓解田间成熟期冷胁迫技术的小结

本研究中，红花大金元和 K326 两个烟草品种，在 CK0 处理下 MDA 含量、O_2^- 含量和相对电导率均显著高于本品种的 CK，其中以 K326 品种 MDA 含量、O_2^- 含量、相对电导率的增幅较红花大金元大，低温胁迫下 K326 的损伤更为严重，对低温胁迫更为敏感，这与陈绮翎等（2016）的研究结果一致。通过根施适宜浓度的外源 GB 溶液，能显著降低低温逆境下烟草植株体内 MDA 含量和 O_2^- 含量，因此有效地减轻了细胞膜脂过氧化，REC 的降低也充分证明了外源 GB 的施用在一定程度上维持了细胞膜的完整性，有利于细胞膜发挥功能，这与袁梦麒等（2016）的研究结论一致。

代勋等（2012）研究发现低温胁迫下，活性氧清除相关酶类活性的降低是造成植

---

① 表 5-33 引自顾开元等，2021，表 1

冷害的主要原因，本研究发现，在 CK0 处理下，K326 和红花大金元两个烟草品种 SOD 和 CAT 活性能够维持在高于 CK 的水平，但 POD 活性下降比 SOD 和 POD 快，清除 H_2O_2 的效率降低，影响保护酶系统整体发挥功能。低温胁迫初期根施适宜浓度的外源 GB 能有效减缓 POD 活性的降低，同时维持 SOD 和 CAT 活性在较高水平，有利于植株顺利渡过长时间的低温冷害。

SS 和 SP 是植物细胞内渗透调节的重要物质，通过调节渗透浓度来启动脱落酸的形成，诱发蛋白质的合成，增强抗寒性，在 4℃ 低温胁迫诱导下能产生大量的 SS 和 SP，额外施加外源 GB 能进一步提高渗透调节物质含量，SP 含量在较低浓度的外源 GB 作用下就能得到提升，且对外源 GB 浓度变化不敏感。K326 和红花大金元 SS 含量，分别在外源 GB 浓度为 0.100mol/L 和 0.200mol/L 的处理下达到最高值。适宜浓度的外源 GB 能迅速被植物吸收，从而提高 SS 和 SP 的含量，保证低温胁迫下渗透势的平衡，增强植物的低温抗性。

植物多酚具有抑菌、延缓衰老、清除自由基和抗氧化等作用，在植物中多酚类物质的积累还与植物抵御非生物胁迫有关，多酚类物质的含量与催化酚类物质生成醌的 PPO 活性，以及催化产生酚类前体物质的 PAL 活性有着密切的关系。本研究发现，CK0 处理下 PPO 和 PAL 活性及总酚含量与 CK 处理相比均显著提高，此时低温胁迫激活了 PPO 和 PAL，酚类物质含量也得到提升，进而提高了植株的低温抗性。在根施适宜浓度的外源 GB 溶液后，PPO 和 PAL 活性及酚类物质含量进一步增强，外源 GB 能进一步激活苯丙烷代谢，提高植株的低温抗性。

结论：采用隶属函数公式分别对红花大金元和 K326 两个烟草品种各处理的抗寒性进行综合分析，结果显示，4℃ 低温胁迫下，红花大金元根施 0.150mol/L 浓度的外源甜菜碱具有最大缓解效应，K326 最大缓解效应浓度为 0.100mol/L。

（二）甜菜碱施用缓解冷害烟的烤烟管理及烘烤方法[①]

中国是全球烟叶生产大国，为世界烤烟生产提供了丰富的原料。迄今，我国烤烟种植面积已达到了 1482 万亩，产量占世界总量的 20% 以上，烤烟税收更是我国一些省份的重要经济来源，同时为我国税收做出了巨大的贡献。据最新报道，我国 2020 年年烟草税收金额高达 11 145.112 803 亿元。

在实际烤烟生产种植中，受温度过低及土壤含水量和气候条件等综合因素的影响常常导致烤烟大田生长后期冷害烟（即"田间冷害烟"）的出现，减少烟叶产量及降低鲜烟叶品质，从而直接影响烟农的经济收入和国家财政税收。

低温冷害是烟草生产上的一种非侵染性病害。在苗期、移栽早期及大田生长后期均有冷害现象的发生。云南省烤烟采收大多是在 9 月左右，此期依然处于雨季，但是气温下降较多。本发明主要针对大田生长后期由温度过低导致的冷害烟的发生，其造成烟叶叶片出现斑点，烟株呈现萎蔫甚至腐烂，从而使烟叶产量下降、品质降低。

目前，关于大田生长后期田间冷害烟的防治主要集中在早移栽、早采收，不仅不好安排时间与工作，而且缓解效果不显著。而甜菜碱作为一种渗透调节物质，不仅天然存

① 部分引自邹聪明等，2018

在，而且价格低廉。在受害的植株叶片上喷施一定浓度的甜菜碱水溶液，能够被叶片快速吸收，快速缓解、抑制田间冷害烟病情的进一步蔓延。

为此，研发一种能够缓解烤烟田间冷害的方法，减少环境低温是解决上述问题的关键。

一种基于甜菜碱施用缓解冷害烟的烤烟管理及烘烤方法具体操作如下。

1）冷害烟预防：根据天气情况，对尚未发生冷害的烟株喷施甜菜碱溶液进行冷害烟预防。

2）冷害烟等级鉴定及二次喷施：对已发生冷害的烟株进行等级鉴定，并依据实际烟叶受害情况将冷害烟分为如下 3 级。0 级：整叶无病；1 级：上部叶片叶尖出现紫褐色斑点，斑点面积占烟叶面积的比例<35%；2 级：烟株中上部位呈现出紫褐色斑点，斑点面积占烟叶面积的比例≥35%且<70%；3 级：烟株各部位都出现大面积紫褐色斑点，斑点面积占烟叶面积的比例≥70%且出现腐烂。

当冷害烟等级为 1 级，甜菜碱溶液的喷施浓度为 8～13mmol/L。

当冷害烟等级为 2 级，甜菜碱溶液的喷施浓度为 13～17mmol/L。

当冷害烟等级为 3 级，甜菜碱溶液的喷施浓度为 17～23mmol/L。

3）冷害烟等级再次鉴定及再喷施：对经过二次喷施后 10～20d 的烟株再次进行冷害烟等级鉴定。

当冷害烟等级为 1 级，甜菜碱溶液的喷施浓度为 5～10mmol/L。

当冷害烟等级为 2 级，甜菜碱溶液的喷施浓度为 10～15mmol/L。

待冷害烟等级均不超过 1 级即可。

本发明的第二目的（提供一种基于甜菜缓解冷害的烘烤方法）是这样实现的，所述的烤烟品种为 K326，部位为中上部烟叶，烤房为气流下降式的密集烤房（若气流上升式，高低温层调换一下），所述的烘烤工艺主要为定色之前逐步稳温降湿，具体烘烤操作如下。

变黄阶段：在变黄初期设定干球温度为 35～38℃，湿球温度为 35～36℃，若烟叶水分太多，可以逐步降低湿球温度 1～2℃；当底台烟叶变黄 5～6 成，叶片主筋一半变软时，以 1℃/（1～2）h 的升温速度，烘烤时间为 36～44h，将干球温度由 35～38℃上升到 42～43℃，将湿球温度由 35～36℃上升到 36～37℃，待干球温度上升到 43℃起，将排湿风机调至高速，使烤房内烟叶间风速在高风速层应达到 0.3～0.4m/s，在中风速层应达到 0.25～0.35m/s，在低风速层应达到 0.2～0.3m/s，烘烤时间为 18～24h。

定色阶段：在定色初期稳定干球温度在 45℃，湿球温度在 36～37℃，使烟叶继续变黄到全炉黄，同时加快排湿，当二台烟叶变黄支脉变白到 5 成时，变黄支脉变白速度明显加快，烘烤时间为 20～24h，然后以 1℃/（1～2）h 的升温速度，将干球温度由 45℃上升到 46～48℃，使湿球温度保持不变，延长烘烤时间直至全烤房烟叶大卷筒，完成定色，烘烤时间为 18～20h。

干筋阶段：采用常规烟叶烘烤工艺干筋阶段中的干、湿球温度和排湿风机风速，烤至全烤房烟叶的主脉干燥为止，该阶段烘烤时间为 34～40h。

本发明的第二目的也可以这样实现，所述的烤烟品种为红花大金元，部位为中上部烟叶，烤房为气流下降式的密集烤房（若气流上升式，高低温层调换一下），所述的烘烤工艺主要为定色之前逐步稳温降湿，具体烘烤操作如下。

变黄阶段：在变黄初期设定干球温度为 35～38℃，湿球温度为 35～36.5℃，若烟叶水分太多，可以逐步降低湿球温度 1～2℃。当底台烟叶变黄 5～6 成，叶片主筋一半变软时，以 1℃/（1～2）h 的升温速度，烘烤时间为 46～54h，将干球温度由 35～38℃上升到 42～43℃，使湿球温度由 35～36.5℃上升到 36.5～37℃，待干球温度上升到 43℃起，将排湿风机调至高速，使烤房内烟叶间风速在高风速层应达到 0.3～0.4m/s，在中风速层应达到 0.25～0.35m/s，在低风速层应达到 0.2～0.3m/s，烘烤时间为 28～34h。

定色阶段：在定色初期稳定干球温度在 45℃，湿球温度在 36～37℃，使烟叶继续变黄到全炉黄，同时加快排湿，当二台烟叶支脉变白到 6～7 成时，支脉变白速度明显加快，烘烤时间为 25～30h，然后以 1℃/2h 的升温速度，将干球温度由 45℃上升到 46～48℃，使湿球温度保持不变，延长烘烤时间直至全烤房烟叶大卷筒，完成定色，烘烤时间为 23～25h。

干筋阶段：采用常规烟叶烘烤工艺干筋阶段中的干、湿球温度和排湿风机风速烤至全烤房烟叶的主脉干燥为止，该阶段烘烤时间为 34～40h。

（三）甜菜碱施用缓解灰色烟的烤烟管理及烘烤方法

1）一种基于甜菜碱施用缓解灰色烟的烤烟管理方法，其特征在于包括以下步骤。

a）烟叶灰色度等级鉴定及一次喷施：对发生灰色烟的烟株进行等级鉴定，将灰色烤烟病害程度分为如下 6 级。

0 级：整叶无病。

1 级：主脉或支脉零星分布灰黑色斑点，灰黑色斑点面积不超过叶面积的 5%。

2 级：灰黑色斑点面积占叶面积的 5%～15%。

3 级：灰黑色斑点面积占叶面积的 15%～30%。

4 级：灰黑色斑点面积占叶面积的 30%～45%。

5 级：灰黑色斑点面积占叶面积的 45% 以上。

6 级：灰黑色斑点面积占叶面积的 45% 以上，且叶柄出现灰黑色斑点并蔓延至茎秆。

对发生灰色烟的烟株进行等级鉴定时：

当灰色度等级为 2～3 级，甜菜碱溶液的喷施浓度为 3～6mmol/L。

当灰色度等级为 4 级，甜菜碱溶液的喷施浓度为 8～12mmol/L。

当灰色度等级为 5～6 级，甜菜碱溶液的喷施浓度为 12～15mmol/L。

叶面辅助喷施 K_2CO_3，浓度为 1.5%～2%。

b）烟叶灰色度等级再次鉴定及二次喷施：对经过一次喷施后 10～20d 的烟株再次进行灰色度等级鉴定，当灰色度等级均不超过 2 时，则无需二次喷施。

当灰色度等级为 2～3 级，甜菜碱溶液的喷施浓度为 2～5mmol/L。

当灰色度等级为 4～5 级，甜菜碱溶液的喷施浓度为 6～10mmol/L。

叶面辅助喷施 K_2CO_3，浓度为 1.5%～2%。

待灰色度等级均不超过 2 级即可。

2）根据权利要求 1）所述的基于甜菜碱施用缓解灰色烟的烤烟管理方法，其特征在于所述的甜菜碱溶液为甜菜碱的水溶液。

3）根据权利要求1）所述的基于甜菜碱施用缓解灰色烟的烤烟管理方法，其特征在于所述的甜菜碱溶液的制备方法为在浓度为60～100mg/L的tx-10助剂中，加入甜菜碱配制成相应浓度的甜菜碱溶液，混合均匀，备用。

4）根据权利要求1）所述的基于甜菜碱施用缓解灰色烟的烤烟管理方法，其特征在于所述的灰色度等级鉴定的方法为《烟草病害分级及调查方法》（GB/T 2322—2008）中的调查方法。

5）根据权利要求1）所述的基于甜菜碱施用缓解灰色烟的烤烟管理方法，其特征在于所述的甜菜碱溶液的喷施方法为于每天上午9～11时对不同等级的受害烟株的烟叶进行喷施，以叶片均匀湿润为宜，每2d喷施一次，连续喷施1～2周。

6）根据权利要求1，所述的基于甜菜碱施用缓解灰色烟的烤烟管理方法，其特征在于还包括步骤3）辅助调节土壤pH。

a）土壤pH的测定：二次喷施后10～20d，在受害植株根际采集1～20cm的土壤样品，去除小石子、枯枝败叶；接着将其压碎、铺成薄层，在70～75℃下进行烘干；烘干后的土样用有机玻璃棒碾碎，过2mm孔径的尼龙筛，除去砂砾和生物残体；筛下样品按四分法筛分，然后置于研钵中磨细，过200目的尼龙筛，接着用分析天平称取过尼龙筛后的土壤样品，置于干燥烧杯中，按照水：土为5：1的比例加蒸馏水，搅拌至土粒均匀分散，放置至澄清后用pH计进行测定，得到土壤pH。

b）土壤pH的辅助调节：在受害植株根施加熟石灰$Ca(OH)_2$ 8%～10%水溶液，施加方法为从烟株根茎5cm旁打一深20cm灌洞进行浇灌，灌溉量为2L，进行土壤pH的调节，将土壤pH调整为6～7.5即可。

7）一种根据权利要求1）～6）任一所述的基于甜菜碱施用缓解灰色烟的烤烟烘烤方法，其特征在于所述的烤烟的品种为K326，部位为中上部烟叶，烤房为气流下降式的密集烤房，具体操作如下。

a）变黄阶段：在变黄初期设定干球温度为35～38℃，湿球温度为35～36℃，若烟叶水分太多，可以逐步降低湿球温度1～2℃；当底台烟叶变黄5～6成，叶片主筋一半变软时，以1℃/（1～2）h的升温速度，烘烤时间为36～44h，将干球温度由35～38℃上升到42～43℃，将湿球温度由35～36℃上升到36～37℃，待干球温度上升到43℃起，将排湿风机调至高速，使烤房内烟叶间风速在高风速层应达到0.3～0.4m/s，在中风速层应达到0.25～0.35m/s，在低风速层应达到0.2～0.3m/s，烘烤时间为18～24h。

b）定色阶段：在定色初期稳定干球温度在45℃，湿球温度在36～37℃，使烟叶继续变黄到全炉黄，同时加快排湿，当二台烟叶变黄支脉变白到5成时，变黄支脉变白速度明显加快，烘烤时间为20～24h，同时以1℃/（1～2）h的升温速度，将干球温度由45℃上升到46～48℃，使湿球温度保持不变，延长烘烤时间直至全烤房烟叶大卷筒，完成定色，烘烤时间为18～20h。

c）干筋阶段：采用常规烟叶烘烤工艺干筋阶段中的干、湿球温度和排湿风机风速烤至全烤房烟叶的主脉干燥为止，该阶段烘烤时间为34～40h。

8）一种根据权利要求1）～6）任一所述的基于甜菜碱施用缓解灰色烟的烤烟烘烤方法，其特征在于所述的烤烟品种为红花大金元，部位为中上部烟叶，烤房为气流下降式的密集烤房，具体操作如下。

a）变黄阶段：在变黄初期设定干球温度为 35～38℃，湿球温度为 35～36.5℃，若烟叶水分太多，可以逐步降低湿球温度 1～2℃；当底台烟叶变黄 5～6 成，叶片主筋一半变软时，以 1℃/（1～2）h 的升温速度，烘烤时间为 46～54h，将干球温度由 35～38℃上升到 42～43℃，将湿球温度由 35～36℃上升到 36～37℃，待干球温度上升到 43℃起，将排湿风机调至高速，使烤房内烟叶间风速在高风速层应达到 0.3～0.4m/s，在中风速层应达到 0.25～0.35m/s，在低风速层应达到 0.2～0.3m/s，烘烤时间为 28～34h。

b）定色阶段：在定色初期稳定干球温度在 45℃，湿球温度在 36～37℃，使烟叶继续变黄到全炉黄，同时加快排湿，当二台烟叶支脉变白到 6～7 成时，支脉变白速度明显加快，烘烤时间为 25～30h，然后以 1℃/2h 的升温速度，将干球温度由 45℃上升到46～48℃，使湿球温度保持不变，延长烘烤时间直至全烤房烟叶大卷筒，完成定色，烘烤时间为 23～25h。

c）干筋阶段：采用常规烟叶烘烤工艺干筋阶段中的干、湿球温度和排湿风机风速烤至全烤房烟叶的主脉干燥为止，该阶段烘烤时间为 34～40h。

由表5-34可知，各种防治田间灰色烟的方法中，以喷施甜菜碱的人工、经济、技术和时间成本消耗最低。

表 5-34 各种防治田间灰色烟方法的成本比较

	育抗病品种	土壤熏蒸	高墒培土	施石灰	喷甜菜碱
人工成本	人力耗费长且久	2～3 人	5～7 人	1～2 人	1～2 人
经济成本	需要大量的经济支撑	低	—	低	低
技术成本	技术要求高，需具备一定的科研能力	技术要求低	—	较低	—
时间成本	时间久，需要两年以上的时间	时间一般	8～10d	5～7d	1～2d

同时开展田间验证试验，该试验在保山市陇川江进行，试验烟株品种为 K326、红花大金元。设置 0、5mmol/L、10mmol/L、15mmol/L 和 20mmol/L 共 5 个甜菜碱浓度。选取 2 级、3 级、4 级、5 级、6 级 5 个灰色度等级的受害烟株，每个处理 30 株，每株调查第 8～10 片叶。在 15d 后观测灰色烟的缓解症状。

试验时在同一受害等级的烟株上喷施不同浓度的甜菜碱。具体方法为：①配制0mmol/L、5mmol/L、10mmol/L、15mmol/L 和 20mmol/L 甜菜碱，分别置于 5 个 3L 肩背式打药机；②于每天上午 9 时左右对不同等级的受害烟株进行喷施，以叶片均匀湿润为宜，连续喷施 2 周。同时将 0mmol/L 的处理作为对照。2 周后对不同处理的受害烟株重新进行灰色度等级的鉴定。

由表5-35和表5-36可知，用4种不同浓度的甜菜碱处理 K326与红大品种后，当灰色度等级为2、3时，5mmol/L 的甜菜碱能够有效地缓解田间灰色烟症状的蔓延，当灰色度等级为4时，10mmol/L 的甜菜碱能够有效地缓解田间灰色烟症状的蔓延，且随着甜菜碱浓度的增加缓解症状没有发生显著改善。当灰色度等级为5、6时，15mmol/L 的甜菜碱能够有效地缓解该等级田间灰色烟症状，而甜菜碱浓度的增大也未使挂灰症状得到进一步改善。结论：通过试验结果来看，在不同的受害烟株上喷施不同浓度的甜菜碱溶液能够有效地缓解田间灰色烟症状的蔓延，提高了植株的抗病能力，其中当灰色度等级为2、3时，喷施5mmol/L的甜菜碱效果最为明显；当灰色度等级为4时，喷施10mmol/L的甜菜碱效果最为明显；当灰色度等级为5、6时，喷施15mmol/L的甜菜碱效果最为明显。此外，由表5-37可知：田间发生灰色烟后，与正常烟叶相比，灰色烟在产量、均价、上等烟比例等指标上明显降低，而喷施甜菜碱后受害烟灰色程度得到一定程度的缓解。

表5-35 不同浓度甜菜碱对 K326 品种田间灰色烟缓解效果

灰色度等级	甜菜碱浓度（mmol/L）				
	0	5	10	15	20
2	2	1.26	1.43	1.36	1.60
3	3	1.96	2.06	2.13	2.26
4	4	2.93	2.76	2.80	3.06
5	5	4.03	3.70	3.26	3.83
6	6	4.73	4.4	3.23	3.43

表5-36 不同浓度甜菜碱对红大品种田间灰色烟缓解症状

灰色度等级	甜菜碱浓度（mmol/L）				
	0	5	10	15	20
2	2	1.36	1.36	1.43	1.50
3	3	2.06	2.13	2.13	2.33
4	4	2.96	2.26	2.76	3.83
5	5	3.83	3.83	3.70	3.43
6	6	4.73	4.73	3.06	3.06

表5-37 喷施甜菜碱前后 K326 烟叶产质量的比较

	正常烟叶	灰色烟叶	喷施甜菜碱
产量（kg/亩）	126.46	110.35	115.87
均价（元/kg）	25.83	18.46	22.33
上等烟比例（%）	51.23	38.79	45.21

三、磷酸二氢钾和蔗糖缓解田间成熟期冷胁迫技术[①]

西南地区以山地为主，海拔跨度较大，在海拔 300~2400m 均有分布，因此烟区立体气候明显、气象条件复杂多样，导致自然灾害频繁发生。种植于高海拔地区的大田成熟烟叶，极易遭受低温冷害，零上低温胁迫会增加烟叶患病概率，尤其是受低温冷害的大田成熟烟叶经烘烤调制后出现大面积挂灰现象，严重影响烤烟产质量，对云南烟区优质烟叶原料供给和烟农经济收入造成重大损失。

---

① 部分引自邹聪明等，2020b

磷酸二氢钾是一种磷钾高效复合肥，能够促进农作物光合作用，可以迅速为土壤提供有效的营养元素，从而提升土壤肥力，易于作物茎秆、籽粒的生长，使作物根粗叶茂、籽粒饱满，提高结实率，增强作物抗倒伏、抗寒、抗旱、抗病虫害的能力，改善作物品质等。磷酸二氢钾由于具有用量少、肥效高、易吸收、见效快、使用方便、增产效果显著等特点，在农业生产中应用广泛。

目前，关于田间冷害造成的灰色烟防治主要集中在高墒培土、撒施石灰、揭膜培土等田间栽培管理措施及培育抗病品种方面，不仅费时费力，而且缓解效果不显著。另外，蔗糖施用于烟叶的作用机理尚不明确，且喷施蔗糖溶液后的烟叶对烘烤的影响也尚不清楚，目前在烟草冷害的防治中未见报道。而基于烤烟的磷酸二氢钾和蔗糖混合施用对冷胁迫的相关研究还较少，并且在自然条件发生的冷胁迫下磷酸二氢钾和蔗糖混合作用于成熟期烤烟的交互影响机理尚不明确，因此深入探索该研究机理具有极大的创新性研究价值。为此，研发一种能够缓解田间冷害造成烤烟挂灰的管理方法及烘烤方法，来减少田间烟叶挂灰是解决上述问题的关键。

（一）基于磷酸二氢钾和蔗糖喷施缓解冷胁迫烟叶的烘烤工艺具体操作

磷酸二氢钾和蔗糖的喷施包括一次冷害鉴定、一次喷施、二次冷害鉴定、二次喷施步骤，具体如下。

一次冷害鉴定：对发生冷害的烟株进行等级鉴定，将受到不同程度冷胁迫的烤烟分为如下等级。

轻度等级：烟叶颜色由正常绿色变为深绿色，少数会出现青黑色。

中度等级：烟叶颜色出现紫褐色、暗红色。

重度等级：烟叶颜色完全变成灰白色。

一次喷施：根据烟株一次冷害鉴定的等级进行喷施。

当冷害等级为轻度等级，磷酸二氢钾溶液的喷施质量分数为 0.1%～0.125%，蔗糖溶液的喷施质量分数为 0.3%～0.375%。

当冷害等级为中度等级，磷酸二氢钾溶液的喷施质量分数为 0.15%～0.2%，蔗糖溶液的喷施质量分数为 0.45%～0.8%。

当冷害等级为重度等级，磷酸二氢钾溶液的喷施质量分数为 0.3%～0.4%，蔗糖溶液的喷施质量分数为 0.9%～1.2%。

二次冷害鉴定：一次喷施后 2～3d，对烟株按一次冷害鉴定步骤再次进行冷害等级鉴定，将烤烟分为轻度等级及中度等级。

二次喷施：根据烟株二次冷害鉴定的等级进行喷施。

当冷害等级为轻度等级，磷酸二氢钾溶液的喷施质量分数为 0.08%～0.115%，蔗糖溶液的喷施质量分数为 0.24%～0.345%。

当冷害等级为中度等级，磷酸二氢钾溶液的喷施质量分数为 0.125%～0.18%，蔗糖溶液的喷施质量分数为 0.375%～0.54%。

磷酸二氢钾和蔗糖喷施后的烘烤包括变黄阶段、定色阶段、干筋阶段步骤，具体如下。

变黄阶段：将基于磷酸二氢钾和蔗糖以缓解冷害的烤烟栽培管理方法使冷害缓解后的烟叶装入烤房，在变黄初期设定干球温度为 35～38℃，湿球温度为 35～36.5℃，烘烤

46～54h 至低温层烟叶变黄 5～6 成且叶片主筋一半变软；变黄后期以 1℃/（1～3）h 的升温速度，将干球温度上升到 42～43℃，同时将湿球温度调整到 36～37℃，待干球温度上升到 42～43℃时，将排湿风机调至高速，烘烤 28～34h 至全炉烟叶变黄且明显拖条。

定色阶段：在定色初期稳定干球温度在 45℃，湿球温度在 36～37℃，使烟叶继续变黄到全炉黄，同时将排湿风机调至高速，烘烤 25～30h 至二台烟叶支脉变白到 6～7 成；然后以 1℃/3h 的升温速度，将干球温度上升到 46～48℃，同时使湿球温度保持不变，烘烤 23～25h 至全烤房烟叶大卷筒，完成定色。

干筋阶段：按常规烟叶烘烤工艺干筋阶段中的干、湿球温度和排湿风机风速，继续烘烤 34～40h 至全烤房烟叶的主脉干燥为止。

（二）磷酸二氢钾和蔗糖喷施对田间灰色烟叶电导率的影响

对田间不同灰色烟叶程度的烟叶进行不同浓度的磷酸二氢钾混合蔗糖溶液喷施，其电导率结果如表 5-38 所示。

表 5-38　喷施不同浓度的磷酸二氢钾和蔗糖后对灰色烟电导率的影响

序号	清水	质量分数为 0.1%～0.125%磷酸二氢钾及质量分数为 0.3%～0.375%蔗糖	质量分数为 0.15%～0.2%磷酸二氢钾及质量分数为 0.45%～0.8%蔗糖	质量分数为 0.3%～0.4%磷酸二氢钾及质量分数为 0.9%～1.2%蔗糖
1	4.97ms/cm	4.03ms/cm	3.55ms/cm	2.17ms/cm
2	5.01ms/cm	4.13ms/cm	3.68ms/cm	2.38ms/cm
3	5.28ms/cm	4.35ms/cm	3.87ms/cm	2.57ms/cm
4	5.52ms/cm	4.47ms/cm	4.12ms/cm	2.77ms/cm
5	5.77ms/cm	4.87ms/cm	4.43ms/cm	2.92ms/cm

结果表明：对不同程度的田间灰色烟进行 3 种不同浓度的磷酸二氢钾和蔗糖溶液喷施后，整体的电导率变化趋势皆是随着磷酸二氢钾和蔗糖的浓度增加烟叶电导率是在不断降低。

（三）磷酸二氢钾和蔗糖喷施缓解冷胁迫的烟叶烘烤工艺与常规工艺的对比试验

在云南省大理州剑川县老君山镇建基村针对云烟87，进行磷酸二氢钾和蔗糖喷施缓解冷胁迫的烟叶烘烤工艺与常规工艺的对比试验，实施例 1、例 2、例 3 分别为磷酸二氢钾和蔗糖喷施缓解冷胁迫的烟叶烘烤工艺处理，常规工艺为当地主推烘烤工艺处理（表 5-39）。烘烤结束后，测定烤后烟叶感官评吸质量及经济性状指标。

表 5-39　不同烘烤工艺的感官评吸质量对比

处理	香气量（15）	香气质（15）	浓度（10）	刺激性（20）	劲头（5）	杂气（5）	干净度（5）	湿润（5）	回味（5）	总分（100）
实施例 1	13.5	14.5	7.6	14.1	5	7.3	7	3.5	3.5	76
实施例 2	13	14	7.4	14	4.7	7	7.1	4	3.6	74.8
实施例 3	12	13	7.5	15	4.3	7.5	7.2	4	3.5	74
常规工艺	11	11.5	7.3	15.5	4	7.6	7.3	4.3	3.3	71.8

表 5-39 中，实施例 1、例 2、例 3 烤出的烟香味更足、刺激性更小，总体感官评吸

质量更优。从表 5-40 可以看出，采用本发明提供的栽培管理和烘烤方法得到的烤后烟叶的经济性状指标各方面都要优于采用常规栽培与烘烤方法后得到的烟叶。

表 5-40　不同处理烤后烟叶经济指标对比

处理	产量（kg/hm²）	产值（元/hm²）	均价（元/kg）	上中等烟（%）
实施例 1	2 270	66 102.4	29.12	82.11
实施例 2	2 610	50 216.4	19.24	75.21
实施例 3	2 530	47 488.1	18.77	73.28
常规工艺	1 950	54 307.5	27.85	77.57

四、甜菜碱和水杨酸缓解锰胁迫技术[①]

锰是作物生长所必需的重要元素之一，它参与了植物的光合作用、氧化还原反应及多种酶代谢过程（吕思琪等，2020）。但是，高锰胁迫下容易引发对植物体内的一系列危害，包括植株生物量减少（曹婧等，2019），种子发芽率降低（肖泽华等，2019），矿质元素吸收、光合系统（申须仁等，2019）及抗氧化酶系统（张迪等，2018）紊乱。因此，高锰胁迫成为我国农业生产的重要限制因素。烟草是我国西南地区重要的经济作物，该地区多为酸性土壤，部分地区有效锰含量极丰富，易引起锰过量症（王小兵等，2013）。已有研究表明，高锰胁迫会引起生理性中毒，并最终对烤烟外观质量与内在品质造成不良影响（何伟等，2007）。因此减轻高锰胁迫对植物的危害具有十分重要的意义。

已有研究表明，施加外源水杨酸（王小红等，2019）及甜菜碱（路旭平等，2019）对植物重金属胁迫有缓解作用。水杨酸是一种植物体内重要的酚类物质，施加外源水杨酸可以提高植物的抗逆能力（王俊霖等，2014）。外源水杨酸可以促进 NaCl 胁迫下叶片中光合色素的合成，从而促进叶片光合作用（甘红豪等，2020）；王小红等（2019）研究发现，施加外源水杨酸可以显著提高镉胁迫下抗氧化酶的活性，并显著降低镉胁迫下对抗氧化酶活性的抑制作用；张晓等（2019）认为，水杨酸可以促进镉胁迫下幼苗的生长，并降低镉在其体内的积累。

甜菜碱是一种渗透保护剂，它广泛存在于动植物体中，可帮助植物抵御逆境带来的伤害（严青青等，2019）。根施外源甜菜碱可以提高胡杨叶片的耐盐力；在对烟草的研究中也发现，甜菜碱可以降低其对镉的吸收及积累，从而减缓镉的毒害作用（封鹏雯，2018）。

目前，已有许多关于外源物质对烟草镉胁迫的缓解的研究，但是对于锰胁迫的研究还未见报道。因此，本研究以烤烟品种红花大金元开展盆栽试验，于2019年4～8月在西南大学2号温室进行。将烤烟种子播种于育苗盘中，培养至4叶1心时，选取长势一致、无病害的烟苗移栽至装有8kg 壤土的花盆中，按照常规方式供给水肥。盆底放置托盘以防根系伸出，待烟草长至旺长期时开始进行胁迫处理。每个处理三次重复，每次重复3盆，每盆留1株烟苗。于早上9:00～10:00对每盆烟苗根灌以 $MnSO_4 \cdot H_2O$ 配成的 Mn^{2+} 含量为500mg/kg 的水溶液1L，对照组（CK）以等量蒸馏水代替，共浇灌三次，两次之间间隔一周；在第三次胁迫处理后的第三天，开始进行缓解处理（在前期预试验的基础上分别筛选出4个浓度梯度），即在每天早上9:00～10:00分别根灌水杨酸（SA）和甜菜碱

---

① 部分引自陈锦芬等，2021

（GB）溶液200mL，对照（CK）及锰胁迫对照（CK1）根灌等量蒸馏水。每天一次，共浇三天，三天后取自上而下第4～6片叶，剪碎混匀用以测定相关指标。试验采用随机区组方法，共有10个处理，具体试验设计见表5-41。

表5-41　试验设计[①]

编号	处理方法	编号	处理方法
CK	不施加 Mn^{2+} 及外源缓解物质		
CK1	500mg/kg Mn^{2+}		
G1	500mg/kg Mn^{2+} +0.10mol/L GB	S1	500mg/kg Mn^{2+} +100mg/L SA
G2	500mg/kg Mn^{2+} +0.15mol/L GB	S2	500mg/kg Mn^{2+} +150mg/L SA
G3	500mg/kg Mn^{2+} +0.20mol/L GB	S3	500mg/kg Mn^{2+} +200mg/L SA
G4	500mg/kg Mn^{2+} +0.25mol/L GB	S4	500mg/kg Mn^{2+} +250mg/L SA

（一）不同浓度的外源甜菜碱及水杨酸对烟叶最大叶长、最大叶宽的影响

图5-41表明，锰胁迫（CK1）下最大叶长、最大叶宽均显著降低。施加外源水杨酸及甜菜碱后最大叶长的变化不明显；经外源缓解物质处理后 S2、S3 的最大叶宽较大，较 CK1 分别增加了 26.09% 及 28.26%，差异达到显著水平。

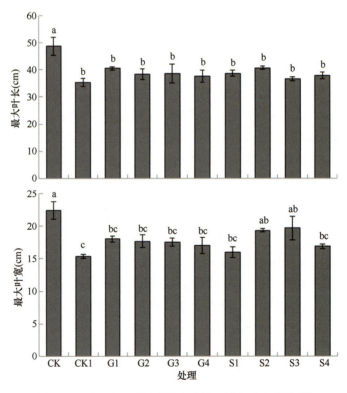

图 5-41　不同处理对烟叶最大叶长、最大叶宽的影响[②]
同一图中不同小写字母表示差异显著（$P<0.05$），下同

① 表 5-41 引自陈锦芬等，2021，表 1
② 图 5-41 引自陈锦芬等，2021，图 1

（二）不同浓度的外源甜菜碱及水杨酸对烟叶锰积累量的影响

图 5-42 表明，锰胁迫（CK1）下烟叶的锰积累量增加了 14.8 倍。施加外源缓解物质后各处理叶片中的锰积累量下降。其中 G3 和 S2 处理下的锰积累量较低，即当外源甜菜碱浓度为 0.20mol/L、外源水杨酸浓度为 150mg/L 时，对烤烟锰胁迫的缓解效果较好。

（三）不同浓度的外源甜菜碱及水杨酸对烟叶相对电导率及丙二醛含量的影响

图 5-43 表明，锰胁迫（CK1）下烟叶的相对电导率及丙二醛含量分别增加了 115.74% 和 48.85%。相对于锰胁迫处理，施加外源物质后二者均降低，其中 G3 处理和 S2 处理烟叶的相对电导率分别降低了 25.50% 和 29.82%，丙二醛含量分别降低了 29.92% 及 31.38%，达到较低水平。

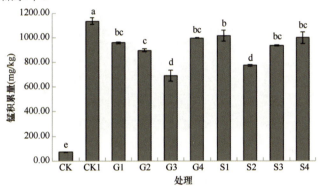

图 5-42　不同处理对烟叶锰积累量的影响[①]

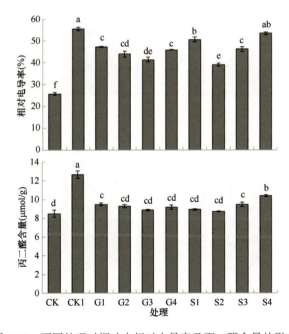

图 5-43　不同处理对烟叶中相对电导率及丙二醛含量的影响[①]

[①] 图 5-42 引自陈锦芬等，2021，图 2

（四）不同浓度的外源甜菜碱及水杨酸对抗氧化酶活性的影响

图 5-44 表明，锰胁迫（CK1）下烟叶的抗氧化酶活性均显著提高，施加外源缓解物质后活性受到抑制。当外源甜菜碱浓度为 0.20mol/L 时，SOD 及 CAT 活性最低，POD 则是在 G4 水平活性最低；当外源水杨酸浓度为 200mg/L 时，SOD 及 POD 活性受到抑制的程度最大，而 CAT 活性在浓度为 150mg/L 时最低，较 CK1 降低了 34.46%。

（五）不同浓度的外源甜菜碱及水杨酸对可溶性糖、可溶性蛋白及脯氨酸含量的影响

图 5-45 表明，锰胁迫处理（CK1）会使渗透调节物质含量增加，施加外源物质后下

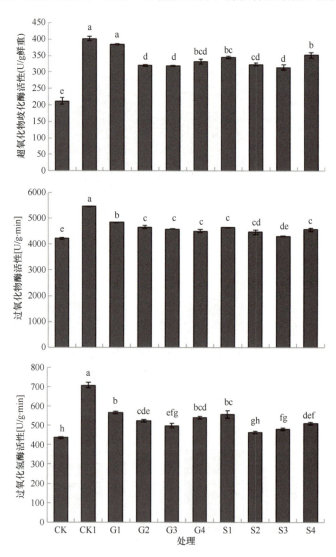

图 5-44　不同处理对烟草叶片中抗氧化酶活性的影响[2]

---

① 图 5-43 引自陈锦芬等，2021，图 3
② 图 5-44 引自陈锦芬等，2021，图 4

降。当外源甜菜碱浓度为 0.15mol/L 时，可溶性蛋白、可溶性糖及脯氨酸含量的下降幅度最大，分别降低了 11.91%、43.28% 及 33.93%，达到最低，与 CK1 差异显著；三者的含量随外源水杨酸浓度变化的差异较大，其中可溶性蛋白含量在水杨酸浓度为 100mg/L 时最低且呈现随浓度升高含量逐渐上升的趋势，可溶性糖含量在 S4 处理时达到最低，当水杨酸浓度为 150mg/L 时脯氨酸含量最低，较 CK1 显著降低 25.33%。

（六）不同浓度的外源甜菜碱及水杨酸对 H_2O_2 含量及 O_2^- 产生速率的影响

图 5-46 表明，锰胁迫处理（CK1）使烟草叶片的过氧化氢含量及氧自由基产生速率显著提高，施加外源物质后则降低。当外源甜菜碱浓度为 0.25mol/L 时过氧化氢含量

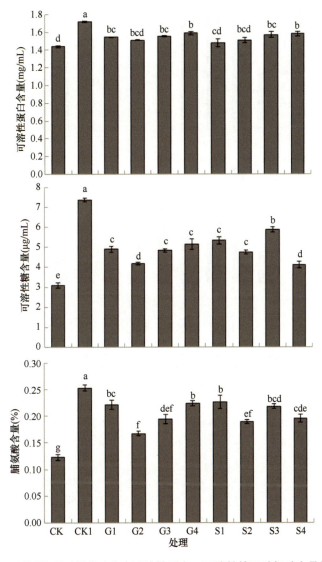

图 5-45　不同处理对烟草叶片中可溶性蛋白、可溶性糖及脯氨酸含量的影响[①]

① 图 5-45 引自陈锦芬等，2021，图 5

达到最低，不同浓度外源水杨酸处理下，过氧化氢含量差异不显著；施加外源物质后氧自由基产生速率显著降低，其中当外源甜菜碱浓度为 0.15mol/L、外源水杨酸浓度为 150mg/L 时，氧自由基产生速率分别达到最低。

（七）最佳缓释剂浓度筛选

采用隶属函数分析结果表明，各指标中综合评价值排名第 1 和第 2 的分别是 S2 与 G3，即当外源甜菜碱浓度为 0.20mol/L，外源水杨酸浓度为 150mg/L 时缓解效果较好（表 5-42）。

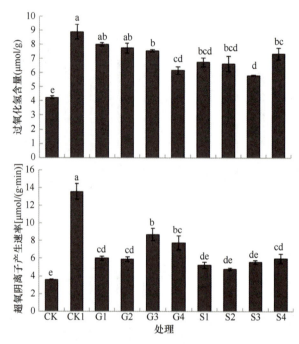

图 5-46　不同处理对 H_2O_2 含量及 O_2^- 产生速率的影响[1]

表 5-42　不同处理对锰胁迫缓解的综合评价[2]

处理	最大叶长	最大叶宽	锰含量	REC	MDA	SOD	POD	CAT	SP	SS	Pro	H_2O_2	O_2^-	综合评价值	排序
CK1	0	0	0	0	0	0	0	0	0	0	0	0	0	0	9
G1	0.97	0.62	0.40	0.50	0.80	0.20	0.54	0.58	0.71	0.76	0.36	0.29	0.86	0.58	8
G2	0.56	0.54	0.54	0.70	0.84	0.93	0.70	0.76	0.86	0.76	1.00	0.37	0.87	0.73	3
G3	0.63	0.50	1.00	0.86	0.95	0.94	0.76	0.86	0.68	0.78	0.69	0.43	0.55	0.74	2
G4	0.44	0.38	0.31	0.58	0.88	0.80	0.82	0.69	0.54	0.68	0.34	0.89	0.66	0.62	5
S1	0.63	0.15	0.28	0.30	0.94	0.65	0.71	0.61	1.00	0.62	0.31	0.70	0.95	0.60	6
S2	1.00	0.92	0.81	1.00	1.00	0.90	0.86	1.00	0.87	0.80	0.75	0.73	1.00	0.90	1
S3	0.25	1.00	0.45	0.57	0.80	1.00	1.00	0.93	0.61	0.46	0.41	1.00	0.91	0.72	4
S4	0.47	0.3	0.31	0.13	0.57	0.57	0.78	0.81	0.57	1.00	0.67	0.51	0.86	0.58	7

① 图 5-46 引自陈锦芬等，2021，图 6
② 表 5-42 引自陈锦芬等，2021，表 2

（八）生理指标与锰含量的相关性分析

烟草叶片的锰含量（Mn）可以反映锰胁迫的程度，对烟草锰积累量和各指标进行相关性分析，结果表明（表5-43），锰含量（Mn）与相对电导率（REC）、超氧化物歧化酶（SOD）活性及脯氨酸（Pro）含量呈极显著正相关，与过氧化氢酶（CAT）活性、可溶性蛋白（SP）含量及可溶性糖（SS）含量、过氧化氢（H_2O_2）含量呈显著正相关。即在锰胁迫下可通过测定相对电导率、超氧化物歧化酶活性及脯氨酸含量的高低判定外源物质缓解烟叶锰胁迫的情况，这三个指标测定值越高，则表明锰对烟叶的胁迫越严重。

表 5-43　锰含量与各生理指标之间的皮尔逊相关系数[1]

指标	Mn	REC	MDA	SOD	POD	CAT	SP	SS	Pro	H_2O_2	O_2^-
相关性	1	0.949**	0.554	0.909**	0.596	0.673*	0.662*	0.708*	0.876**	0.723*	0.502

注：Mn 表示锰含量；*表示显著相关；**表示极显著相关

（九）外源水杨酸及甜菜碱对锰胁迫下烟草生理特性影响的小结

（1）外源甜菜碱及水杨酸对烟叶最大叶长、最大叶宽的影响

肖泽华等（2019）研究发现，锰对黄花草幼苗生长有高抑低促的作用，且较高浓度的锰胁迫会显著降低其生物量。在本试验条件下，根灌三次 500mg/kg 的锰会显著降低烟草叶片的最大叶长及最大叶宽，这与他们的研究结果一致。与 CK 相比，甜菜碱及水杨酸对烟叶最大叶长、最大叶宽的影响不显著，这可能是因为外源物质的施用与取样所间隔的时间较短，所以变化并不明显。

（2）外源甜菜碱及水杨酸对锰含量的影响

施加外源水杨酸及甜菜碱可以降低重金属的毒性。Shi等（2008）研究发现，施用外源水杨酸可以降低黄瓜叶片中锰离子的积累，这可能是因为水杨酸可以调节离子的跨膜运输（Liu，2016），所以抑制了锰离子在植株体内的积累。本试验研究表明，高锰胁迫使烟草锰含量显著提高，施加水杨酸及甜菜碱会显著降低烟草中的锰含量。

（3）外源甜菜碱及水杨酸对相对电导率及丙二醛含量的影响

在本研究中，高锰胁迫使烟草叶片中的相对电导率及丙二醛含量显著上升，施加甜菜碱及水杨酸可以显著降低高锰胁迫下植株叶片中相对电导率及丙二醛含量，这与前人的研究结果一致（代欢欢，2020；李润枝，2020）。此外，在本试验条件下，随着外源甜菜碱及水杨酸浓度的升高，相对电导率及丙二醛含量先下降后升高，这与锰积累量的变化规律一致，这说明外源物质在较低浓度水平下可缓解锰的胁迫，但是过高的浓度依然有可能会对植物造成另一种胁迫。其中，在 G3 及 S2 处理下相对电导率及丙二醛含量均达到最低，这与隶属函数分析的结果一致。

（4）外源甜菜碱及水杨酸对三个抗氧化酶活性的影响

在本研究中，与CK相比，遭受锰离子胁迫的CK1 处理的抗氧化酶活性均显著提高，这可能是因为逆境下植物中活性氧含量会上升，从而激活了植物体内的抗氧化系统。但是通过彭喜旭等（2009）的研究发现，虽然SOD及POD的活性会因胁迫而上升，但是不

[1] 表 5-43 引自陈锦芬等，2021，表 3

一样的是过氧化氢酶活性在遭到胁迫后不升反降，它的这种变化可能与植物对锰胁迫所产生的分子应答有关（任立民，2007），所以还有待进一步探究。在本试验条件下，通过根灌甜菜碱及水杨酸发现酶活性受到抑制，这与张晓（2019）及李雷（2019）等的研究结果一致，其产生的原因可能是外源物质的施用抑制了ROS的过度积累，所以导致抗氧化酶的活性也受到了抑制。本研究发现，SOD及CAT活性在外源甜菜碱浓度为0.20mol/L、外源水杨酸浓度为150mg/L时受抑制的程度最大，说明该浓度的缓解效果最好。

（5）外源甜菜碱及水杨酸对可溶性蛋白、可溶性糖及脯氨酸含量的影响

在重金属胁迫下，烟草内渗透调节物质的含量会升高。甜菜碱和水杨酸作为重要的渗透调节物质，本研究发现，外源施加这两种物质可以有效降低渗透调节物质的含量，且总体呈现出在低浓度时效果更佳的趋势，这可能是因为它们的施入使细胞渗透势下降从而缓解了渗透调节系统的压力。与此同时，因为植物体内任何物质含量的变化都是由许多不同的代谢共同影响的，所以导致了三种渗透调节物质的变化规律并不完全一样，这与后有丽等（2020）的研究结果一致。其中，可溶性蛋白及脯氨酸含量均在0.15mol/L甜菜碱及150mg/L水杨酸处理下达到最低，这与隶属函数分析结果一致。

（6）外源甜菜碱及水杨酸对H_2O_2含量及O_2^-产生速率的影响

前人研究发现，当植物受到胁迫时，体内会积累大量的活性氧（刘希元，2020），所以当烟草受到锰胁迫的时候，H_2O_2含量及O_2^-产生速率显著提高，这会对烟草造成损伤，但是施加了外源物质以后ROS的含量明显降低，说明其对ROS的产生有一定的抑制作用。在本试验条件下，研究发现通过对烟草进行锰胁迫会使其H_2O_2含量及O_2^-产生速率显著提高，但是施加了甜菜碱及水杨酸以后会略有下降，这与Su等（2020）利用乙酰胆碱对烟草镉胁迫进行缓解的研究结果一致。

（十）结论

锰胁迫会对烟草产生毒害作用，施加甜菜碱及水杨酸可以明显缓解高锰伤害。当甜外源菜碱浓度为0.20mol/L、外源水杨酸浓度为150mg/L时，锰含量、相对电导率显著降低，抗氧化酶活性也得到了抑制，渗透调节物质及过氧化氢含量显著降低，对高锰胁迫有明显的缓解作用。

五、多酚氧化酶抑制剂缓解烤烟挂灰的技术

4-己基间苯二酚是一种能够抑制褐变的新型抗氧化剂，亦称4-己基-1,3-苯二酚（4-hexyl-1,3-benzenediol，4HR），美国化学文摘服务社CAS No136-77-6，分子式C_2HO_2，分子质量为197.24，外观呈白色粉末状，用作抗氧化剂、色素稳定剂、护色剂（凌关庭，1997）。在食品上，其最早应用于虾类保鲜，之后又应用在其他蔬菜、水果的保鲜上。试验结果表明，4-己基间苯二酚有较好的保鲜效果，可防止虾类黑变，抑制蘑菇、鲜切梨、马铃薯的褐变，延长鲜切苹果的贮藏期，并能抑制微生物的生长，起到抗菌作用（张兰和郑永华，2005）。

本研究基于前人研究进展，结合已有成果：烤烟挂灰烟中灰色物质的成分分析及结

构鉴定、烤烟酶促棕色化反应的动力学研究、多酚氧化酶抑制剂的虚拟筛选，初步选定4-己基间苯二酚作为烤烟多酚氧化酶抑制剂。通过在云南省玉溪市研和镇开展小范围烘烤对比试验，试验材料为烤烟品种 K326，烘烤工艺如表 5-44 所示，当烘烤中干球温度升到 45～46℃时，用 0.5h 的降温时间，从 45～46℃降至 40℃，稳温 3～4h 取样，更容易出现挂灰，与烘烤过程中 46℃进行取样拍照对比（图 5-47）。当 4-己基间苯二酚使用浓度为≥2mmol/L 时，烟叶的挂灰程度明显降低，可知 4-己基间苯二酚对烘烤过程的酶促棕色化反应具有良好的抑制作用。

表 5-44　不同浓度 4-己基间苯二酚抑制剂对比试验的烘烤工艺

阶段	干球温度（℃）	湿球温度（℃）	升温时间（h）	稳温时间（h）
1	33	33	3	8
2	35	34	4	8
3	38	37	6	24
4	42	40	4	19
5	45	37	4	16
6	48	37	6	10
7	52	38	3	18
8	54	38	2	6
9	60	39	5	8
10	65	39	4	8

图 5-47　不同浓度 4-己基间苯二酚抑制剂处理的烟叶烘烤对比图（46℃取样）

第四节　生产实践验证示范

基于云南烟叶烘烤特点，采用"边研究、边示范、边推广"的模式，先后在大理州、文山州、曲靖市、楚雄州、红河州等地的公司进行技术集成示范应用，示范应用统计结果见表 5-45。2018～2020 年，利用"烤烟挂灰烟形成机理与消减策略研究"项目研究成果，在大理州、楚雄州、文山州、红河州和曲靖市开展了技术集成示范工作。先后共示范 80.5 万亩，新增利润 25 008.75 万元，累计新增税收 5001.76 万元，经济效益十分显著。

表 5-45　烤烟挂灰烟形成机理与消减策略研究技术示范应用情况

示范地点	年份	面积（万亩）	新增利润（万元）	新增税收（万元）
大理	2018~2019	4.5	2 161.89	432.38
楚雄	2018~2019	7.0	3 220.00	644.00
文山	2018~2019	6.7	3 216.00	643.20
红河	2018~2020	13.5	6 485.67	1 297.14
曲靖	2018~2020	48.8	9 925.19	1 985.04
合计		80.5	25 008.75	5 001.76

一、大理州

自2018年，大理州通过"田间补施镁肥、田间高起垄防止铁锰中毒挂灰、缓解挂灰烟烘烤工艺（稳温降湿工艺、定色期慢升温工艺、高温高湿变黄低温低湿定色工艺等）、烘烤关键期监控报警技术、甜菜碱缓解田间冷害挂灰、水杨酸缓解田间冷害挂灰"等技术的实施，显著降低了示范区的烘烤损失，烤坏烟发生率和发生程度有效减少，取得了显著的经济、社会和生态效益。经项目示范区示范农户与非示范农户对比，结果显示，示范农户烤后烟叶中上等烟比例平均提高7.9%，均价平均提高0.75元/kg，黄烟率平均提高5.4%，亩产量平均提高3.1%。

二、楚雄州

自2018年，楚雄州通过"上部烟留腋芽防止牛皮烟、缓解挂灰烟烘烤工艺（稳温降湿工艺、定色期慢升温工艺、高温高湿变黄低温低湿定色工艺等）、甜菜碱缓解田间冷害挂灰、水杨酸缓解田间冷害挂灰"等技术的实施，显著降低了示范区的烘烤损失，烤坏烟发生率和发生程度有效减少，取得了显著的经济、社会和生态效益。经项目示范区示范农户与非示范农户对比，结果显示，示范农户烤后烟叶中上等烟比例平均提高6.9%，均价平均提高0.75元/kg，黄烟率平均提高5.8%，亩产量平均提高3.1%。

三、文山州

自2018年，文山州通过"田间补施镁肥、上部烟留腋芽防止牛皮烟、缓解挂灰烟烘烤工艺（稳温降湿工艺、定色期慢升温工艺、高温高湿变黄低温低湿定色工艺等）"等技术的实施，显著降低了示范区的烘烤损失，烤坏烟发生率和发生程度有效减少，取得了显著的经济、社会和生态效益。经项目示范区示范农户与非示范农户对比，结果显示，示范农户烤后烟叶中上等烟比例平均提高7.1%，均价平均提高0.81元/kg，黄烟率平均提高6.3%，亩产量平均提高3.6%。

四、红河州

自2018年，红河州通过"田间补施镁肥、缓解挂灰烟烘烤工艺（稳温降湿工艺、定色期慢升温工艺、高温高湿变黄低温低湿定色工艺等)、烘烤关键期监控报警技术、水杨酸缓解田间冷害挂灰"等技术的实施,显著降低了示范区的烘烤损失,烤坏烟发生率和发生程度有效减少,取得了显著的经济、社会和生态效益。经项目示范区示范农户与非示范农户对比,结果显示,示范农户烤后烟叶中上等烟比例平均提高8.1%,均价平均提高1.02元/kg,黄烟率平均提高6.4%,亩产量平均提高4.5%。

五、曲靖市

自2018年,曲靖市通过"缓解挂灰烟烘烤工艺、稳温降湿工艺、烘烤关键期监控报警技术、水杨酸缓解田间冷害挂灰、基于磷酸二氢钾和蔗糖喷施缓解冷胁迫烟叶的烘烤工艺"等技术的实施,显著降低了示范区的烘烤损失,烤坏烟发生率和发生程度有效减少,取得了显著的经济、社会和生态效益。经项目示范区示范农户与非示范农户对比,结果显示,示范农户烤后烟叶中上等烟比例平均提高10.7%,均价平均提高1.49元/kg,黄烟率平均提高1.8%,亩产量平均提高3.5%。

第五节　常见烤烟挂灰烟类型及缓解对策

通过本书编者对烤烟挂灰烟的深入研究,积累总结了云南省烤烟生产一线的丰富实践经验,结合多年理论研究,从烟叶本身素质、人为操作、自然气候条件和其他因素方面层层分析,对生产中常见的烤烟挂灰烟类型进行了分类汇总,并且经过大量实践过程,给出了相应的缓解对策,以期为烤烟生产实际过程中出现挂灰烟的情况提供一定的理论基础和生产技术支撑(表5-46)。

表 5-46　常见烤烟挂灰烟类型及缓解对策

形成挂灰烟的因素	具体情况	大田生产调控技术	烘烤工艺调控	外源物质调控技术
营养元素失调	亚铁离子胁迫形成的烤烟挂灰烟	高起垄防止田间铁、锰离子中毒技术	针对"亚铁离子中毒"烟叶的低温低湿定色烘烤工艺	
	锰离子胁迫形成的烤烟挂灰烟	高起垄防止田间铁、锰离子中毒技术	针对"锰离子中毒"烟叶的高温高湿变黄烘烤工艺	
	镁离子胁迫对烤烟挂灰烟形成的影响	缺镁烟叶田间叶面肥施用技术	针对"缺镁"烟叶的高温高湿变黄低温低湿定色烘烤工艺	
烘烤技术不到位	硬变黄		针对"硬变黄"烟叶的稳温降湿烘烤工艺	多酚氧化酶抑制剂缓解烤烟挂灰的技术
	冷挂灰		针对"冷、热挂灰"烟叶的烘烤过程监控技术	多酚氧化酶抑制剂缓解烤烟挂灰的技术
	热挂灰		针对"冷、热挂灰"烟叶的烘烤过程监控技术	多酚氧化酶抑制剂缓解烤烟挂灰的技术
低温胁迫	冷胁迫对烤烟挂灰烟形成的机理研究	烤烟成熟期田间冷害肥料管理技术	1. 水杨酸施用缓解灰色烟的烤烟管理及烘烤方法	1.水杨酸缓解冷胁迫技术

续表

形成挂灰烟的因素	具体情况	大田生产调控技术	烘烤工艺调控	外源物质调控技术
			2. 一种基于甜菜碱施用缓解冷害烟的烤烟管理及烘烤方法	2.甜菜碱缓解冷胁迫技术
			3. 基于磷酸二氢钾和蔗糖喷施缓解冷胁迫烟叶的烘烤工艺	3.磷酸二氢钾和蔗糖缓解田间成熟期冷胁迫技术
其他因素	田间病害对烤烟烟叶挂灰的影响	防止病害，针对性施用相应农药与采用农艺措施		
	活性玉米花粉对烤烟烟叶挂灰的影响			建议波尔多液，或者其他能消除花粉活性的安全药剂

参 考 文 献

蔡宪杰, 王信民, 尹启生. 2005. 采收成熟度对烤烟淀粉含量影响的初步研究. 烟草科技, (2): 38-40.

曹婧, 李向林, 万里强. 2019. 锰胁迫对紫花苜蓿生理和生长特性的影响. 中国草地学, (6): 15-22.

陈锦芬, 顾开元, 贾雨豪, 等. 2021. 外源甜菜碱及水杨酸对锰胁迫下烟草生理特性的影响. 中国烟草学报, 27(2): 79-86.

陈绮翎, 黄璇, 周越, 等. 2016. 温度胁迫对不同烤烟品种幼苗生长及生理指标的影响. 云南农业大学学报(自然科学), 31(3): 462-468.

陈致丽. 2012. 烟叶挂灰的原因及解决方法. 福建农业, (8): 26.

代欢欢, 山雨思, 辛正琦, 等. 2020. 外源甜菜碱对盐胁迫下颠茄生理特性及托品烷类生物碱含量的影响. 植物科学学报, 38(3): 400-409.

代勋, 李忠光, 龚明. 2012. 赤霉素、钙和甜菜碱对小桐子种子萌发及幼苗抗低温和干旱的影响. 植物科学学报, 30(2): 204-205.

刁倩楠, 蒋雪君, 陈幼源, 等. 2018. 外源水杨酸预处理对低温胁迫下甜瓜幼苗生长及其抗逆生理特性的影响. 西北植物学报, 38(11): 2072-2080.

董维杰. 2016. 烤烟烟叶淀粉含量与其质量关系研究. 中国农业科学院烟草研究所硕士学位论文.

封鹏雯. 2018. 甜菜碱提高烟草镉胁迫抗性机理的研究. 山东农业大学硕士学位论文.

甘红豪, 赵帅, 高明远, 等. 2020. 外源水杨酸对NaCl胁迫下白榆幼苗光合作用及离子分配的影响. 西北植物学报, 40(3): 478-489.

宫长荣, 刘霞, 郭瑞, 等. 2006. 淀粉代谢及影响烤烟淀粉含量的因素. 云南农业大学学报(自然科学), 21(6): 742-748.

顾开元, 侯爽, 陈锦芬, 等. 2021. 外源甜菜碱对低温胁迫下烟草幼苗生理特性的影响. 云南农业大学学报(自然科学), 36(2): 283-290.

韩富根, 沈铮, 李元实, 等. 2009. 施氮量对烤烟经济性状、化学成分及香气质量的影响. 中国烟草学报, 15(5): 38-42.

何承刚. 2005. 烤烟新品种K326不同采收方式和采收时期对上部叶产量和品质的影响研究. 种子, 24(6): 75-76.

何威. 2011. 涝胁迫对豫楸1号4种砧木嫁接苗渗透调节物质的影响. 河南林业科技, 31(2): 1-3+6.

何伟, 郭大仰, 李永智, 等. 2007. 形成灰色烤烟的原因及机理. 湖南农业大学学报(自然科学版), 33(2): 167-169.

侯爽, 陈锦芬, 刘溶荣, 等. 2020. 外源水杨酸对烟草幼苗低温胁迫的缓解效应. 湖南农业大学学报(自然科学版), 46(1): 14-20.

后有丽, 苏世平, 李毅, 等. 2020. 外源脱落酸对红砂叶片渗透调节物质含量及抗氧化酶活性的影响. 草业科学, 37(2): 245-255.

黄石旺, 周向平, 王兵万, 等. 2005. 两类烟草抑芽剂田间抑芽效果. 湖南农业大学学报(自然科学版), 31(2): 156-158.

黄志明, 吴锦程, 陈伟健, 等. 2011. SA对低温胁迫后枇杷幼果AsA-GSH循环酶系统的影响. 林业科学, 47(9): 36-42.

晋艳, 杨宇虹, 邓云龙, 等. 1999. 施肥水平对烟株长势及烟叶质量的影响. 烟草科技. (6): 39-42.

李雷, 刘彤, 邓群仙, 等. 2019. 外源水杨酸对镉污染下酸枣幼苗生长及镉积累的影响. 四川农业大学学报, 37(3): 359-365+403.

李润枝, 靳晴, 李召虎, 等. 2020. 水杨酸提高甘草种子萌发和幼苗生长对盐胁迫耐性的效应. 作物学报, 46(11): 1810-1816.

李焱, 和健森, 苏家恩, 等. 2019. 采收方式对烤烟K326上部烟挂灰程度的影响. 湖南农业大学学报(自然科学版), 45(1): 16-20.

凌关庭. 1997. 4-己基间苯二酚(4HR)一种能抑制褐变的新型抗氧化剂. 食品工业, 3: 19-20.

刘道德. 2012. 不同采收方式对烤烟上部叶质量的影响. 湖南农业大学硕士学位论文.

刘希元, 吴春燕, 张广臣, 等. 2020. 喷施外源NO对缓解辣椒幼苗低温伤害的机理研究. 西北农林科技大学学报(自然科学版), (11): 1-8.

路旭平, 董文科, 张然, 等. 2019. 外源甜菜碱对镉胁迫下紫花苜蓿种子萌发及幼苗生理特性的影响. 草原与草坪, 39(6): 1-10.

吕思琪, 张迪, 张婉婷, 等. 2020. 锰胁迫对不同基因型玉米幼苗氮素转化的影响. 玉米科学, 28(2): 84-89+95.

彭喜旭, 冯涛, 严明理, 等. 2009. 外源水杨酸对锰污染红壤中玉米的生长与抗氧化酶活性的调节作用. 农业环境科学学报, 28(5): 972-977.

任立民, 刘鹏. 2007. 锰毒及植物耐性机理研究进展. 生态学报, (1): 357-367.

申须仁, 董名扬, 王朝勇, 等. 2019. 高锰胁迫对香根草矿质元素吸收及光合系统的影响. 农业环境科学学报, 38(10): 2297-2305.

宋士清, 郭世荣, 尚庆茂, 等. 2006. 外源SA对盐胁迫下黄瓜幼苗的生理效应. 园艺学报, (1): 68-72.

王婵娟. 2010. 不同氮水平下烤烟叶片生长发育规律的研究. 河南农业大学硕士学位论文.

王德华. 2008. 优质烤烟施肥、采收和烘烤关键技术研究. 河南农业大学硕士学位论文.

王国霞, 卢超, 赵奇, 等. 2020. 外源甜菜碱对低温胁迫下油茶生理特性的影响. 西北林学院学报, 35(5): 78-84.

王俊霖, 严晓茹, 沈晓云, 等. 2014. 不同水杨酸处理方式对喜树幼苗铝胁迫的缓解效应. 林业科技开发, 28(6): 54-58.

王世济, 赵第锟, 崔权仁, 等. 2010. 缺镁对烟叶内外观质量影响初探. 安徽农学通报(上半月刊), 16(7): 80-81.

王小兵, 周冀衡, 李强, 等. 2013. 曲靖不同pH烟区土壤有效锰和烟叶锰含量的分布状况分析. 土壤通报, 44(4): 969-973.

王小红, 郭军康, 贾红磊, 等. 2019. 外源水杨酸缓解镉对番茄毒害作用的研究. 农业环境科学学报, 38(12): 2705-2714.

王小媚, 唐文忠, 任惠, 等. 2016. 水杨酸对低温胁迫番木瓜幼苗生理指标及叶片组织结构的影响. 南方农业学报, 47(8): 1290-1296.

王馨雨, 杨绿竹, 王蓉蓉, 等. 2020. 植物多酚氧化酶的生理功能、分离纯化及酶促褐变控制的研究进展. 食品科学, 41(9): 16.

王亚辉, 黄维, 邓春, 等. 2018-1-19. 一种稳温降湿的烤烟密集烘烤方法: 中国: 107594607A.

王玉霞. 2016. 低温条件下氮素形态对烤烟生理代谢及产量和品质的影响. 福建农林大学硕士学位

论文.

肖泽华, 李欣航, 潘高, 等. 2019. 锰胁迫对黄花草种子萌发及幼苗生理生化特征的影响. 草业学报, 28(12): 75-84.

徐晓燕, 孙五三, 王能如. 2003. 烟草多酚类化合物的合成与烟叶品质的关系. 中国烟草科学, 24(1): 3-5.

徐增汉, 王能如, 王书茂, 等. 2001. 不同采收方式对烤烟上部叶烘烤质量的影响. 安徽农业科学, 29(5): 660-662.

许英, 陈建华, 朱爱国, 等. 2015. 低温胁迫下植物响应机理的研究进展. 中国麻业科学, 37(1): 40-49.

严青青, 张巨松, 代健敏, 等. 2019. 甜菜碱对盐碱胁迫下海岛棉幼苗光合作用及生物量积累的影响. 作物学报, 45(7): 1128-1135.

杨胜华. 2014. 上部挂灰烟形成原因及防止对策. 现代农业科技, (15): 68-70.

杨晔. 2014. 烤后烟叶挂灰的原因与防止烟叶挂灰的途径. 安徽农业科学, 5(19): 6367-6369.

杨振智, 董安玮, 宋朝阳, 等. 2012. 不同海拔下烤烟叶片化学成分的代谢规律研究. 安徽农业科学, 40(25): 12423-12426.

于锡宏, 蒋欣梅, 刁艳, 等. 2010. 脱落酸、水杨酸和氯化钙对番茄幼苗抗冷性的影响. 东北农业大学学报, 41(5): 42-46.

袁梦麒, 潘永贵, 张伟敏, 等. 2016. 甜菜碱处理对番木瓜果实采后冷害及抗氧化系统的影响. 热带作物学报, 37(8): 1582-1587.

云南省烟草农业科学研究院. 2013. 烤烟缺素症诊断及防治. 致富天地, (9): 51.

张迪, 吕思琪, 张婉婷, 等. 2018. 锰胁迫对不同基因型玉米幼苗抗氧化酶活性及丙二醛含量的影响. 东北农业大学学报, 49(12): 27-35.

张兰, 郑永华. 2005. 4-己基间苯二酚最新研究进展. 食品科技, (2): 36-38.

张天鹏, 杨兴洪. 2017. 甜菜碱提高植物抗逆性及促进生长发育研究进展. 植物生理学报, 53(11): 1955-1962.

张晓, 张环纬, 陈彪, 等. 2019. 外源硅及水杨酸对镉胁迫下烟草幼苗生长和生理特性的影响. 中国农业科技导报, 21(3): 133-140.

张银军. 2008. 灰色烟叶的成因和防治技术研究. 湖南农业大学硕士学位论文.

朱小茜, 徐晓燕, 黄义德, 等. 2005. 多酚类物质对烟草品质的影响. 安徽农业科学, 33(10): 1910-1911.

朱艳梅, 沈燕金, 邹聪明, 等. 2020-9-15. 一种减少烟叶挂灰的高温变黄降温定色烘烤工艺: 中国: 111657531A.

邹聪明, 蔡永豪, 黄维, 等. 2018-11-2. 一种基于甜菜碱施用缓解冷害烟的烤烟管理及烘烤方法: 中国: 108720073A.

邹聪明, 顾开元, 朱艳梅, 等. 2020-8-7a. 一种有效改善铁中毒烟叶质量的烤烟烘烤方法: 中国: 111493350A.

邹聪明, 李鑫楷, 蔺忠龙, 等. 2020-5-29b. 基于磷酸二氢钾和蔗糖以缓解冷害的烤烟栽培管理及烘烤方法: 中国: 111201981A.

邹聪明, 张宇, 黄维, 等. 2019-2-1. 一种基于水杨酸施用缓解灰色烟的烤烟管理及烘烤方法: 中国: 109288110A.

邹聪明, 朱艳梅, 顾开元, 等. 2020-8-7c. 一种有效改善锰中毒烟叶质量的烤烟烘烤方法: 中国: 111493349A.

邹聪明, 朱艳梅, 晋艳, 等. 2020-12-8d. 玉米花粉引起的烤烟挂灰防治方法及防治后烟叶烘烤方法: 中国: 112042994A.

Alia K Y, Sakamoto A, Nonaka H, et al. 1999. Enhanced tolerance to light stress of transgenic Arabidopsis plants that express the coda gene for a bacterial choline oxidase. Plant Molecular Biology, 40(2): 279-288.

Chen S, Liu Z M, Cui J X, et al. 2011. Alleviation of chilling-induced oxidative damage by salicylic acid pretreatment and related gene expression in eggplant seedlings. Plant Growth Regulation, 65(1): 101-108.

He X, Liu T, Ren K, et al. 2020. Salicylic acid effects on flue-cured tobacco quality and curing characteristics during harvesting and curing in cold-stressed fields. Frontiers in Plant Science, 11: 580597.

Khan W, Balakrishnan P, Smith D L. 2003. Photosynthetic responses of corn and soybean to foliar application of salicylates. Journal of Plant Physiology, 160(5): 1-492.

Liu Z, Ding Y, Wang F, et al. 2016. Role of salicylic acid in resistance to cadmium stress in plants. Plant Cell Reports, 35(4): 719-731.

Mccants C B, Woltz W G. 1967. Growth and mineral nutrition of tobacco. Advances in Agronomy, 19: 211-265.

Shi Q, Zhu Z. 2008. Effects of exogenous salicylic acid on manganese toxicity, element contents and antioxidative system in cucumber. Environmental & Experimental Botany, (63): 317-326.

Zhu F, Zhang P, Meng Y F, et al. 2013. Alpha-momorcharin, a RIP produced by bitter melon, enhances defense response in tobacco plants against diverse plant viruses and antifungal activity *in vitro*. Planta, 237: 77-88.

附录 1　英文缩写、全称与中文名称对照

英文缩写	英文全称	中文名称
APX	ascorbate peroxidase	抗坏血酸过氧化物酶
AsA	ascorbic acid	抗坏血酸
CAT	catalase	过氧化氢酶
GR	glutathione reductase	谷胱甘肽还原酶
GSH	reduced glutathione	还原型谷胱甘肽
MDA	malondialdehyde	丙二醛
OFR	oxygen free radical	氧自由基
POD	peroxidase	过氧化物酶
PPO	polyphenol oxidase	多酚氧化酶
Pro	proline	脯氨酸
REC	relative electrical conductance	相对电导率
SOD	superoxide dismutase	超氧化物歧化酶
SP	soluble protein	可溶性蛋白
SS	soluble sugar	可溶性糖

附录2 42级烟叶分级国家标准品质因素表

组别		级别	代号	成熟度	叶片结构	身份	油分	色度	长度(cm)	残伤(%)
下部（X）	柠檬黄(L)	1	X1L	成熟	疏松	稍薄	有	强	40	15
		2	X2L	成熟	疏松	薄	稍有	中	35	25
		3	X3L	成熟	疏松	薄	稍有	弱	25	30
		4	X4L	假熟	疏松	薄	少	淡	20	35
	橘黄(F)	1	X1F	成熟	疏松	稍薄	有	强	40	15
		2	X2F	成熟	疏松	稍薄	稍有	中	35	25
		3	X3F	成熟	疏松	稍薄	稍有	弱	25	30
		4	X4F	假熟	疏松	薄	少	淡	20	35
中部（C）	柠檬黄(L)	1	C1L	成熟	疏松	中等	多	浓	45	10
		2	C2L	成熟	疏松	中等	有	强	40	15
		3	C3L	成熟	疏松	稍薄	有	中	35	25
		4	C4L	成熟	疏松	稍薄	稍有	中	35	30
	橘黄(F)	1	C1F	成熟	疏松	中等	多	浓	45	10
		2	C2F	成熟	疏松	中等	有	强	40	15
		3	C3F	成熟	疏松	中等	有	中	35	25
		4	C4F	成熟	疏松	稍薄	稍有	中	35	30
上部（B）	柠檬黄(L)	1	B1L	成熟	尚疏松	中等	多	浓	45	10
		2	B2L	成熟	稍密	中等	有	强	40	20
		3	B3L	成熟	稍密	中等	稍有	中	35	30
		4	B4L	成熟	稍密	稍厚	稍有	弱	30	35
	橘黄(F)	1	B1F	成熟	尚疏松	稍厚	多	浓	45	10
		2	B2F	成熟	尚疏松	稍厚	有	强	40	15
		3	B3F	成熟	稍密	稍厚	有	中	35	25
		4	B4F	成熟	稍密	厚	稍有	弱	35	30
	红棕（R）	1	B1R	成熟	尚疏松	稍厚	有	浓	45	15
		2	B2R	成熟	稍密	稍厚	有	强	40	25
		3	B3R	成熟	稍密	厚	稍有	中	35	35
完熟叶（H）		1	H1F	完熟	疏松	中等	稍有	强	40	20
		2	H2F	完熟	疏松	中等	稍有	中	35	35
杂色（K）	中下部（CX）	1	CX1K	尚熟	疏松	稍薄	有	—	35	20
		2	CX2K	欠熟	尚疏松	薄	少	—	25	25
	上部(B)	1	B1K	尚熟	稍密	稍厚	有	—	35	20
		2	B2K	欠熟	紧密	厚	稍有	—	30	30
		3	B3K	欠熟	紧密	厚	少	—	25	35
光滑叶（S）		1	S1	欠熟	紧密	稍薄稍厚	有	—	35	10
		2	S2	欠熟	紧密	—	少	—	30	20
微带青（V）下二棚（X）		2	X2V	尚熟	疏松	稍薄	稍有	中	35	15

续表

组别		级别	代号	成熟度	叶片结构	身份	油分	色度	长度(cm)	残伤(%)
微带青（V）	中部（C）	3	C3V	尚熟	疏松	中等	有	强	40	10
	上部（B）	2	B2V	尚熟	稍密	稍厚	稍有	强	40	10
		3	B3V	尚熟	稍密	稍厚	稍有	中	35	10
青黄色（GY）		1	GY1	尚熟	尚疏松至稍密	稍薄稍厚	有	—	35	10
		2	GY2	欠熟	稍密至紧密	稍薄稍厚	稍有	—	30	20